Stochastic Reliability Analysis Methods for
High-Speed Dynamic Balancing Machine

高速动平衡机
随机可靠性分析方法

周生通　李鸿光　著

厦门大学出版社　国家一级出版社
XIAMEN UNIVERSITY PRESS　全国百佳图书出版单位

图书在版编目(CIP)数据

高速动平衡机随机可靠性分析方法/周生通，李鸿光著.—厦门：厦门大学出版社，2020.12

ISBN 978-7-5615-8002-8

Ⅰ.①高… Ⅱ.①周… ②李… Ⅲ.①高速度—动平衡试验机—随机—可靠性—研究 Ⅳ.①TH877.01

中国版本图书馆 CIP 数据核字(2020)第 237633 号

出 版 人 郑文礼
责任编辑 李峰伟

出版发行 厦门大学出版社
社　　址 厦门市软件园二期望海路 39 号
邮政编码 361008
总　　机 0592-2181111 0592-2181406(传真)
营销中心 0592-2184458 0592-2181365
网　　址 http://www.xmupress.com
邮　　箱 xmup@xmupress.com
印　　刷 厦门市明亮彩印有限公司

开本 787 mm×1 092 mm 1/16
印张 13.75
字数 326 千字
版次 2020 年 12 月第 1 版
印次 2020 年 12 月第 1 次印刷
定价 49.00 元

厦门大学出版社
微信二维码

厦门大学出版社
微博二维码

前　言

随着工程可靠性观念的普及，可靠性在机械装备的设计、制造和使用中逐渐成为必要的性能评价指标。因而，在研究典型机械装备静动力学性能的同时，对其相应的可靠性与寿命评估方法进行系统研究显得尤为重要。本书以高速动平衡机及其动平衡力学系统为主要分析对象，系统开展了高速动平衡机的静动力学性能及其随机可靠性分析方法研究，以期在旋转机械类重大装备的性能分析和随机可靠性评估方面提供有效的理论和技术支持。

高速动平衡机的力学系统属于转子动力学范畴，其力学研究可划分为两个层次：一是等刚度摆架静动力学系统研究，二是摆架-转子动平衡力学系统研究。前者以单独的摆架为研究对象，被平衡转子则以外载的形式考虑；后者还需考虑与被平衡转子间的动力耦合作用。研究和掌握这两个力学系统的静动力学性能是保障高速动平衡机平衡精度和运行安全的重要方面，但现有研究大多是基于确定性角度。事实上，按照不确定性传播原理，受载荷、材料、工艺分散性等诸多不确定因素影响，高速动平衡机的装备性能将表现出明显的不确定性特征，导致以往单纯的确定性性能评价方法通常难以准确反映其真实的装备性能状况。目前，在众多不确定性量化方法中，随机量化方法是解决不确定因素作用下机械装备性能可靠性问题的最主要方法。随机可靠性分析方法理论体系完善，预测结果精度高，从随机可靠性角度评价装备性能将有助于提高高速动平衡机的安全、可靠运行裕度。

高速动平衡机是典型的小样本高可靠性旋转机械装备，具有数值模型建模复杂、计算成本高，性能影响参数数目多、分散性大，随机变量类型多样且存在相关关系等特点。因而，在有限概率统计信息下提出解决非正态、大变异、高维高阶、相关随机可靠性问题的高效分析方法，是准确评估高速动平衡机静动力学性能及其随机可靠性的关键。Copula 理论最早是 Sklar 在 1959 年提出的，在金融和经济等领域已经被广泛应用。近十几年来，Copula 理论也逐渐引起了机械/结构可靠性领域专家和学者的普遍关注。它是一种可提供多维分布简单表达的强大工具，实现将随机向量各元素的边缘分布函数从它们的联合分布函数中剥离出来，而剩下的部分就是描述随机向量依赖结构的函数，被称为 Copula 函数。为了实现对任意相关随机因素的合理表征，基于 Copula 理论可从有限的概率统计信息中重构出近似的完备概率信息（即近似的联合分布函数），为各随机不确定性量化方法提供有效的近似概率空间。为了适应各随机方法对特定概率空间的需求，随机空间变换方法可实现由原空间到目标空间的概率变换，其中常用的变换方法包括 Rackwitz-Fiessler 方法、Nataf 变换法和 Rosenblatt 变换法。不过，这些概率空间变换方法的适用场合和范围存在一定限制。在诸多随机量化方法中，多项式混沌（polynomial chaos，PC）法是一种谱展开方法，其在一组适当的正交多项式基函数上获得目标响应的谱表达。自从被 Ghanem 和 Spanos 在 1990 年应用在随机有限元分析中之后，多项式混沌法开始被不确定性量化领域的专家学者广泛关注。相比 Monte Carlo 仿真和随机摄动法，多项式混沌法在解决大变异随机可靠性问题时无论是精度还是效率都展现出显著优势。不过，在非正态、高维高阶情况下，传统 Hermite 多项式混沌法的收敛效率和计算成本都不理想，从而催生了广义多项式混沌及其自适应稀疏方法的快速发展。

本书主要是笔者在高速动平衡机力学系统静动力学和可靠性研究的成果基础上，经过加工、提炼而成的。在内容安排上，本书围绕高速动平衡机的确定性有限元建模与分析、随机因素的合理表征、高效随机量化方法（包括重要失效模式的可靠度计算方法以及关键性能响应量的随机分析方法）这一主线依次开展。本书共分为 8 章，具体内容安排如下：

第 1 章介绍了高速动平衡机静动力学性能和随机可靠性分析的背景与意义，回顾了随机不确定性分析和可靠度计算的基本原理与方法，综述了当前旋转机械转子系统静动力学性能和随机可靠性研究的现状与存在的问题。第 2 章分析了高速动平衡机等刚度摆架的静态承载力、静/动刚度特性以及应力疲劳寿命。第 3 章介绍了高速动平衡机的梁元有限元建模理论和响应敏感性分析的直接微分解法，并给出了摆架-轴承部分的等效刚度阻尼特性系数公式，推导了一阶临界转速和不平衡力放大系数的估算公式。第 4 章介绍了考虑相关性的 Rackwitz-Fiessler（R-F）随机空间变换方法，详细探讨了 R-F 方法的正逆变换过程和相关性变化规律，并提出了增强 R-F 方法。第 5 章介绍了基于 Copula 理论的改进 R-F 方法和广义 R-F 法，讨论了秩相关系数和椭圆 Copula 的应用优势。第 6 章介绍了一种具有自适应特点的最可能失效点（most probable point，MPP）快速搜索算法——aHLRF 方法，并给出相应的收敛性证明，以及讨论了影响算法效率的关键因素。第 7 章介绍了基于 Hermite 多项式混沌展开和 Karhunen-Loeve 展开的高速动平衡机临界转速与不平衡稳态响应的随机不确定性分析。第 8 章介绍了基于自适应稀疏广义多项式混沌法的不平衡和轴弯曲故障转子系统共振稳态响应的随机分析。附录部分则提供了与本书研究内容相关的理论和方法的一些基础知识。

特别感谢国家高技术研究发展计划（“863 计划”）（2009AA04Z419）、国家青年科学基金项目（51505146）、江西省青年科学基金项目（20161BAB216135）和华东交通大学博士启动基金的资助。衷心感谢华东交通大学机电与车辆工程学院和上海交通大学机械系统与振动国家重点实验室在本书成果形成期间给予的大力支持。

由于笔者水平有限，书中不妥之处在所难免，敬请读者指正。

周生通　李鸿光

2020 年 8 月 18 日

主要缩略词和符号表

缩　略　词

LOO	留一法(leave-one-out)交叉验证
LAR	最小角回归(least angle regression)
PC	多项式混沌(polynomial chaos)
HLRF	Hasofer-Lind-Rackwitz-Fiessler
aHLRF	自适应的 HLRF 方法(adaptive HLRF)
aHLRF*	限制初始迭代步长的 aHLRF 方法
CDF	概率分布函数/累积分布函数(cumulative distribution function)
FORM	一次可靠度方法(first order reliability method)
iHLRF	改进的 HLRF 方法(improved HLRF)
K-L	Karhunen-Loeve
N-P	Nataf-Pearson
NFun	调用安全裕度函数的次数(number of function)
NGrad	调用安全裕度函数导数的次数(number of gradient)
MPP	最可能失效点(most probable point)
R-F	Rackwitz-Fiessler
PDF	概率密度函数(probability density function)
SORM	二次可靠度方法(second order reliability method)

符 号 表

$E(x, \omega)$	转轴弹性模量随机场
$u(x, \omega)$	转子不平衡量分布密度随机场
$U(x, \omega)$	转子的空间随机分布不平衡量
b	Amijo 准则或 Shi-Shen 准则中的步长缩减系数
$c_{\mathrm{eq}yy}$	简化的摆架-轴承部分的 y 向等效阻尼系数
$c_{\mathrm{S}yy}$	动平衡机摆架的 y 向黏性阻尼系数
c_{yy}	摆架滑动轴承的 y 向阻尼特性系数
c_k^p	对应于 p 阶多项式混沌基的第 k 个 code 数组
$C(u_1, \cdots, u_n)$	描述随机向量依赖结构的 Copula 函数，亦简写为 $C(\boldsymbol{u})$或 C
$C^{\mathrm{N}}_{ij, r^0_{\mathrm{P},ij}}$	Normal Copula 函数（亦为 Gaussian Copula）。其中，上标 N 表明为 Normal Copula 类型，$r^0_{\mathrm{P},ij}$ 为 Normal Copula 的参数值，i 和 j 代表随机变量的序号
$C^{\mathrm{E}}_{\boldsymbol{R},\Psi}$	椭圆 Copula 函数。其中，上标 E 代表椭圆(elliptical)Copula 类型族，$\boldsymbol{R}$ 为线性相关系数矩阵，Ψ 为相应的特征函数
$C_{\boldsymbol{X}}$	随机向量 $\boldsymbol{X}$ 的 Copula 函数
C_θ	Copula 函数。其中，θ 为 Copula 参数（可以是一个或一组参数）
$C(x_1, x_2)$	随机场的自协方差函数
$\mathrm{Cov}(X_1, X_2)$	随机变量 X_1 和 X_2 的协方差
$\mathrm{diag}(\cdot)$	对角矩阵。如 $\mathrm{diag}(\sigma_{Z_i})$表示第 i 个对角元素为 σ_{Z_i} 的对角阵
$\boldsymbol{d}^{(k)}$	HLRF 方法的搜索方向
$\mathbb{E}[\cdot]$	数学期望运算符
$E_n(\boldsymbol{\mu}, \boldsymbol{\Sigma}, \Psi)$	n 维椭圆分布。其中，$\boldsymbol{\mu}$ 是均值向量，$\boldsymbol{\Sigma}$ 是协方差矩阵，Ψ 是特征函数
$E_{\boldsymbol{\mu},\boldsymbol{\sigma},\boldsymbol{R},\Psi}$或 $E_{\boldsymbol{\mu},\boldsymbol{\Sigma},\Psi}$	椭圆分布的联合累积分布函数。其中，均值向量为 $\boldsymbol{\mu}$，标准差矩阵为 $\boldsymbol{\sigma}$、协方差矩阵为 $\boldsymbol{\Sigma}$、特征函数为 Ψ
$f_{\boldsymbol{X}}(\boldsymbol{x})$和 $F_{\boldsymbol{X}}(\boldsymbol{x})$	分别为随机向量 $\boldsymbol{X}$ 的联合概率密度函数和联合累积分布函数；如果为单个变量，则为该变量的边缘概率密度函数和边缘累积分布函数

续表

feZ_{xx}	有限元动刚度(即基于有限元计算的动刚度)。其中,第一个下标代表激励方向,第二个下标代表拾振方向
$\boldsymbol{F}$, F, θ	分别为准不平衡力矢量、大小和方向角;在动刚度试验中 $\boldsymbol{F}$ 还代表激振力;在有限元方程中 $\boldsymbol{F}$ 还代表系统外力向量
$g_{\boldsymbol{X}}(\boldsymbol{x})$, $\nabla g_{\boldsymbol{X}}(\boldsymbol{x})$	安全裕度函数及其导数。下标 $\boldsymbol{X}$ 代表物理 $\boldsymbol{X}$ 空间下的函数(或者说是以随机向量 $\boldsymbol{X}$ 为参数的函数)。在不混淆的情况下也会简写为 $g(\cdot)$, $\nabla g(\cdot)$
GM(0, 1)	Gumbel 分布,分布参数为 0 和 1
h_K	核密度估计中的光滑参数,亦为带宽(bandwidth)
$\boldsymbol{H}$, H_{ij}	系统动柔度矩阵和相应矩阵元素
$H(x, \omega)$	随机场
$\overline{H}(x)$	随机场均值
$h_j(\xi)$	单变量的 Hermite 多项式
integer_sequence	数组名称。每一个 integer_sequence 数组都对应一个多项式混沌基函数
$\boldsymbol{J}_{\boldsymbol{X},\boldsymbol{U}}$	向量 $\boldsymbol{X}$ 对向量 $\boldsymbol{U}$ 的 Jacobian 矩阵
$k_{\mathrm{eq}yy}$	简化的摆架-轴承部分的 y 向等效刚度系数
k_{yy}	摆架滑动轴承 y 向刚度特性系数
k_f	疲劳强度极限的修正系数
$K(x)$	核密度估计中的核(kernal)函数
L, L_k	Lipschitz 常数
LN(0, 1)	对数正态分布(Lognormal)。其中分布参数为 0 和 1
$m(\boldsymbol{u})$	merit 函数
M	转子吨位大小;在 K-L 展开中代表展开的项数
$\boldsymbol{M}$, $\boldsymbol{C}$, $\boldsymbol{G}$, $\boldsymbol{K}$, $\boldsymbol{F}$	分别为系统质量、阻尼、陀螺、刚度矩阵和外力向量。像 $\boldsymbol{M}_S$, $\boldsymbol{C}_B$, $\boldsymbol{G}_D$, $\boldsymbol{K}_F$, $\boldsymbol{F}_u$ 则代表相应部件(如 shaft,disk,bearing,foundation,unbalance)的矩阵或向量
$\boldsymbol{N}$, $\boldsymbol{N}_1$, $\boldsymbol{N}_2$	梁单元的形函数矩阵,其中 $\boldsymbol{N}=[\boldsymbol{N}_1^{\mathrm{T}} \quad \boldsymbol{N}_2^{\mathrm{T}}]^{\mathrm{T}}$
p	多项式混沌基的最高阶数

续表

P	多项式混沌基的项数。大小由 ξ 的维数 M(亦即 K-L 展开的项数)和基的最高阶数 p 共同决定
$\mathbb{P}[\cdot]$	概率运算符
P_f	失效概率
P_s	可靠度或安全概率。与 P_f 的关系为 $P_f+P_s=1$
$r_{P,ij}$, $r_{S,ij}$, $r_{K,ij}$	随机变量 X_i 和 X_j 间的相关系数。其中,下标 P、S 和 K 分别代表 Pearson 线性相关、Spearman 秩相关和 Kendall 秩相关
$r_{P,\text{LN-GM}}$	代表当两个随机变量的分布函数分别为 LN(0, 1)和 GM(0, 1)时的 Pearson 线性相关系数。类似的还有 $r_{P,\text{LN-LN}}$、r_S 和 r_K,但后两者与边缘分布函数类型无关
$\boldsymbol{R}_X$ 或 $\boldsymbol{R}_X^{P}$	随机向量 $\boldsymbol{X}$ 的相关系数矩阵。其中,下标可以是任意的随机向量,上标则表示相关系数的类型,如 P 代表 Pearson 线性相关系数,S 代表 Spearman 秩相关系数,K 代表 Kendall 相关系数
Range(X)	变量 X(或向量)的定义域
S_{vM}, S_{SvM}, S_{Hyd}	分别为 von-Mises 应力,von_Mises 应力和静水压力
S_{Fa}	准不平衡力作用下的交变应力幅值
S_a	不平衡力作用下的动态交变应力幅
S_m	应力均值
S_e	材料的疲劳强度极限
S_N	寿命为 N 时的疲劳强度
S_y, S_u	分别为屈服强度极限和拉伸强度极限
$T(\cdot)$	随机空间变换函数。若包含上下标,则上标代表变换方法,下标代表变换的阶段,如 $T_2^{RF}=T_{2-2}^{RF}\circ T_{2-1}^{RF}$,上标 RF 代表 Rackwitz-Fiessler 方法,NP 代表 Nataf-Pearson 方法,GRF 代表广义的 Rackwitz-Fiessler 方法等
$\boldsymbol{u}^*$, $\boldsymbol{x}^*$	分别表示 U 空间和 X 空间中的最可能失效点
$\boldsymbol{U}$, $\boldsymbol{u}$; U, u	分别与 $\boldsymbol{X}$, $\boldsymbol{x}$; X, x 类似,但表示独立标准正态空间(或不相关的标准球空间)中的量。通常将向量 $\boldsymbol{U}$ 所张成的空间称为 U 空间。除此之外,U 亦用来表示转子的不平衡量

续表

Var[·]	方差运算符
$\boldsymbol{X}$, $\boldsymbol{x}$	分别表示物理空间中的随机向量和向量实现。通常将向量 $\boldsymbol{X}$ 所张成的空间称为物理 X 空间
X, x	分别表示物理空间中的随机变量和变量实现。除此之外,亦用来表示直角坐标系的 X 轴或 x 坐标
$\boldsymbol{Y}$, $\boldsymbol{y}$;Y, y	分别与 $\boldsymbol{X}$, $\boldsymbol{x}$;X, x 类似,但表示标准正态空间(或标准球空间)中的量。通常将向量 $\boldsymbol{Y}$ 所张成的空间称为 Y 空间。除此之外,Y, y 亦用来表示直角坐标系的 Y 轴或 y 坐标;$\boldsymbol{Y}$,Y 亦用来表示系统输出响应向量或变量
$\boldsymbol{Z}$, $\boldsymbol{z}$;Z, z	分别与 $\boldsymbol{X}$, $\boldsymbol{x}$;X, x 类似,但表示等效正态空间(或等效球空间)中的量。通常将向量 $\boldsymbol{Z}$ 所张成的空间称为 Z 空间。除此之外,Z, z 亦用来表示直角坐标系的 Z 轴或 z 坐标
$\boldsymbol{Z}$, Z_{xy}	分别为系统动刚度矩阵和矩阵元素。其中元素的第一个下标代表激振方向,第二个下标代表拾振方向或拾振点,如 Z_{xA}
Z_{Syy}	动平衡机摆架 y 方向上的试验动刚度幅值
zero_id	每个 code 数组都对应一个 zero_id 数组,并用于求解相应的 integer_sequence 数组
$\alpha(\Omega)$	转子动平衡系统共振时转子不平衡力作用在摆架上的力放大系数。在属性参数确定后仅与共振频率 Ω 有关
$\boldsymbol{\alpha}$	安全裕度函数在最可能失效点$\boldsymbol{u}^*$处的负梯度方向
β	可靠度指标。若存在下标,则下标通常代表不同类型的可靠度指标,如 β_{FORM}代表一次可靠度指标;β_{G} 则代表广义的一次可靠度指标
$\boldsymbol{\delta}$, $\dot{\boldsymbol{\delta}}$, $\ddot{\boldsymbol{\delta}}$	分别为系统的位移、速度和加速度向量
ε	转子不平衡度
ε_1, ε_2, ε_3	HLRF 方法的 3 个精度系数
$\theta_{\mathrm{P,\,LN\text{-}LN}}^{\mathrm{GA}}$	代表在 Y 空间中 Gaussian Copula 的参数值,其中下标代表在 X 空间中两随机变量的分布函数分别为 LN(0, 1)和 LN(0, 1),且它们的相关性用 Pearson 相关系数表示。类似的还有 $\theta_{\mathrm{S}}^{\mathrm{GA}}$ 和 $\theta_{\mathrm{K}}^{\mathrm{GA}}$,但它们与 X 空间中的边缘分布函数类型无关
λ_0	Armijo 准则或 Shi-Shen 准则中每个迭代步的初始迭代步长

续表

λ_i，$\phi_i(x)$	分别为自协方差函数 $C(\boldsymbol{x}_1, \boldsymbol{x}_2)$的第 i 阶特征值和特征值函数
μ_{Z_i}和σ_{Z_i}	等效正态变量 Z_i 的两个分布参数
$\boldsymbol{\xi}$	为一组不相关的标准随机变量组成的向量。当取多项式混沌基时，其由 M 个独立的标准正态变量$[\xi_1, \cdots, \xi_M]^{\mathrm{T}}$ 组成
ρ	线性相关系数。除此之外，还表示密度
$\rho(x, x')$	随机场的自相关函数
σ_H	随机场 $H(\boldsymbol{x}, \omega)$的标准差
$\Phi(\cdot)$和 $\phi(\cdot)$	分别为标准正态变量的累积分布函数和概率密度函数
$\Psi_j(\xi)$	多项式混沌基(polynomial chaos basis)
$\varphi(x, \omega)$	转子分布不平衡量的相位角随机场
Ω_{cr}	转子系统的临界转速
Ω	转子转速
$\mathcal{M}(\cdot)$	模型函数。代表输入量与响应量的映射关系，如 $Y=\mathcal{M}(\boldsymbol{X})$
$\mathcal{D}_{\mathrm{f}}$，$\mathcal{D}_{\mathrm{s}}$，$\mathcal{D}_{\mathrm{c}}$	分别表示失效域、安全域和极限状态面
$N(\mu, \sigma^2)$	表示均值为 μ、方差为 σ^2 的正态分布变量
$\mathcal{E}_{\boldsymbol{\mu},\boldsymbol{\sigma},\boldsymbol{R},\Psi}$或$\mathcal{E}_{\boldsymbol{\mu},\boldsymbol{\Sigma},\Psi}$	表示一个均值向量为 $\boldsymbol{\mu}$，标准差矩阵为 $\boldsymbol{\sigma}$、协方差矩阵为 $\boldsymbol{\Sigma}$、特征函数为 Ψ 的椭圆分布的联合概率密度函数
$\mathbb{R}^n$	实数域。其中，上标 n 代表维数

目　录

第1章 绪论

1.1 概述

自20世纪60年代起，大型旋转机械(如工业汽轮机、离心压缩机、燃气轮机等)的可靠性有了很大的提升，并开始替代原有的动力设备加入现代化的生产流程。与此同时，与大型旋转机械转子部件相适应的大型高速动平衡机械装备技术也得到了快速发展。自20世纪70年代中后期开始，我国陆续从德国申克(Schenck)公司引进了多套高速动平衡机，同时还开始投入研发力量自行设计制造。到2010年，国内主要汽轮机厂和两大鼓风机厂等已经建立了10余套适合各自产品的高速动平衡试验装置。[1]其中上海汽轮机厂的DG 200型高速动平衡试验装置是我国20世纪80年代初成功研制的全套(第一套)装置，目前已经服役30余年。实践证明，正确掌握高速动平衡机械装备的静动力学特性不仅关系到动平衡试验过程的安全性和可靠性，而且还决定了被平衡转子的动平衡品质，在降低机组振动、噪声，提高工作转速，保证机组安全运行，延长使用寿命，改善工作条件等方面发挥着重要作用。

工作中的高速动平衡机就如同一台大型的旋转机械装备，但与一般旋转机械装备不同，它是在以转子不平衡为主的故障状态下运行的，并不断重复"启动—稳定运转—停车"的工作循环。除此之外，高速动平衡机上的被平衡转子通常不会固定为某一型号，而是将转子的吨位限制在一定范围内。对于不同型号的转子，高速动平衡机相应的工作区显然不尽相同，有时可能差别很大。这就要求在转子实施高速动平衡前，必须对转子在摆架上的动特性进行必要的计算和分析。另外，高速动平衡机械装备中存在各种各样的不确定因素。例如，弹性模量、质量密度、结构尺寸、不平衡量、轴承系数等材料、几何和属性参数，以及对它们的精确值缺乏认知而引起认知不确定性，以及实际动平衡机与动平衡机仿真模型之间的差别而引起的模型不确定性，还存在各种固有的偶然不确定性等。按照不确定性传播原理，在不确定因素作用下动平衡机械装备的静动力学响应也必将是不确定性的，那么在实际操作中就会出现按照传统确定性方法评价合格的动平衡机性能在不确定性工况下评价时却不满足要求的情况。同时，在确定性的评价框架下，动平衡机械装备的运行状态往往只有两种，即故障和非故障(或者说失效和安全)。此时人们就比较期望以概率(可靠度)的方式定义机械装备状态，这样不仅便于了解当前机械装备的安全程度，而且有利于对机械装备进行事前维护等方面的规划。因而，除了在确定性工况下对高速动平衡机械装备进行完整的静动力学性能分析，对高速动平衡机械装备的关键响应量和重要失效模式开展随机因素作用下的可靠性分析将更能反映机械装备的真实性能状态。

在高速动平衡机中，摆架结构的动力特性和疲劳寿命、摆架-转子系统的临界转速、稳定裕度以及不平衡稳态响应和加速瞬态响应等往往是动平衡试验中比较关心的设备性能信息。虽然当前包含转子动力学在内的机械动力学仍然是一个被广泛研究的领域，但用于对高速动平衡机进行上述动力性能分析的各种理论、方法和技术手段基本趋于成熟。换句话说，只要给定了系统参数和激励，总是能找到相应的计算准确而又有效的求解方法来分析问题。[2]人们更多的是在进行修修补补的工作并做到具体问题具体分析而已。然而，当涉及随机不确定因素对高速动平衡机进行随机可靠性分析和评价时，这种现状就被打破了。此时就需要结合高速动平衡机的特性发展出一套相应的随机可靠性分析方法。同其他旋转机械一样，高速动平衡机械装备也存在模型复杂、计算量大、高非线性、高维等计算方面的难题，而这些难题在可靠性分析中会更加突出。同时，高速动平衡机属于小样本高可靠性设备，使得与之相关的随机因素的概率信息非常有限，难以获得包含全部概率信息的联合累积分布函数，通常只能结合有限样本和专家经验估计出边缘分布和相关系数等信息。另外，像转子不平衡量等在动平衡试验中比较关键的随机因素应该如何去模拟和表征，也是非常重要的可靠性分析环节。

因而，对在国民生产中起重要作用的高速动平衡机械装备进行详细的静动力学性能分析，并在此基础上考虑不确定因素影响发展出一套适合高速动平衡机的随机可靠性分析方法将具有重要的实际意义。作为绪论章节，首先，回顾工程可靠性相关理论及其研究现状，引入随机不确定性传播与工程可靠性的基本概念和基本问题；其次，综述当前与旋转机械转子系统，尤其是与高速动平衡机有关的静动力学性能和随机可靠性方面的研究现状和存在的问题；最后，针对高速动平衡机的随机可靠性分析方法问题，阐述本书的主要研究内容和章节布置。

1.2 工程可靠性相关理论及其研究现状

1.2.1 不确定性传播原理与工程可靠性

1. 随机不确定性分析

当前，针对机械装备静动力学性能的研究仍然大多是基于确定性分析方法，即在确定性输入和确定性系统下对各种输出响应进行研究（系统性能分析）。显然，这种情况下所得结果是确定性的。然而，不确定因素（uncertainties）一直都伴随着实际的物理系统，它们可能是现象本身所固有的，也可能是由于认知不足而引入的。只要系统输入和系统本身任一方涉及不确定因素，就会最终传递到系统输出，引起输出响应的不确定性，这就是不确定性传播原理。从概率角度讲，当分析随机不确定因素影响下系统某一响应量的统计特性或失效模式发生概率时，人们所开展的工作就属于随机不确定性分析。

若将描述系统输入和系统本身的定义参数变量用输入向量 $\boldsymbol{X}$ 表示，输出响应量用向量 $\boldsymbol{Y}$ 表示，那么计算输出响应量 $\boldsymbol{Y}$ 的数学模型就可用(1-1)式表示：

$$\boldsymbol{Y}=\mathcal{M}(\boldsymbol{X}) \tag{1-1}$$

式中,模型函数$\mathcal{M}:\boldsymbol{X}\in \mathrm{Range}(\boldsymbol{X})\mapsto \boldsymbol{Y}\in \mathrm{Range}(\boldsymbol{Y})$代表了输入向量 $\boldsymbol{X}$ 与输出响应量 $\boldsymbol{Y}$ 的函数映射关系。模型函数可以是解析模型,也可以是数值模型(如有限元法、有限差分法或边界元法等)。按照不确定性传播原理,当输入向量 $\boldsymbol{X}$ 包含不确定变量时,得到的输出响应量 $\boldsymbol{Y}$ 也是不确定的。当前,对不确定性问题数学化的工具主要有随机理论[3]、模糊理论、凸集理论及它们的混合方法等。本书的研究范围为随机不确定性问题,即用随机理论来处理不确定因素。

Sudret 和 Der Kiureghian[4]将随机不确定性传播的方法分为 3 类:①用于求解响应统计矩的方法。像摄动法、加权积分法、求积法等都属于这类方法,但这类方法多局限在求解响应量的前两阶矩,而更高阶矩的求解往往会使计算量倍增。②用于求解响应概率分布尾部信息的方法。这类方法本质上就是计算可靠度的方法,如一次可靠度方法(FORM)、二次可靠度方法(SORM)、重要性抽样和方向抽样等。③用于得到响应概率密度函数的方法。Monte Carlo 仿真法和基于多项式混沌展开的谱方法都属于这一类,而且它们都能完成①和②中的求解任务。

2. 可靠度计算的一般公式和基本问题

随机不确定性分析的最终目的是进行工程可靠性的评估。通常,当机械装备自身的性能不能满足实际需要时,就会被认为发生了故障或失效。在工程可靠性中,“失效模式”和“安全裕度函数”是两个非常重要的概念。所谓失效模式,就是指对机械装备出现故障或失效情况的一种物理描述。而当需要将这种物理描述用数学模型表达时,所采用的数学模型就是安全裕度函数。例如,在机械强度可靠性中,强度失效的失效模式被定义为当机械零件危险部位的应力响应 S 超出零件材料本身所具有的强度值 R 时,零件即失效。那么这个失效模式所对应的安全裕度函数则被定义为

$$g(R,\ S)=R-S \tag{1-2}$$

根据安全裕度函数 $g(R,\ S)$的大小就可以判断机械装备所处的状态:

$$\begin{cases} g(R,\ S)>0,\ \text{即}\ S<R,\ \text{安全状态} \\ g(R,\ S)<0,\ \text{即}\ S>R,\ \text{失效状态} \\ g(R,\ S)=0,\ \text{即}\ S=R,\ \text{临界状态} \end{cases} \tag{1-3}$$

然而,在工程可靠性分析中,由于考虑了不确定因素的影响,显然已不再适合依据安全裕度函数的大小来判断机械装备是安全的、失效的还是处于临界状态,而是需要借助可靠度的概念来度量机械装备处于安全状态的程度。机械可靠度的标准定义[5]是:机械装备在规定的使用条件和规定的时间内完成规定功能的概率。依据概率定义和前述安全裕度函数,可靠度 P_s 的概率表达式可写为

$$P_s=\mathbb{P}[g(R,\ S)>0]=\mathbb{P}[R>S] \tag{1-4}$$

式中,$\mathbb{P}[\cdot]$是概率运算符。附录 A 介绍了有关概率统计方面的基础知识。若假设应力 S 和强度 R 相互独立,则式(1-4)表达的就是机械可靠性领域中常用的独立应力-强度干涉模型。[5]

式(1-4)揭示了可靠性设计的本质,即从可靠性的观点来说,任何机械装备都存在失

效的可能，不是绝对安全的（$P_s<1$）。我们能够做到的仅仅是将这个失效概率（$P_f=1-P_s$）限制在一个可以接受的限度之内，而不是试图杜绝它。这种设计观点在传统设计的安全系数法中是不明确的，因为在其设计思想中不考虑存在失效的可能性。可靠性设计的这一重要特征客观地反映了产品设计和服役的真实情况，同时还可以定量地回答产品在使用中的失效概率或可靠度，因而受到重视和发展。像在土木、水利、建筑等行业的结构设计中已经明确规定了基于可靠度的设计规范。[6-8] 不过，对于机械装备目前还没有比较统一的可靠性设计规范。

可靠度计算公式(1-4)中只包含了应力 S 和强度 R 两个量，但这两个量在机械设计中多属于导出变量，亦即它们是各种输入变量的函数，可被重写为 $S(\boldsymbol{x})$ 和 $R(\boldsymbol{x})$。于是，安全裕度函数 $g(R, S)$ 也可以被重写为

$$g_{\boldsymbol{X}}(\boldsymbol{x})=R(\boldsymbol{x})-\mathrm{S}(\boldsymbol{x}) \tag{1-5}$$

进一步，可靠度计算公式可归结为如下更一般的公式：

$$P_s=\mathbb{P}[g_{\boldsymbol{X}}(\boldsymbol{x})>0]=\int_{\mathcal{D}_s}\mathrm{f}_{\boldsymbol{X}}(\boldsymbol{x})\mathrm{d}\boldsymbol{x} \tag{1-6}$$

或表达为求解失效概率的形式：

$$P_f=1-P_s=\mathbb{P}[g_{\boldsymbol{X}}(\boldsymbol{x})<0]=\int_{\mathcal{D}_f}f_{\boldsymbol{X}}(\boldsymbol{x})\mathrm{d}\boldsymbol{x} \tag{1-7}$$

前述公式中，P_s 是安全概率或可靠度；P_f 是失效概率；$f_{\boldsymbol{X}}(\boldsymbol{x})$ 为随机向量 $\boldsymbol{X}$ 的联合概率密度函数；$\mathcal{D}_s$ 和 $\mathcal{D}_f$ 分别为安全域和失效域，它们与极限状态面 $\mathcal{D}_c$ 可由下式表示：

$$\begin{cases}\mathcal{D}_s=\{\boldsymbol{x}\in \mathrm{Range}(\boldsymbol{X})\mid g_{\boldsymbol{X}}(\boldsymbol{x})>0\}，\text{安全域}\\ \mathcal{D}_f=\{\boldsymbol{x}\in \mathrm{Range}(\boldsymbol{X})\mid g_{\boldsymbol{X}}(\boldsymbol{x})<0\}，\text{失效域}\\ \mathcal{D}_c=\{\boldsymbol{x}\in \mathrm{Range}(\boldsymbol{X})\mid g_{\boldsymbol{X}}(\boldsymbol{x})=0\}，\text{极限状态面}\end{cases} \tag{1-8}$$

由式(1-6)和式(1-7)可知，可靠度或失效概率计算的一般公式实为一个关于随机向量 $\boldsymbol{X}$ 的多维积分问题。显然，直接求解这一多维积分问题往往十分困难，常见的基本问题包括：

问题 1：多维随机向量 $\boldsymbol{X}$ 的联合概率密度函数 $f_{\boldsymbol{X}}(\boldsymbol{x})$ 通常难以获得，往往仅已知部分概率信息，如边缘分布、相关系数等。此外，式(1-6)和式(1-7)中描述不确定因素的向量 $\boldsymbol{X}$ 是由一组随机变量组成的，但实际中不确定因素还存在随机过程和随机场的情况。

问题 2：安全域 $\mathcal{D}_s$ 和失效域 $\mathcal{D}_f$ 可能非常复杂，使得各变量的积分域难以表达。

问题 3：安全裕度函数 $g_{\boldsymbol{X}}(\boldsymbol{x})$ 的单次计算量可能非常大，使得数值积分中多次调用的计算成本难以承受。

问题 4：安全裕度函数 $g_{\boldsymbol{X}}(\boldsymbol{x})$ 或输入向量 $\boldsymbol{X}$ 存在依赖时间 t 的情况时。

实际上，问题 1 涉及有限概率信息下多维随机因素的合理表征以及随机场和随机过程的近似展开等问题；问题 2 涉及对积分域进行转换或者近似处理等问题；问题 3 涉及高效代理模型建立等问题；问题 4 则属于时变可靠性问题。其中前 3 个问题是本书开展高速动平衡机随机可靠性分析方法研究中重点讨论的问题，后面也将主要对这 3 个问题进行文献综述。

3. Monte Carlo 仿真

Monte Carlo 仿真是求解随机可靠性问题的通用方法，不仅可以针对某一关键响应量或重要失效模式开展随机不确定性分析，以获得相应的响应统计规律和失效概率(或可靠度)，而且是验证其他新型随机分析方法正确性和有效性的基准方法。Monte Carlo 仿真的理论基础[9]是切比雪夫大数定律的推理(即样本均值依概率收敛于母体均值)及伯努利大数定律(即事件发生频率依概率收敛于事件发生的概率)。图 1-1 示意了 Monte Carlo 仿真开展随机不确定性分析的流程。

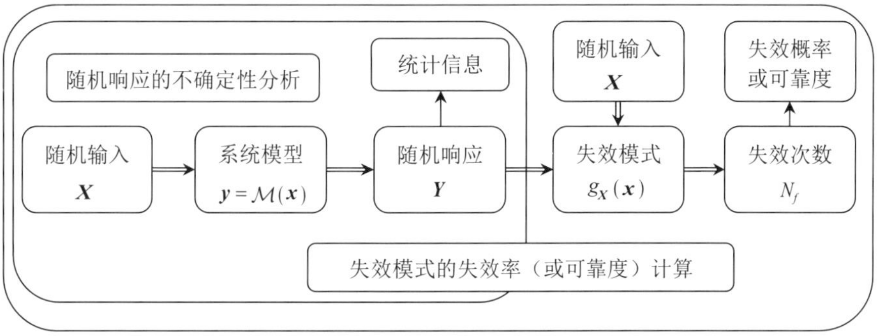

图 1-1　Monte Carlo 仿真流程

说明：其中双线箭头代表样本点的不断代入，单线箭头代表一次传递。

在开展随机响应的不确定性分析时，首先按照随机向量 $\boldsymbol{X}$ 的概率信息抽样出满足要求的 N 个样本点。然后利用式(1-1)分别计算 N 个样本点x_i，$i=1$，…，N 对应的一系列响应值：

$$\boldsymbol{y}_i=\mathcal{M}(\boldsymbol{x}_i),\ i=1,\ \cdots,\ N \tag{1-9}$$

最后，在获得 N 个响应样本值基础上，利用概率统计方法就可得到响应的各阶统计量、经验累积分布函数、概率密度函数等，即响应的随机不确定性信息。这些随机响应信息还可进一步用于后续可靠度计算中。

在求解失效模式的失效概率时，式(1-7)需重写为

$$P_{\mathrm{f}}=\int_{\mathrm{Range}(\boldsymbol{X})}1_{\mathcal{D}_{\mathrm{f}}}(x)f_{\boldsymbol{X}}(\boldsymbol{x})\mathrm{d}\boldsymbol{x}=\mathbb{E}[1_{\mathcal{D}_{\mathrm{f}}}(\boldsymbol{x})] \tag{1-10}$$

式中，$\mathbb{E}[\cdot]$是数学期望运算符；$1_{\mathcal{D}_{\mathrm{f}}}(\boldsymbol{x})$是指示函数，当 $\boldsymbol{x}\in\mathcal{D}_{\mathrm{f}}$ 时 $1_{\mathcal{D}_{\mathrm{f}}}(\boldsymbol{x})=1$，否则 $1_{\mathcal{D}_{\mathrm{f}}}(\boldsymbol{x})=0$。可见，利用指示函数可将问题 2 中由安全裕度函数定义的复杂积分域转换为由随机向量值域定义的简单积分域，即由 $\mathcal{D}_{\mathrm{f}}\rightarrow\mathrm{Range}(\boldsymbol{X})$，进而将失效概率的计算转化为对指示函数期望(均值)的求解。由概率统计知识可知，样本均值是数学期望的无偏估计。于是，将 N 个样本点 $\boldsymbol{x}_i$，$i=1$，…，N 代入指示函数，失效概率 P_{f} 的无偏估计$\hat{P}_{\mathrm{f}}$可表达为

$$\hat{P}_{\mathrm{f}}=\frac{1}{N}\sum_{i=1}^{N}1_{\mathcal{D}_{\mathrm{f}}}(\boldsymbol{x}_i)=\frac{N_{\mathrm{f}}}{N} \tag{1-11}$$

式中，$N_{\mathrm{f}}=\sum_{i=1}^{N}1_{\mathcal{D}_{\mathrm{f}}}^{(i)}$ 是样本点落入失效域 $\mathcal{D}_{\mathrm{f}}$ 的个数。这就是利用 Monte Carlo 仿真估算失效概率(或可靠度)的原理。

Monte Carlo 仿真的优点是：①通过大量而简单的重复抽样即可实现，故思路简单易于编程；②收敛的概率性和收敛速度与问题维数无关，不存在“维数灾难”问题；③受问题条件限制影响较小，适应性强；④只要样本数足够即可获得满足精度要求的近似精确解。因而，Monte Carlo 仿真也常用来验证其他新型随机不确定性分析方法的有效性和正确性。不过，Monte Carlo 仿真收敛速度慢，为了保证计算精度，往往需要抽样大量样本，导致计算成本大，限制了其在大型复杂数值问题中的应用。除了 Monte Carlo 仿真，还有一些其他仿真方法，如重要性抽样[10]、子集模拟[11]、线性抽样[12]等。相比起来，这些方法可以有效降低所需样本点的数目，这一点对小概率失效问题尤为重要。正确使用 Monte Carlo 仿真需要抽样出符合要求的随机样本，并实现结果精度控制。附录 B 介绍了一种基于 NORTA 相关随机数的 Monte Carlo 仿真[187-188]。

1.2.2 随机因素的表征与空间变换方法

1. 随机变量、随机过程与随机场

工程中的随机因素可以用随机变量、随机过程和随机场描述，有关它们的定义和性质可以参考文献[3, 13-15]。在随机可靠度计算方法中涉及的各随机因素大多要求以随机变量的形式表达。虽然随机过程和随机场是一组依赖于时间或位置的随机变量全体[15]，但它们在一般的可靠度计算方法中是无法被直接处理的，必须离散为一组有限的随机变量集合。目前，常用的离散方法主要有 3 类：①点离散方法；②平均离散方法；③级数展开法。在点离散方法中，随机变量取的是随机场中给定点处的值，如中心点法[16]、形函数法[17-18]、积分点法[19]、最优线性估计法(OLE)[20]等。空间平均方法[21]和加权积分方法[22-23]则属于平均离散方法，选取的随机变量是随机场在单元区域内的加权积分值。级数展开法是将随机场用一组完整的基函数进行展开，并通过级数截断的方法得到近似随机场。例如 Karhunen-Loeve(K-L)展开法[24]采用的是随机场自协方差函数的谱展开得到的一组完整正交基；正交级数展开法[25]则是直接选取一组正交基进行展开；EOLE 展开法[20]是 OLE 方法的扩展，由随机向量协方差矩阵的谱分解得到。Li 和 Der Kiureghian[20]、Zhang 和 Ellingwood[25]、Ditlevsen[26]、Sudret 和 Der Kiureghian[4]、秦权等[27]对不同的随机场近似方法进行了分析和对比。

在 K-L 展开方法中需要求解第二类 Fredholm 积分方程以得到随机场协方差函数的特征值和特征函数。Ghanem 和 Spanos[24]给出了指数和三角形式的协方差函数特征值和特征函数的解析解。对于不存在解析解的协方差函数，Ghanem 和 Spanos[24]给出了基于伽辽金方案的数值求解方法。不过传统的伽辽金方案得到的是密集矩阵而且矩阵元素的计算是积分运算从而导致运算量较大，结果精度在高阶时也不高。Phoon 等[28]基于小波技术提出了小波-伽辽金的求解方案。相比传统的伽辽金方案，该方案不需要积分运算使得其在计算量和计算效率方面的优势非常明显。在非高斯随机场中，K-L 展开中的随机变量不再是标准正态分布变量而且还可能不是相互独立的[29-31]。为此，Phoon 等[29]提出一种迭代映射方案拟合出了非高斯随机过程 K-L 展开随机变量的边缘分布函数，而进一步的改进方案使得 K-L 展开在强非高斯随机过程情况的近似结果也非常好[30]。

2. Copula依赖结构

Copula是一种用于描述随机变量依赖结构的函数。该英文单词在中文中表达为“连接”的含义,即利用Copula函数连接各随机变量的边缘分布函数就可得到随机向量的联合累积分布函数。自从Sklar[32-33]在1959年首次提出用Copula函数描述随机变量的依赖性后,经过半个多世纪的发展,Copula理论已经在金融、经济等领域得到广泛应用。其间,Joe[34]、Nelsen[35]等人的专著详细论述了基于Copula函数的多维相关依赖理论,是Copula领域中的经典著作。在数学定义上,Schmidt[36]将一个维数为n的Copula函数定义为边缘分布函数服从[0,1]均匀分布的联合累积分布函数,即$C(\boldsymbol{u})=C(u_1, \cdots, u_n)$。按照Sklar定理,一个边缘分布函数为$F_1, \cdots, F_n$,Copula函数为$C(u_1, \cdots, u_n)$的随机向量的联合累积分布函数可表达为[32]

$$F(x_1, \cdots, x_n)=C[F_1(x_1), \cdots, F_n(x_n)] \tag{1-12}$$

可见,联合累积分布函数可由边缘分布函数和Copula函数完全定义,当剔除边缘分布函数后,剩下的Copula函数便包含了随机向量的全部依赖信息。在Copula函数的诸多性质中,“严格递增变换时,Copula函数保持不变”的性质在可靠性领域非常有用。依据这一性质,一些仅与Copula函数有关的相关系数,如Spearman、Kendall等秩相关系数,相比可靠性分析中常用的Pearson线性相关系数,具有更多的优点[37]。Lebrun和Dutfoy[38]从Copula角度揭示了Nataf变换方法中隐含的Gaussian Copula假设,并建议以Spearman和Kendall相关系数代替线性相关系数。Lebrun和Dutfoy[39]还基于Copula理论深层次分析和对比了Rosenblatt变换和Nataf变换的异同。

除了Gaussian Copula,其他常用的Copula函数有Frank、Clayton、Gumbel、Student t等。前3个属于Archimedean Copula族[35-36],而Student t和Gaussian Copula都属于椭圆Copula族[37]。Copula的优点是可以被相对容易地创造出来,换句话说,只要函数满足Copula性质就可以被当作一种新的Copula类型。不同的Copula所具有的特性不同。在这些特性中,尾部依赖性是其中最重要的一个[40],如Gumbel具有上尾部依赖性,Clayton具有下尾部依赖性,Student t同时具有上下尾部依赖性,而Gaussian Copula却不具有尾部依赖性。Ledford和Tawn[41]提出用尾部依赖系数度量相应的尾部依赖性。Heffernan[42]及Schmidt[43]总结了几十种不同的Copula函数的尾部依赖系数公式。

在工程实践中,多维Gaussian分布(即多维正态分布)是最常用的分布类型。很多可靠性问题要么是直接按照多维Gaussian分布求解,要么就转化为多维Gaussian分布再进行求解。这其中自然而然地就会引入Gaussian Copula假设,如传统的Nataf变换。实际中很多处理方法也可能存在类似的假设,这就需要用Copula理论去发现和改进。椭圆分布族是Gaussian分布的推广,在继承Gaussian分布的某些性质的同时也具有自己独特的性质[37]。其在工程实践中也开始被逐渐应用,如Lebrun和Dutfoy[44]基于椭圆Copula族推广了传统Nataf变换使之不再局限在Gaussian Copula假设内。在金融和经济领域,椭圆分布族的应用更加广泛。

3. 随机空间变换方法

在工程可靠度计算中,常遇到物理空间中的随机变量分布类型与拟采用的可靠度算法所要求的随机变量分布类型不相匹配的问题。此时就需要借助随机空间变换方法使现有可靠度算法能够适用于这类问题的求解。随机空间变换方法是一类方法的统称，即用于完成物理空间与算法目标空间中随机变量衔接并处理变换前后随机变量相关性改变问题的方法。早期人们多考虑独立情况下的随机空间变换，如当量正态化法（又称 JC 法）[45-46]、等概率边缘映射变换法[47]、实用分析法[47]等属于这一类。后来随机变量间的相关性开始受到重视，这时正交变换法[47]、广义随机空间分析法[48]、Nataf 变换法[49-50]、Rosenblatt 变换法[51]等随机空间变换方法逐渐被提出和应用。其中，最常用的变换方法有 3 种：Rosenblatt 变换法、Rackwitz-Fiessler（R-F）方法和 Nataf 变换方法。虽然 Rosenblatt 变换法是理论基础最完善的方法，但它是建立在完备概率信息基础上的，即需要提供随机向量的联合累积分布函数信息。这一点在实际中通常是无法满足的，因而工程中更偏向于使用后两种方法。R-F 方法和 Nataf 变换方法都只需提供随机向量的边缘密度函数和相关系数矩阵就可进行运算。Nataf 变换方法实际上是等概率边缘映射变换法和正交变换法的结合，由 Der Kiureghian 和 Liu[49-50] 首先提出的，并基于 Nataf 分布[52] 和 Pearson 线性相关系数得到了变量相关系数变化的计算公式。为了简化线性相关系数计算，Der Kiureghian 和 Liu 还给出了多种常用分布类型对应的半经验估算式。不过，虽然半经验公式的计算精度能够满足工程要求，但所支持的概率分布类型非常有限。李洪双等[53]采用二维 Nataf 变换和 Gauss-Hermite 积分求解了相关系数且具有非常高的计算精度和计算效率[9]。R-F 方法是当量正态化方法、变量标准化方法和正交变换方法的结合。当量正态化方法是由 Rackwitz 和 Fiessler[45-46] 首先提出的，并用于处理非正态随机变量到正态变量的等效问题，后来人们又进一步结合正交变换方法处理相关性随机向量的空间变换问题，最终形成了 R-F 方法。事实上，R-F 方法在工程中更为常用，因为当量正态化方法被国际结构安全性联合委员会（Joint Committee on Structural Safety, JCSS）推荐，而且当前许多国家的结构可靠度设计规范[6-8]也都采用了基于 R-F 方法的可靠度计算方案。不过，在相关性考虑方面，R-F 方法并不像 Nataf 变换那样存在估算公式，在应用中更多的是忽略相关系数的改变[54-56]，或建议直接用 Der Kiureghian 和 Liu 在 Nataf 变换中给出的相关性变化公式[8, 57]，但这些处理方法是没有清晰的理论依据的。吴帅兵等[54]对 R-F 法、Nataf 变换和 Rosenblatt 变换做了对比，指出 R-F 法与 Nataf 变换的根本区别在于 Nataf 变换考虑了变换前后的相关系数的变化，而 Rosenblatt 变换计算的可靠性指标会受到变量顺序的影响。吕大刚[56]讨论了传统 R-F 方法的当量正态化原理与等概率边缘映射变换的一次近似关系，并提出了线性化的 Nataf 变换方法。

1.2.3 最可能失效点和可靠度计算方法

1. 最可能失效点的搜索方法

最可能失效点（most probable failure point, MPP）是指对结构失效概率贡献最大的点，也被称为设计点或验算点，是在 Hasofer 和 Lind[58] 提出的一次可靠度算法（亦称 Hasofer-Lind 法或先进一阶二次矩法）中被首次引入。在独立标准正态空间中，最可能失效点是失效面上距离原点距离最近的点，相应的距离被定义为一次可靠度指标，即 Hasofer-Lind 可靠性指标。依据这一几何解释，最可能失效点的搜索可以被等效为如下具有等式约束的最小优化问题[59]：

$$u^* = \operatorname{argmin}\left\{ f(u) = \frac{1}{2}\|u\|^2 \middle| g(u) = 0 \right\} \tag{1-13}$$

式中，u^* 为独立标准正态空间下的最可能失效点；$f(u)$ 是目标函数；$\|\cdot\|$ 为欧几里得范数；$g(u)$ 是独立标准正态空间下的安全裕度函数，$g(u)>0$ 是安全域，$g(u)<0$ 是失效域，$g(u)=0$ 是失效面或极限状态面。显然，凡是能处理等式约束的优化方法都可用来求解上述最小优化问题，搜索得到最可能失效点。

然而，在可靠性分析领域，针对这一寻优问题却发展有专用的迭代算法，且往往有较高的计算效率。第一种迭代算法是由 Hasofer 和 Lind[58] 首先提出的，后来由 Rackwitz 和 Fiessler[46] 改进的一种算法，简写为 HLRF 方法。对于 HLRF 方法，一个公认评价是：HLRF 方法是一种非常有效的最可能失效点搜索方法，但其结果收敛性和稳定性得不到保证[59]。不过，目前为止也没有对这一问题的严格数学证明。随后，Liu 和 Der Kiureghian[60] 提出了一种修改的 HLRF 方法，简称 mHLRF。这个方法引入一个 merit 函数以监测优化迭代步的收敛性。基于这个 merit 函数，上述约束优化问题式(1-13)被等价为一个无约束最小优化问题。但 Liu 和 Der Kiureghian 也指出，虽然 mHLRF 比 HLRF 性能要好，但是它不能保证一定生成全局的收敛序列。后来，Zhang 和 Der Kiureghian[61] 构造了一种新的 merit 函数，并用不精确一维搜索 Armijo 准则选择步长，同时建立了收敛性条件以确保迭代点最终收敛到问题式(1-13)的最小值。这一改进的 HLRF 方法，被称为 iHLRF。由于具有全局收敛性，iHLRF 在实际中被广泛应用。之后，对 HLRF 方法的改进也主要集中在最佳迭代步长的一维搜索上。如 Santosh 等[62] 使用了同 mHLRF 方法一样的 merit 函数，但采用了一种 Goldstein 准则的变体准则(或说是一种修改的 Armijo 准则)来改进 HLRF 方法。然而这个方法的收敛性在文章中没有给出。Santos 等[63] 用 Wolfe 准则对 HLRF 方法进行了改进，简称 nHLRF。但和 iHLRF 法不同，他们使用了一个新的可微的 merit 函数，并且给出了相应的收敛条件，也对收敛性给予了证明。不过虽然 nHLRF 法在迭代次数上与 iHLRF 法不分伯仲，但因 nHLRF 方法采用 Wolfe 准则需要额外的梯度计算量，造成计算量较大。上述几种 MPP 搜索方法都是在 HLRF 迭代方法的基础上提出的，它们都没有修改迭代公式和迭代方向，而是在如何高效地选取最佳迭代步长方面进行改进。笔者称这类改进方法为基于 HLRF 的最可能失效点搜索方法。

除了基于 HLRF 的 MPP 搜索方法，其他任何可以处理含约束的优化算法都可以用来求解问题式(1-13)。Liu 和 Der Kiureghian[60] 对比了映射梯度法、增广拉格朗日乘子法、序列二次规划(sequential quadratic programming，SQP)、HLRF 和 mHLRF，验证了 HLRF 法和增广拉格朗日乘子法缺乏鲁棒性，即存在不收敛情况，并指出 SQP 和 mHLRF 法要比其他方法更为有效。Santos 等[63] 使用两种新的增广拉格朗日乘子法求解最可能失效点，相比于 Liu 和 Der Kiureghian[60] 中传统的增广拉格朗日乘子法，新的方法由于采用可更新的二次惩罚系数使得其鲁棒性和效率都大大提高，不过在计算效率上却不如基于 HLRF 的专用迭代方法。然而由于增广拉格朗日乘子法的一般性，其在求解具有大量随机变量的问题时似乎显得比专用方法更为合适，适应面也广。Abdo 和 Rackwitz[64] 将 SQP 方法进行改进，使用单位矩阵避免了 Hessian 矩阵的计算，节省了计算时间。他们还指出该算法对多随机参数问题(多于 50 个)非常有效,可以通过增加步长优化算法加速收敛,不过收敛速度略低于 SQP 方法。Polak-He 算法是 Polak 和 He 提出的一种一般的非线性优化算法。该算法也被 Haukass 和 Der Kiureghian[65]引入 MPP 求解中,因为它的某些特性对非线性有限元可靠性分析非常有吸引力,尤其是它可通过引导参数强迫算法从安全域开始搜索的特点,避免了失效域中的迭代点不能满足非线性有限元求解的缺陷。有关利用优化算法求 MPP 的方法还可参考 Lemaire[59]、秦权[27]等人的专著。此外,还有其他的一些最可能失效点搜索方法,如贡金鑫等[48,66]提出的有限步长法也能保证收敛性,并且当步长取无穷大时,有限步长法将退化为 HLRF 方法。

2. 基于最可能失效点的可靠度计算方法

最可能失效点是可靠度计算中非常有用的信息。一般将那些在算法中用到最可能失效点信息的可靠度计算方法称为基于最可能失效点(MPP-based)的可靠度计算方法[67]。MPP 最直接的应用是一次可靠度方法(first order reliability method,FORM)[58]。在 FORM 中,MPP 的作用就是对独立标准正态空间中的安全裕度函数在 MPP 处进行一次 Taylor 展开,而空间原点到 MPP 的距离就是一次可靠度指标。若在 MPP 处对安全裕度函数进行二次 Taylor 展开,相应的可靠度方法就是二次可靠度方法(second order reliability method,SORM)[27]。在 SORM 方法中最常用的是 Breitung 渐近近似积分公式[68]或改进后的渐近积分公式[69]。之后一些改进 SORM 方法,如 Tvedt[70]的方法、Der Kiureghian 的曲率拟合[71]和点拟合法[72]、秦权等[27]的曲面拟合法(包括曲率拟合法和点拟合法两种)等,都需要基于 MPP、一次可靠度指标以及 MPP 处的主曲率信息来计算失效概率。Grandhi 和 Wang[73]提出的基于中间变量的高次可靠度方法(high order reliability method,HORM)同样需要计算最可能失效点。在可靠度计算的抽样仿真方法中,围绕着 MPP 进行仿真抽样能极大地减少样本抽样数目提高计算效率,像重要性抽样、条件抽样、自适应抽样、条件重要抽样等方法[59]都可通过 MPP 提高算法效率和精度。在时变可靠性计算中,MPP 和一次可靠度指标还被用在 PHI2 法中以估算穿越率[74-76]。另外,Du 和 Chen[77]利用 MPP 来生成系统响应的累积分布函数。

1.2.4 随机不确定性分析的谱方法

1. 谱随机有限元方法

谱随机有限元方法是一种侵入式谱方法,由 Ghanem 和 Spanos[78-79]首先提出,随后在他们的专著[24]中进行了详细阐述。谱随机有限元法可以看作是确定性有限元方法在涉及随机因素时的延伸。Sudret[80]以及 Sudert 和 Der Kiureghian[4]在研究报告中对两者之间的联系和区别进行了阐述。谱随机有限元方法的核心在于利用多项式混沌展开对随机位移响应进行谱展开,进而假设方程截断残差与多项式混沌基空间的正交性推导出求解谱展开系数(即多项式混沌系数)的确定性方程,如线弹性静力学问题的多项式混沌系数求解方程为

$$\mathcal{K}\cdot\mathcal{U}=\mathcal{F} \tag{1-14}$$

式中,$\mathcal{K}$是表征刚度项的全局矩阵;$\mathcal{F}$是表征载荷项的全局列向量;$\mathcal{U}$是表征待求多项式混沌系数的全局列向量(是一个维数为 $N\times P$ 的列向量,其中 N 为确定性问题的离散

自由度，P 为多项式混沌展开项数）。在求解出多项式混沌系数（亦称广义坐标）后，就可利用多项式混沌基函数的性质并结合响应量的多项式混沌展开表达式，从后处理中估计响应量的各阶统计矩以及概率密度函数等信息，以供后续的可靠性设计和分析任务使用。

在计算效率方面，谱随机有限元方程的维数随着多项式混沌展开项数的增加而快速增加。当采用传统的直接方法计算时，整个随机分析的计算量成本将难以接受。因而，早期谱随机有限元方法的应用常被限制在小自由度问题内，不过现在人们逐渐重视谱随机有限元的计算效率问题。例如，Ghanem 和 Kruger[81]发现全局矩阵K是由少量的、相对较小的且具有相同维数和稀疏特性的子矩阵组成，并提出了相应的存储方案，给出了基于预条件共轭梯度技术的迭代求解方法。Pellissetti 和 Ghanem[82]、Chung 等[83]也对相应的问题做了进一步研究。

Sudret 总结了谱随机有限元方法的一些缺点[80]：①伽辽金式的方程离散方案将导致复杂系统方程具有较高的维数，而且即使采用适合大型稀疏系统的专用求解器，在处理复杂系统时，其计算量和内存需求也仍然会很高；②虽然大多时候人们只关心系统局部的随机响应，但该方法仍需求解整个系统所有未知响应量；③对于非线性导出量的随机响应，如结构的应力或应变分量等，在处理时仍是一项非常艰难的任务；④从工程角度讲，谱随机有限元这类侵入式方法对不同类型的随机分析问题缺乏通用处理流程，尤其是在已有程序代码的重复使用方面，使得该方法在工程中很难被广泛应用；⑤虽然 Li 和 Ghanem[84]、Anders 和 Hori[85]、Acharjee 和 Zabaras[86-87]等很多学者在尝试将随机有限元方法应用在非线性问题中，如弹塑性、接触、大应变等，但仍缺乏像解决线性随机问题那样有较为通用的求解方案。

2. 非侵入式谱方法

非侵入式谱方法是一类利用一系列确定性模型结果来估计多项式混沌系数的计算方案。相较于前述侵入式方法，其无须对确定性模型做修改。Sudret[80]将非侵入式的谱方法归纳为两类：投影法和回归法。其中，投影法按照混沌系数的积分求解方式又被划分为仿真法[88-90]和求积法[90]两种。而回归法则是 Choi 等[91]、Berveiller[92-93]等在早期概率配点法（probabilistic collocation method）和随机响应面法（stochastic response surface）基础上引入的。其中，在 Tatang[94]、Pan 等[95]提出的概率配点法中，他们使用正态随机变量作为输入，采用基于 Hermite 多项式根的试验设计方法，并且所用的样本数目和待求的多项式混沌系数数目一致。但这种概率配点法在高维问题中结果精度比较差。后来，Isukapalli[96]提出了随机响应面法，该方法中试验设计的样本数目要比多项式混沌基的系数要多，而且样本点的选择是基于经验的。Berveiller[92-93]研究了基于 Hermite 多项式混沌展开的各种方案求解精度，提出了一种最佳的回归法方案，即以高一阶的 Hermite 多项式的根组合成样本点并取前 n 个模最小的样本点进行线性回归。不过，Sudret[97]发现 Berveiller 方案的计算结果精度与信息矩阵的条件数有关，并针对这一问题提出了一种迭代组装信息矩阵的方案。

1.3 转子系统力学性能与随机可靠性研究现状

转子动力学是研究旋转机械确定性力学性能的理论基础。虽然目前转子动力学仍然是一个被广泛研究的领域,但其在旋转设备静动力学性能分析方面是一个相对成熟的研究方向,因为在建立起转子系统模型和施加激励后一般都能在现有的转子动力学理论中找到相应的计算准确而又高效的求解方法[2]。然而,当在转子系统中进一步考虑随机不确定因素时,这样的理想状态似乎被打破了,需要进一步发展有效的转子系统随机不确定性分析和可靠度计算方法。

1.3.1 确定性静动力学性能分析方面

在随机可靠性领域,开展系统确定性静动力学性能分析的主要目的是建立关键响应量与系统输入向量之间的映射关系,即获得模型函数 $\boldsymbol{Y}=\mathcal{M}(\boldsymbol{X})$。而模型函数又是进一步构建安全裕度函数 $g_{\boldsymbol{X}}(\boldsymbol{x})$的基础。对于旋转机械的力学模型,可以按照转子系统的方式将其分割为基础、轴承、转子 3 部分。一个完整的旋转机械转子系统静动力学性能必然是这 3 个子系统相互耦合的结果。对于像转子系统这样复杂的机械系统,建立解析模型往往是不现实的,而是需要构造数值模型进行分析。集总质量法、传递矩阵法、有限元法和模态综合法是转子动力学中最常用的几种数值求解方法[98-99][188-192]。在转子系统的有限元方法中,根据转轴单元的模拟方法来分,有梁元模型[100-101]、壳元模型[102]、实体模型[103-105][190]、二维轴对称模型等。利用转子系统的有限元模型可以非常容易地计算出模态信息(固有频率和振型)、坎贝尔图、临界转速、同步/异步稳态响应、瞬态响应等动力特性和响应信息。在实用软件方面,ANSYS、NASTRAN、SAMCEF 等通用有限元平台下都集成有转子动力学分析模块。

在转子系统的有限元方法中,通常将轴承部分单独剥离出来进行轴承动态特性的分析和计算,之后以动特性系数的形式在转子系统的有限元方程中予以考虑。对于滑动轴承来说,其刚度阻尼动特性系数的计算通常是基于 Reynolds 方程的。一般情况下,首先要基于无限短轴承假设、无限长轴承假设或数值方法[106-108]求出滑动轴承的油膜压力分布,然后计算油膜力和偏导数得到 8 个线性化的刚度阻尼动特性系数。传统计算方法是基于稳态工况的,不过目前则多是基于动态的分析方法[109-110]或借助具有流固耦合功能的 FLUENT、ADINA 等软件进行分析求解[111-113]。在工程应用中,还会通过查表法或借助专用的轴承分析软件求得动特性系数,如 DyRoBeS、ARMD 等。

有些时候,基础部分(即支承转子的非转动结构)的柔性在转子系统中是不能忽略的[114]。惯性系下的转子动力学有限元方程能够处理任意复杂的基础形式,因而可以在软件中直接建立具有复杂基础部分的转子系统有限元模型。不过,这样处理往往会使数值模型计算规模很大,导致计算成本很高,而模型结果却未必可靠。为此,一些转子动力学分析中会将基础部分简化为弹簧—阻尼—质量模型并用动柔度/动刚度等试验数据加以考虑,通常结果更符合实际[115-118]。测试基础部分动刚度和动柔度的方案有锤击法、正弦慢扫法、随机激励法等。Nicholas[118-119]利用冲击力锤和电磁激振器作为激励测量了某一柔性轴承座的动柔度和动刚度数据，并用于后续转子系统临界转速的计算，结果显示在低于200 Hz的频率范围内两种激励方法得到的数据结果趋于一致，但锤击法因装置和操作简单、快捷而具有更多的优势。Lin[120]、Ooi和Ripin[121]等采用锤击或机械式/电磁式激振器等方式对诸如发动机橡胶减震支座进行测试，以研究橡胶支座随频率变化的动刚度特性和阻尼特性等。结果显示无论是锤击还是激振器方式两者测得的数据吻合很好。李晓彬[122]等用锤击法测量了船舶尾轴架的动刚度，并按照动刚度曲线对共振频率进行了估计。石清鑫等[123]对某一动平衡机摆架采用机械激振器测量了动刚度数据，并基于三维有限元构建了摆架有限元模型，探讨了摆架动刚度受主支承结构材料与尺寸参数的影响规律。

疲劳破坏是转子系统最常见的失效形式。高速运转的转子系统会使系统的承力结构始终处于交变的应力状态。荆建平等[124-125]回顾了国内外对汽轮机转子结构及材料的低周疲劳特性、高温蠕变、疲劳-蠕变交互作用、断裂韧性等的理论和试验研究，指出基于损伤力学理论的分析相比已有的损伤累积理论和弹性断裂力学理论具有较大的优势，并对发展趋势进行了展望。在高速动平衡机中，摆架结构是转子动平衡系统中的主要承力结构。由于每次动平衡都需要进行多次启动、制动和穿越临界转速，其静动力学性能和疲劳寿命直接影响动平衡试验的可靠性和安全性。张军辉[126]、张明书[127]、张青雷[128]等均基于有限元方法对动平衡机摆架的振动特性进行了研究。

此外，转子系统的响应敏感性也是系统性能分析的重要内容。敏感性不仅能反映系统响应随参数变化的程度，更重要的是，其在转子系统的优化设计和可靠性设计中非常有用。对于复杂动力学系统，基于有限差分法的系统响应敏感性分析是一种较为通用的方法。不过，在某些情况下有限差分法带来的计算误差是不能够被接受的，此时就需要寻求直接微分法求解响应敏感性。当前，有关直接微分法在线弹性、几何非线性和弹塑性结构有限元方程中的应用研究比较多，相关的有效处理方法可参见参考文献[4，27，129]。

1.3.2　随机不确定性分析与可靠度计算方面

在过去的几十年里，不确定性问题的研究更多地集中在不含转子部件的力学系统。然而，转子系统中同样不可避免地存在各种不确定因素。例如，转子系统的激励力（高速动平衡机中被平衡转子的不平衡力、汽轮机转子中湍流引起的不均匀压力、发电机转子中气隙偏心引起的不平衡磁拉力等），材料属性（密度、弹性模量、泊松比、摩擦系数等），特性系数（轴承的刚度系数、阻尼系数等），几何参数（尺寸偏差、安装误差）等都是引起转子系统响应不确定性的重要来源。掌握不确定因素影响下关键响应量的均值、方差、概率密度函数等信息不仅可以更为合理地评估转子系统静动力学性能状况，还能深入地了解系统性能对随机参数扰动的敏感情况。这对转子系统进一步开展可靠性设计优化显得尤为重要。

早期对转子系统的随机不确定性研究更多的是在随机载荷作用下的系统响应方面，如Samali等[130]推导出地震激励下旋转机械转子动力学方程，并使用Monte Carlo仿真分析了响应统计特性；赵岩等[131]使用虚拟激励法计算了平稳/非平稳地震激励下的转子系统随机响应；祝长生等和陈拥军[132-133]同样采用虚拟激励法研究了非平稳随机地震激励和不平衡力共同作用下的随机响应；Young 等[134]分析了随机轴向力作用下圆盘-转轴系统的横向振动稳定性并采用随机平均法得到了系统响应幅值的 Ito 方程。

后来，随着随机有限元理论的发展[24, 80]，逐渐在转子系统的不确定性分析中同时包含参数随机和激励随机。Stocki 等[135]对随机残余不平衡量和轴承特性引起的转子系统振动响应离散性的估计方法进行研究，分别采用了抽样方法、Taylor 级数展开法、维数缩减法和多项式混沌展开法对一个单跨八级的离心压缩机转轴和一个具有多轴承的汽轮发电机的转轴系统的响应的统计矩进行计算，发现在计算精度和计算效率上抽样方法能做到较好的平衡，而 Taylor 级数展开法的结果表现很差。Koroishi 等[136]采用基于拉丁超立方抽样的 Monte Carlo 仿真对柔性转子幅频响应、坎贝尔图和轴心轨迹的随机不确定性进行研究，其中转子弹性模量参数以高斯随机场模拟并使用 K-L 展开近似。Didier 等[137]基于多项式混沌展开的随机有限元方法分析了随机系统参数和不平衡激励作用下转子系统不平衡响应的均值和方差信息。Sarrouy 等[138]利用多项式混沌展开分析了转子系统复数特征值和特征向量的随机特性。Sinou 和 Faverjon[139]对包含随机参数的转子系统横向裂纹的振动性能进行分析，使用了谐波平衡法和基于多项式混沌展开的随机有限元求解方案。Didier 等[140]同样采用谐波平衡法结合多项式混沌展开的求解方案对多故障转子系统(如不平衡、不对称转轴、弯曲、平行、角不对中等)的非线性响应的随机特性进行分析。Li 等[141]采用非侵入式多项式混沌展开对随机参数影响下转子角不对中故障的非线性振动做了随机分析，其建立的转子系统运动方程中考虑了非线性支承轴承和两转子间的位移约束。周宗和等[142]建立汽轮机转子最大位移和应力的响应面代理模型，并采用摄动法研究了响应量的均值、方差以及对各变量的灵敏度问题。周宗和和杨自春[143]还采用积分有限元法借助 ANSYS 软件对汽轮机转子的随机特性进行分析。白长青和张红艳[144]采用二阶摄动分析方法分析了转子系统随机位移响应的均值和方差。另外，刘保国等[145]基于 Riccati 摄动传递矩阵法建立了转子系统动力响应与随机参数间的关系，并在已知随机参数联合概率密度函数的情况下推导出了随机响应边缘概率密度函数的积分计算公式。Murthy 等[2, 146-147]采用非参数随机建模方式分析了对称和不对称转子系统响应的随机特性。

对转子系统可靠性和可靠性灵敏度的研究主要集中在国内。周玉辉[148]从设计的角度分析了某旋转机械转子系统存在的各种失效模式及其影响，并依据大量试验现象指出转子破损、振动过大、卸载不当、转子降速是该旋转机械转子系统的 4 种失效模式，其中转子振动过大是可靠性设计中初始可靠度最低的失效模式，而危害度最高的则是转子强度破损失效模式。莫文辉[149]研究了刚性转子平衡的可靠性，得出了静平衡和动平衡的可靠度计算公式。张义民等采用摄动法和四阶矩法对由裂纹、松动等原因引起的转子系统碰摩故障[150-155]、转子系统频率共振失效[156-159]、油膜振荡[160]、转子裂纹[161]等故障的可靠性和可靠性灵敏度做了分析。

1.4 本书研究的内容

从前述回顾和总结中可以看到，国内外学者在随机不确定性分析和可靠度计算方面已经积累了大量研究成果，而且在旋转机械转子系统可靠性分析方面也开展了相关研究。不过，目前仍然有诸多问题亟待解决和完善，尤其是涉及高速动平衡机这类小样本、高可靠性旋转机械装备。例如，①虽然Rackwitz-Fiessler方法是工程中被广泛使用的随机空间变换方法之一，但人们对其变换过程中的相关性变化情况认识还模糊不清；②对于高速动平衡机这类小样本、高可靠性旋转机械装备，通常难以获得随机向量的联合分布函数，即缺乏完备概率信息；③虽然现有的一些最可能失效点搜索方法已经具备全局收敛性质，但针对某些高非线性安全裕度函数仍然存在计算量大、收敛效率低的情况，尤其是对于高速动平衡机这类复杂数值模型单次计算量大且存在高非线性、高维度特点的工程实际问题；④在谱随机有限元方法中虽然有比较明确的求解步骤，但在大型复杂数值模型的具体实施中往往存在人工处理任务繁重、计算成本高等限制；⑤在转子不平衡量的随机表征方面，已有研究多局限在对点不平衡量的随机处理，而实际中还存在转子不平衡量是任意空间分布的情况；⑥在力学性能分析方面，针对高速动平衡机的静动力学特性和摆架疲劳寿命的系统分析还比较少见。虽然现有的通用转子动力学分析程序已能解决大部分旋转机械装备的性能仿真问题，但通用程序在用于旋转机械随机分析和可靠度计算时能够提供的建模功能和可修改选项还远不能满足实际要求。

为此，本书以高速动平衡机械装备为主要研究对象，在充分考虑其数值模型建模复杂，计算成本高，性能影响参数多、分散性大，随机变量类型多样且存在相关关系等特点的基础上，深入开展高速动平衡机的静动力学性能和随机可靠性研究，同时，发展一套适合高速动平衡机的随机可靠性分析方法和程序。本书各章节的安排如下：

第1章介绍研究背景与意义，回顾随机不确定性分析和可靠度计算的基本原理与方法，综述当前旋转机械转子系统静动力学性能和随机可靠性研究的现状与存在的问题。

第2章系统分析高速动平衡机等刚度摆架的静动力学性能，包括分析摆架系统的静态承载能力和径向静刚度特性，完成摆架的动刚度测试和动特性分析，提出一种便于工程应用的摆架模态信息的有限元辅助识别方案。之后，在摆架动刚度数据的基础上并结合不平衡力放大系数和一阶临界转速估算公式，对几种典型吨位转子下的摆架主弹性支承应力疲劳寿命进行估算。

第3章研究高速动平衡机摆架-转子系统的动力学响应与敏感性计算。首先，建立基于梁元的高速动平衡机转子系统有限元方程。在总结模型定义参数基础上，给出转子系统模态频率和临界转速对各定义参数的敏感性直接微分法求解公式。其次，基于简化的摆架—轴承—转子模型，给出摆架-轴承部分的等效动特性系数并直接用在摆架-转子系统有限元方程中。再次，在等效动特性系数的基础上，推导简化模型下不平衡力作用在摆架上的力放大系数估算公式以及一阶临界转速估算公式。最后，以工程算例的形式分析某50 MW汽轮机转子动平衡系统的动力学响应和一阶特征值的响应敏感性。

第4章针对高速动平衡机械装备中存在的相关随机因素，研究考虑相关性的

Rackwitz-Fiessler(R-F)随机空间变换方法。首先,在给出传统 R-F 方法的定义和使用方法后,提出 R-F 法中当量正态化原理(R-F 条件)的等效 R-F 条件,并从数学角度证实 R-F 方法由 X 空间至 Y 空间的正变换过程与 Nataf-Pearson(N-P)法的等概率边缘映射变换是等价的,而由 Y 空间至 X 空间的逆变换过程却只能看作等概率边缘映射变换的一次近似。其次,在等效 R-F 条件和数学角度证实的基础上,清晰阐述 R-F 方法中相关性变化的规律,并提出正确考虑相关性变化的增强 R-F 法。最后,对增强 R-F 法和 N-P 法在计算量和计算效率上进行分析和对比。

第 5 章考虑到线性相关系数的不足以及传统 R-F 方法中隐含的 Gaussian Copula 假设,基于 Copula 理论对 R-F 方法进行改进和广义化。首先,分别采用 Spearman 和 Kendall 两种 Copula-only 相关系数替代 Pearson 线性相关系数提出改进 R-F 方法。其次,基于椭圆 Copula 族对传统 R-F 方法的 Gaussian Copula 假设进行广义化并提出广义 R-F 方法。最后,分析高速动平衡机摆架主弹性支承无限疲劳寿命的可靠性。

第 6 章针对高速动平衡机系统的可靠度近似计算问题,研究最可能失效点的快速搜索算法。首先,在已有搜索算法的基础上,提出一种具有自适应特点的最可能失效点搜索方法。其次,给出算法的实现流程和全局收敛性证明,并讨论影响算法效率的几个关键问题。再次,用 11 个工程算例验证新算法。最后,分析摆架主弹性支承的应力疲劳寿命以及转子系统工作转速下稳定裕度的可靠性问题。

第 7 章研究基于谱方法的高速动平衡机随机不确定性分析问题。首先,讨论基于小波基-伽辽金求解方案的 Karhunen-Loeve 展开方法对高斯随机场近似误差的来源和影响。其次,给出一种自动生成具有任意维数和阶数的多项式混沌基函数的编程方案,推导转子随机不平衡量产生的不平衡力表征公式。再次,为了将谱随机有限元方程右端项改写为以多项式混沌基展开的表达形式,提出一种递归的实现方案。最后,以非侵入式的谱方法分析高速动平衡机动平衡系统临界转速的随机不确定性;以侵入式的谱随机有限元法分析在转子点不平衡量和分布不平衡量共同作用下的高速动平衡机不平衡响应的随机不确定性。

第 8 章考虑高速动平衡系统中同时具有轴弯曲和不平衡故障的被平衡转子,研究基于自适应稀疏广义多项式混沌的柔性转子共振稳态响应随机分析问题。首先,基于转子动力学梁元理论推导不平衡和轴弯曲故障共同作用下的系统稳态动力学方程,并以轴心轨迹长半轴作为关键响应量建立柔性转子共振稳态响应与输入参数间的模型函数。其次,联合广义多项式混沌展开、留一法(leave-one-out,LOO)交叉验证以及最小角回归(least angle regression,LAR)技术实现了柔性转子共振稳态响应的非侵入式自适应稀疏多项式混沌展开,并与基于普通最小二乘法的多项式混沌展开和基于 Monte Carlo 仿真的结果做对比分析,验证自适应稀疏展开方案的有效性、精度和效率。最后,以构建的自适应稀疏多项式混沌展开式作为近似模型,分析转子圆盘处一阶共振稳态响应的随机特性,并基于 Sobol 指标获得响应对各故障参数的全局灵敏度指标。

本书各章节内容的脉络关系如图 1-2 所示。除第 1 章绪论外,全书其余 7 个章节探讨了高速动平衡机随机可靠性分析方法研究中涉及的 4 个方面内容:①模型函数的建立;②相关随机因素的合理表征;③随机可靠度的计算;④随机不确定性分析。值得说明的

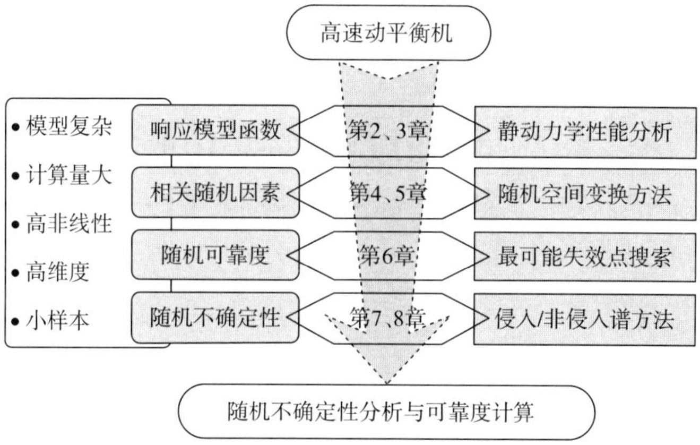

图 1-2　本书各章节内容联系

是，本书各章以方法引入、算例验证、工程算例分析的次序进行撰写，在内容上，偏向方法的论述，而针对高速动平衡机的工程算例散见于各章；在章节联系上，遵循层次关系，一般前面章节是后面章节的基础或准备，后面的章节则会用到前一章节的数据或结论，但并不严格拘泥于这一形式。此外，针对随机可靠性分析方法和结果的有效性与正确性验证方面，本书主要通过积分法或 Monte Carlo 仿真进行验证。

第2章 等刚度摆架的静动力学分析和疲劳寿命估算

2.1 引 言

等刚度摆架是高速动平衡机的基本组成部分。作为主要承力结构，它支承在被平衡转子两端并起着柔性支承的作用。在动平衡试验中，通过拾取摆架轴承座上的振动信号可以得到被平衡转子的动不平衡信息。这使得摆架结构的静动特性(如静承载能力、静/动刚度、共振频率、共振振型等)不仅影响动平衡试验的精度，而且决定试验过程的安全性和可靠性。另外，按照转子动平衡试验的特点，加之繁重的动平衡试验任务，会迫使高速动平衡机不断地重复启停操作，而每次启停都要穿过转子动平衡系统的临界转速。这就会使得动平衡机摆架不断处于共振下的危险交变应力状态中，对摆架疲劳寿命造成实质性的累积损伤。本章将首先对高速动平衡机的等刚度摆架进行系统的静动力学特性分析，并在此基础上对典型吨位转子下的摆架疲劳寿命进行估算[193-195]。其中的摆架疲劳损伤失效问题也将在后续的高速动平衡机随机可靠性分析中作为重要的失效模式进行讨论，包括无限和有限疲劳寿命两种失效形式。

2.2 高速动平衡机的等刚度摆架系统

与一般软/硬支承动平衡机的支承结构不同，高速动平衡机的支承摆架往往被设计成各向同性的，即采用45°支承架实现摆架具有等径向支承刚度的设想。这类等刚度支承通常比“H”形支承具有更高的测量精度[162]。图2-1(a)所示为某型高速动平衡机动平衡试验现场，图2-1(b)所示为相应摆架系统的三维几何模型。摆架系统主要由底座、外壳、滑动轴承座、4个主弹性支承、4套附加刚度装置、3套轴向刚度阻尼装置等组成。摆架底座和外壳由钢板拼焊而成，负责支承和保护摆架内部结构与装置。滑动轴承座与转子轴颈直接相连，动平衡时中间形成动压油膜。四个主弹性支承处于同一支承平面内并以45°倾角分布于摆架两侧且两端分别与底座支架和轴承座螺栓固结，这一45°支承形式即摆架的等刚度设计。四套附加刚度装置负责提供额外的支承刚度，用于改变动平衡转子系统的共振频率和限制超速试验时摆架振幅不致过大。三套轴向刚度阻尼装置分布于轴承座周围，用于增强摆架的刚度和阻尼以及保证摆架的自动对中能力。表2-1列出了该高速动平衡机的主要技术参数[1,162-163]。

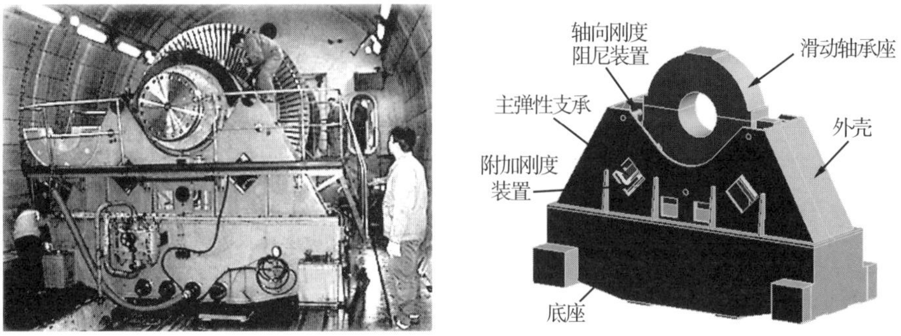

（a）动平衡试验现场　　（b）等刚度摆架的三维几何模型

图 2-1　某型高速动平衡机

表 2-1　某高速动平衡机的主要技术参数

转子质量	15～200 t	摆架间距范围(无运输车)	2～16 m
摆架最大静载	130 t	摆架间距范围(有运输车)	4～16 m
摆架最大动载	3430 kN	轴承最大油量	2500 L/min
支承刚度(辅助支承闭/开)	3.0e9/5.44e9 N/m	15～80 t 转子转速范围	180～3600 r/min (最高 4320 r/min)
转子最大外径	6 100 mm		
允许轴颈范围	300～900 mm	80～200 t 转子转速范围	180～1800 r/min (最高 2430 r/min)
轴承内径	1200 mm		

在开展动平衡试验时，被平衡转子首先从静止状态被驱动至设定的平衡转速下，然后稳定转速并进行转子动不平衡测量。在这一过程中，支承摆架不但承受着转子自身重力(即静载荷)，而且还承受着转子不平衡故障引起的离心力(即动载荷)。在动载荷作用下，摆架发生受迫振动并产生振动信号。这些振动信号将与基准信号一起为转子动平衡校正提供依据。

2.3　等刚度摆架的静力特性

2.3.1　摆架的静态承载力

取 5 种典型吨位转子下的静载工况：①无转子状态：摆架仅在自身重力作用下的变形及应力状况。②承载 22.7 t 转子状态：两个轴承座共同支承 22.7 t 转子(30 万千瓦汽轮机低压转子)。③承载 67 t 转子状态：两个轴承座共同支承 67 t 转子(60 万千瓦汽轮机低压转子)。④承载 105 t 转子状态：两个轴承座共同支承 105 t 转子(玉环百万等级汽轮机低压转子)。⑤设计承载力(260 t)状态：单个摆架的最大静态承载能力 130 t(表 2-2)。

表 2-2　五种工况下轴承摆架的静应力和静变形结果

承载状态	最大 von-Mises 应力/MPa	最大总位移/mm	竖直 Y 向最大位移/mm
无转子状态	6.1793	5.8946e−2	−5.5826e−2
22.7 t 转子	14.458	10.245e−2	−9.9853e−2
67.0 t 转子	31.203	18.904e−2	−18.577e−2
105 t 转子	45.567	26.959e−2	−25.948e−2
260 t 转子	104.16	60.891e−2	−56.011e−2

从静强度角度看，最大 von-Mises 应力发生在主弹性支承上，如图 2-2(a)所示。其中，主弹性支承材料为 34CrNiW，屈服极限强度为 $S_y=784$ MPa。若规定安全系数为 $n=2.0$，那么主弹性支承能够承受的最大应力限制在 392 MPa 以内，远超过 105 t 百万等级汽轮机低压转子产生的最大应力(45.567 MPa)。与 260 t 设计承载状态相比，静强度安全系数仍高达 7.5。

为了确保摆架振动烈度在正常情况下不致过大，摆架的设计静支承刚度一般与摆架的最大静承载有关[162]。在表 2-1 中，摆架的最大静承载能力为 130 t，其设计支承刚度为 3.0e9 N/m。若将这一关系按线性关系对应，那么可以预计摆架的静位移应限制在 42.467e−2 mm 以内。然而，表 2-2 中 260 t 转子(单个承重 130 t)时，无论是总位移[60.891e−2 mm，图 2-2(b)]还是竖向位移(−56.011e−2 mm)，显然都超出了预计的允许范围。

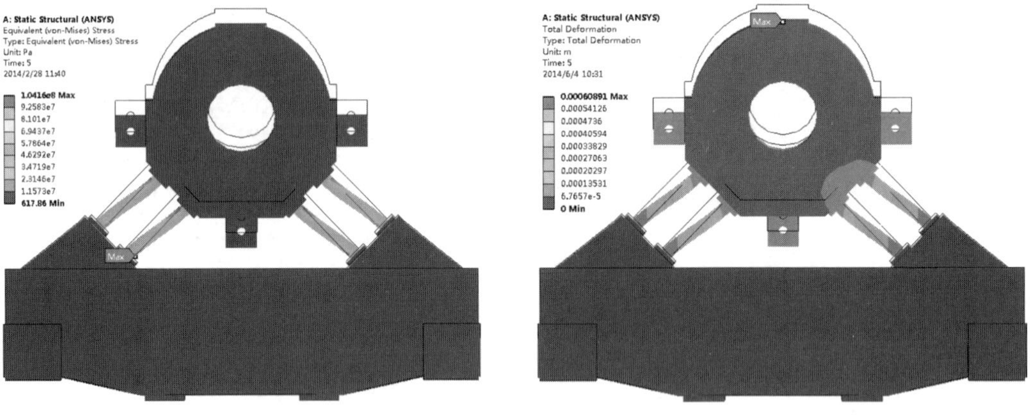

(a)　　　　　　　　(b)

图 2-2　设计承载力状态下摆架的 von-Mises 应力云图(a)和总位移云图(b)

因而，从有限元静态仿真结果可以看出，虽然摆架静强度的安全系数明显高于规定的安全系数，但在静刚度方面，摆架的静位移量超出了许用位移量。或许由于建模误差、材料参数误差等使得有限元结果并不直接代表实际摆架的真实状况，但这也提醒人们由于几何、材料等不确定因素的影响，实际摆架的各项性能与设计指标是存在差异的。

2.3.2　摆架的径向静刚度

如图 2-3 所示，在摆架轴承座中心 O 处施加大小为 35 kN 的静态力 $\boldsymbol{F}$，设其与水平轴 X 的夹角为 θ，并计算方位角 θ 在[0°, 360°]范围内变化时由静态力 $\boldsymbol{F}$ 产生的中心 O 的位移，同时给出相应方位上的径向静刚度。结果如表 2-3 和图 2-4 所示。

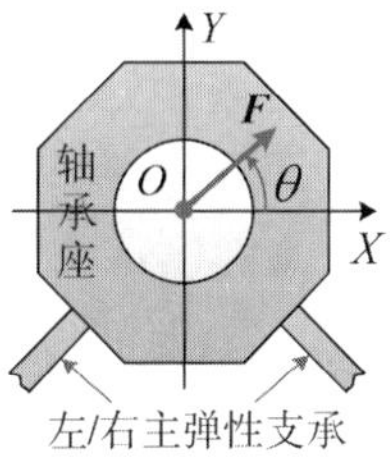

图 2-3　摆架轴承座静态力的作用点和方位角示意

表 2-3　静力作用下的轴承座中心位移与对应方位上的径向静刚度

角　度	X 向位移/m	Y 向位移/m	Z 向位移/m	总位移/m	静刚度/(N/m)
0°	1.50e−5	8.87e−9	1.17e−7	1.50e−5	2.34e+9
45°	1.06e−5	9.31e−6	−1.92e−6	1.42e−5	2.46e+9
90°	8.87e−9	1.32e−5	−2.84e−6	1.35ee−5	2.60e+9
135°	−1.06e−5	9.30e−6	−2.09e−6	1.42e−5	2.46e+9
180°	−1.50e−5	−8.87e−9	−1.17e−7	1.50e−5	2.34e+9
225°	−1.06e−5	−9.31e−6	1.92e−6	1.42e−5	2.46e+9
270°	−8.87e−9	−1.32e−5	2.84e−6	1.35e−5	2.60e+9
315°	1.06e−5	−9.30e−6	2.09e−6	1.42e−5	2.46e+9
360°	1.50e−5	8.87e−9	1.17e−7	1.50e−5	2.34e+9

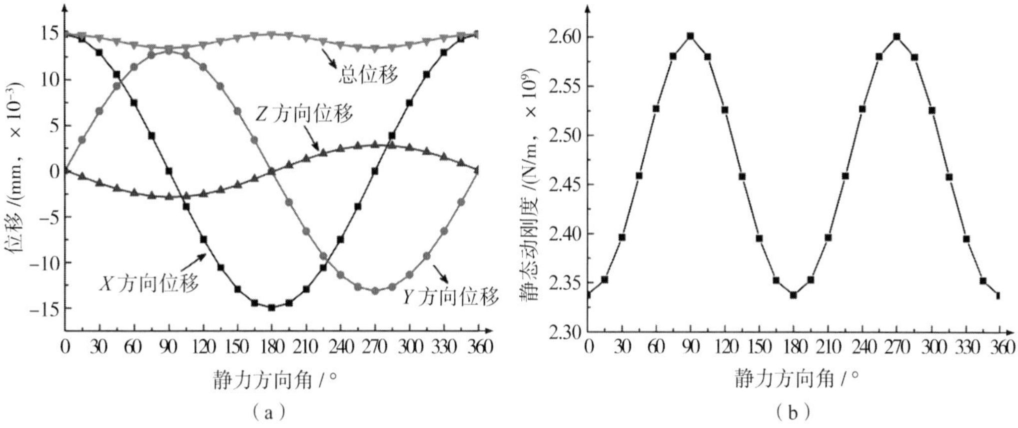

图 2-4　(a)轴承座中心位移和(b)径向静刚度随静力方向角的变化曲线

可以看到，随着静态力 $\boldsymbol{F}$ 方位角的变化，轴承座中心的位移也不断变化。X 向位移在 0°（或说 360°）和 180°时（即水平作用力时），分别达正最大值和负最大值；Y 向位移在 90°和 270°时（即竖直作用力时），分别达正最大值和负最大值；而受摆架轴向刚度阻尼装置影响，虽然 $\boldsymbol{F}$ 只位于平面 XY 内，但轴承座中心仍产生了相对小的 Z 向轴位移。轴承座中心总位移和摆架径向静刚度在一个周期[0°，360°]内都是以类简谐形式做 1/2 周期的波动。从表 2-3 可知，静刚度在[2.34e9，2.60e9] N/m 范围内波动，幅值波动范围约为 2.6e8 N/m。由此可见，虽然理论上采用 45°斜支承是可以得到等刚度设计的摆架支承，但实际中因装配方式、制造误差、附属装置等的影响往往得不到理想的等刚度摆架。另外，这一结果同时也表明摆架的有限元静刚度也没达到摆架的设计静刚度（3e9 N/m）要求（可参见表 2-1 中的技术指标）。

2.4 等刚度摆架的试验动刚度特性

在多自由度动力学系统中，其动柔度矩阵 $\boldsymbol{H}(\omega)$ 和动刚度矩阵 $\boldsymbol{Z}(\omega)$ 是互逆关系：

$$\boldsymbol{H}(\omega)=\boldsymbol{Z}^{-1}(\omega)=[(\boldsymbol{K}-\boldsymbol{M}\omega^2)+\mathrm{i}(\boldsymbol{C}\omega)]^{-1} \tag{2-1}$$

在单自由度系统中，这一关系简化为互为倒数关系。通常，在工程中人们更习惯从单输入单输出角度将复杂系统简化为单自由度系统，并同时对同一输入和输出位置得到的动刚度称为主动刚度，否则称为交叉动刚度。本节我们采用这样一种工程动刚度概念。因而在试验中，根据激励力信号 F 和测量的加速度信号 $\ddot{X}$，可首先得到摆架的动柔度数据（亦即频响函数），相应的幅值和相位角为

$$|H(\omega)|=\frac{|X|}{|F|}=\frac{1}{\sqrt{(k-m\omega^2)^2+(c\omega)^2}} \tag{2-2}$$

$$\angle H(\omega)=\angle X-\angle F=-\theta=\tan^{-1}\left(\frac{-c\omega}{k-m\omega^2}\right) \tag{2-3}$$

式中，k、m、c 分别是依赖于频率 ω 的等效的刚度、质量和阻尼系数。然后，根据动刚度与动柔度的倒数关系，即有动刚度的幅值和相位信息：

$$|Z(\omega)|=1/|H(\omega)|=\sqrt{(k-m\omega^2)^2+(c\omega)^2} \tag{2-4}$$

$$\angle Z(\omega)=\angle F-\angle X=\theta=\tan^{-1}\left(\frac{c\omega}{k-m\omega^2}\right) \tag{2-5}$$

针对高速动平衡机的摆架结构形式和现场测试环境，这里选用锤击法实施动刚度测试试验和分析[193-194]。

2.4.1 基于锤击法的动刚度测试方案

试验前，需要根据试验目的和摆架结构形式对激振点（即敲击点）和测量点（即拾振点）的位置与方向做综合考虑。Nicholas[118]将一复杂支座简化为由刚度系数、阻尼系数和质量系数表示的数学模型，并在转子动力模型中用动刚度数据考虑轴承支座的柔性影响。这里将这一模型用在高速动平衡机摆架。因而，测量所需的动刚度数据也就成为选取激振点与测量点的主要依据。另外，45°布置的主弹性支承振动信号可以同时探测摆架

左右的动力反应，对预测摆架的对称特性非常有用。综合各方面因素，最终的激振点和测量点位置与方向如图 2-5 所示，即取两个激振点，一个沿水平方向(H)，一个沿竖直方向(V)。同时在相应激振点的对侧水平位置 C 点和竖直位置 D 点放拾振装置作为测量点，并在主弹性支承上靠近轴承座的左、右位置分别布置测量点 A、B，总计 4 个测量点。注：理论上测量主动刚度应该在摆架轴承座中心处进行激振和测量的，然而受摆架结构限制，这种方式是不现实的。因而，考虑到轴承座刚性较大且需避免激振点和测量点距离太近等情况，选择与激振点在同一直线上的对侧布置拾振装置是很好的折中方案。

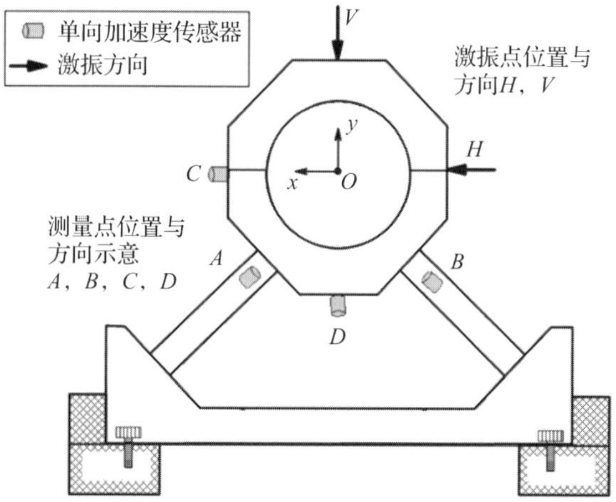

图 2-5　激振点与测量点的位置和方向

按照动刚度的定义，依据水平激励 H 和测量点 C 的信号可得到摆架在水平方向上的主动刚度数据 $Z_{xx}(\omega)$，它表征了摆架在水平交变载荷(如转子不平衡力的水平分量)作用下抵抗水平变形的能力。利用同样的方法，分别在水平激励 H 和垂直激励 V 的作用下，联合激励信号和测量点 C 和 D 的响应信号可以依次得到动刚度数据 $Z_{xx}(\omega)$、$Z_{xy}(\omega)$、$Z_{yy}(\omega)$和 $Z_{yx}(\omega)$。这 4 组动刚度数据集中反映了摆架的动刚度性能，且可以被用在高速动平衡机的摆架-转子耦合系统的动力学分析中(详见第 3 章)。同样地，联合激励信号和测量点 A 和 B 的信号则可以得到 $Z_{xA}(\omega)$、$Z_{xB}(\omega)$、$Z_{yA}(\omega)$和 $Z_{yB}(\omega)$。其中动刚度符号中第一个下标代表激振方向(如 x 代表水平激振方向，y 代表竖直激振方向)，第二个下标代表测量点的方向(x 或 y)或位置(A 或 B)。

基于锤击法的动刚度测试系统流程如图 2-6 所示。具体测试过程如下：用自制力锤(橡胶锤头)敲击摆架上的激振点，力锤上的力传感器(CL-YD-330)拾取冲击力信号 $F(t)$，并将信号转换为电信号。与此同时，事先固定在摆架测量点上的加速度传感器(B&K8318)拾取摆架上的加速度信号 $\ddot{X}(t)$，并将信号转换为电信号。随后这些信号被送入电荷放大器(B&K2690)进行放大，进而被送入数据采集系统(DP-440)并以512 Hz 的采样频率进行采样。之后，在模态分析系统(DP-440)中，对采样的数据进行频域分析，求得它们的幅频特性 $F(\omega_i)$、$X(\omega_i)$，$i=1,2,\cdots,n$。最后，计算摆架动刚度：

$$Z(\omega_i)=\frac{F(\omega_i)}{X(\omega_i)},i=1,2,\cdots,n \tag{2-6}$$

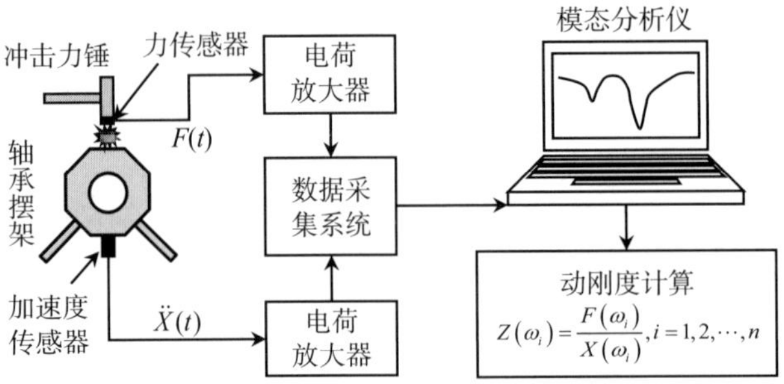

图 2-6　锤击法测量摆架动刚度的流程

2.4.2　动刚度测试结果分析

测得的摆架动刚度数据如图 2-7 和图 2-8 所示（均为 1 号摆架数据，2 号摆架数据省略），图中可观察到摆架各动刚度数据随激振频率的变化情况，但低于 20 Hz 的频率范围内动刚度数据似乎并不理想。这可能是因为加速度计本身对测量准静态或慢变信号精度不够等造成的，该范围内的动刚度数据将被忽略，不作为分析依据。

从图 2-7 中可以看到，垂直激振下 A、B 两侧的动刚度 $Z_{yA}(\omega)$ 和 $Z_{yB}(\omega)$ 间以及水平激振下的 $Z_{xA}(\omega)$ 和 $Z_{xB}(\omega)$ 间都表现出了刚度数据的一致性，尤其在工作范围[0 Hz，72 Hz]以内。这说明目前摆架两侧动特性的对称性并没因近 30 年的服役而明显变化。不过，在大部分频率范围内，尤其是在工作范围内，B 侧的数据要略高于 A 侧。这一差别可能是由于制造或者长期的工作环境造成的，更严重的一种推测，可能是多年服役后摆架性能表现出的退化征兆，但这一情况还需后续的调查数据来支持。然而，可以肯定的是，在当前工作范围内摆架的运行情况仍然保持良好。另外，图 2-7(b) 中频段 85～95 Hz 和 120～155 Hz 内的动刚度值出现较大的差异，而且类似现象同样存在于 2 号摆架。说明这种差异在当前摆架中确实存在，究其原因：要么是这一摆架形式在这一范围确实表现如此，要么是摆架某一局部性能在长期工作中发生了较大改变而造成，还有可能是摆架中的某些附加装置造成的。但无论是何种原因，目前还不能确切解释，需进一步的试验确认。

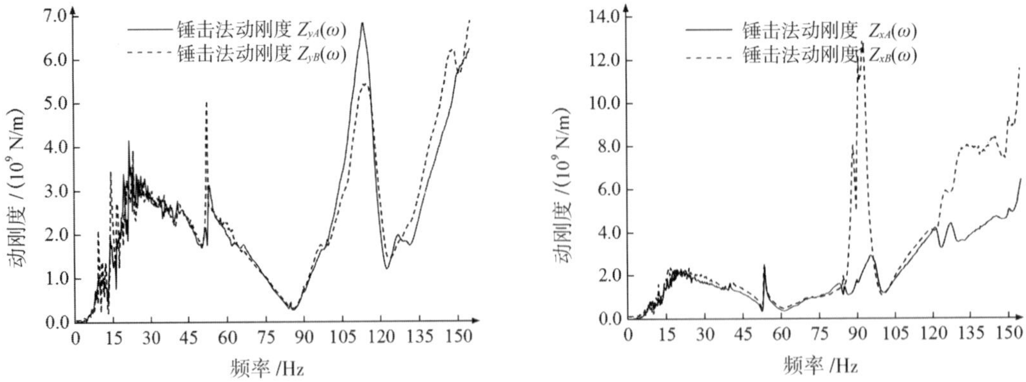

(a) 垂直激振力情况　　(b) 水平激振力情况

图 2-7　A、B 两侧的试验动刚度曲线

幸运的是，这些频率范围并非摆架的工作范围，因而也无须采取相应措施。

图 2-8(a)所示是测得的摆架水平动刚度 $Z_{xx}(\omega)$ 和垂直动刚度 $Z_{yy}(\omega)$ 曲线。可以看到，在工作范围内两曲线变化情况比较接近，且数值上 $Z_{yy}(\omega)$ 一般要高于 $Z_{xx}(\omega)$；在工作范围外，受共振频率影响，两者数值上差别更大。由 2.3.2 摆架的径向静刚度一节可知，45°支承的摆架有限元径向静刚度在一周内存在波动。而这里由锤击法试验测得的水平和垂直动刚度同样存在差异，且随着激振频率的增大，相应的差异也变得显著起来。由此可知，利用 45°支承实现摆架等径向刚度的目的，在实际装置中结果并不理想，尤其是在动刚度特性方面。造成这一情况的原因，一方面可能受当时的设计水平限制没能过多地进行动特性设计，另一方面受主弹性支承结构的制造误差、固结装配形式以及某些附加装置等影响。例如，摆架两侧主弹性支承的夹角可能因小于 90°而造成垂直刚度大于水平刚度；摆架的轴向刚度阻尼装置由于约束不当等影响到摆架径向刚度的分布；等等。

图 2-8(b)所示是摆架的交叉动刚度 $Z_{xy}(\omega)$ 和 $Z_{yx}(\omega)$ 曲线。可以看到，整体上交叉动刚度 $Z_{xy}(\omega)$ 要低于 $Z_{yx}(\omega)$。这一现象的原因可从摆架结构形式以及激振点与测量点的布置解释。从图 2-5 可知，左右对称的摆架在受到沿 y 轴的激振力时，轴承座上的测量点 C 在 x 方向上的位移响应一定很小。在理想情况下，如不考虑轴承座变形、激振方向不偏斜等，这个位移应该等于零。另外，在沿 x 轴的激振力下，摆架两侧的主弹性支承一方会压缩变形而另一方则会拉伸变形，变形的综合结果是使轴承座绕着轴向(z 轴)转动，这时轴承座测量点 D 在 y 方向上会出现微小位移。不过，虽然仍很小但相比测量点 C 处的 x 向位移还是要略大点。因此，按照交叉动刚度的定义，测得的 $Z_{xy}(\omega)$ 小于 $Z_{yx}(\omega)$ 是正常的。

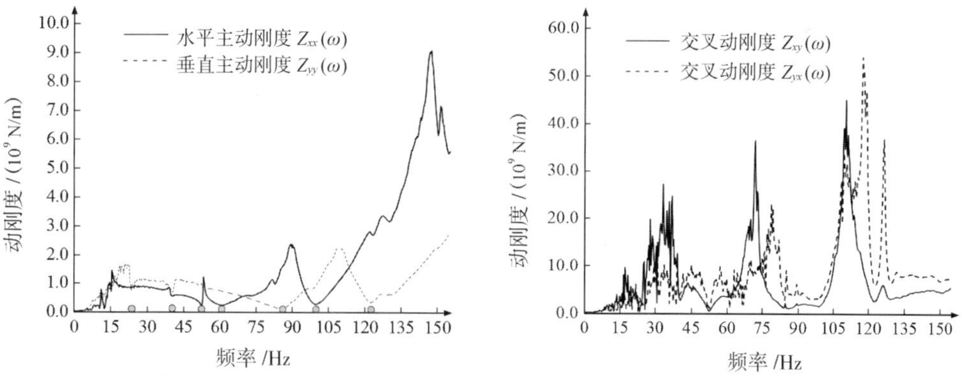

(a) 水平动刚度和垂直动刚度　　(b) 交叉动刚度

图 2-8　摆架的试验动刚度曲线

相比水平和垂直主动刚度，交叉动刚度曲线的波动要大得多，而且在数值上能高出约一个数量级。较高的交叉动刚度说明了摆架在水平方向和垂直方向均具有较大的约束力。而远高于主刚度的原因也是比较显然的，因为这类摆架在作用力方向上产生的位移要比在垂直于力方向上产生的位移大得多。另外，较高的交叉动刚度也意味着可以在转子动力模型中忽略掉交叉刚度的影响而不致引入较大误差，因为较高交叉动刚度会使得力对垂直其方向上的变形影响非常小。

2.5 一种摆架模态信息的有限元辅助识别方法

上一节基于锤击法试验得到了8条实测动刚度曲线，然而有限的动刚度信息除了能够提供频段内几个显著的共振频率，并不能明确得出各共振频率对应的共振振型。为了能够同时把握摆架的共振频率和共振振型，本节给出一个基于有限试验动刚度数据[即已知摆架水平动刚度 $Z_{xx}(\omega)$ 和垂直动刚度 $Z_{yy}(\omega)$]，便于工程应用的模态信息识别方法[193-194]，相应流程如图2-9所示。

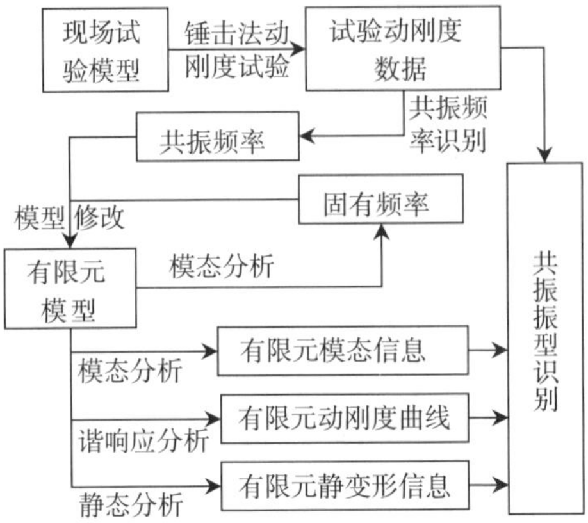

图 2-9　高速动平衡机摆架的动刚度测试与模态信息识别流程

从图2-9中可以看到，在测得摆架的动刚度后，从动刚度曲线波谷中首先识别出摆架的共振频率；然后，根据共振频率对构建的摆架有限元模型实施简单模型更新，以尽可能从有限信息中得到贴近实际的有限元模型；之后，分别进行模态分析、谐响应分析和静态分析，得到摆架的有限元模态信息（频率和振型）、有限元动刚度曲线和有限元静力变形信息；最后，将得到的有限元信息和已知的试验动刚度信息进行分析对比，完成对摆架的共振频率和共振振型的识别。这一流程并不需要特别专业的知识，比较适合工程应用。下面对高速动平衡机摆架情况给出相应的识别过程。

首先，从试验动刚度曲线的波谷位置不难得出摆架的共振频率。图2-8(a)中曲线的波谷位置非常明显，故依据图2-8(a)并在图2-7和图2-8(b)的辅助下，可以得到频段内7个比较明显的共振频率，见表2-4。

表 2-4　从动刚度数据中预计的7个比较明显的共振频率

标　号	1	2	3	4	5	6	7
共振频率/Hz	23.52	39.95	52.77	61.51	86.31	100.25	123.71

其次，建立摆架的近似有限元模型，并通过简单模型更新技术确认有限元模型与实物误差不大。有限元模型的简单模型更新技术是指通过不断调整模型参数使得有限元模态频率（即仿真值）与摆架共振频率（即试验值）的误差保持在可接受范围内。这一步往往需

要相关经验，不过这应该是计算机辅助工程(computer aided engineering,CAE)分析师必备的。如果模型更新结果理想，那么只需根据频率的对应关系即可得到各共振频率对应的共振振型。然而对于复杂的摆架结构，简单模型更新技术通常得不到理想的有限元模型，要么对应频率间的误差偏大，要么频率勉强对应，但实际上可能是错误的对应关系。幸运的是，提出的识别方法对有限元模型的准确性要求并不高，即使存在上述问题，最终的识别结果也会被其他识别信息校正过来。经过简单模型更新后，计算出的有限元模态结果如表 2-5 和图 2-10 所示。

表 2-5　动平衡机摆架的有限元动力特性与动力特性预计结果

<table>
<tr><th>阶　数</th><th>有限元固有频率/Hz</th><th>有限元振型</th><th>共振频率/Hz</th><th>相对误差/%</th><th>预计的共振频率/Hz</th><th>预计的共振振型</th></tr>
<tr><td>1</td><td>24.88</td><td>BAM</td><td>23.52</td><td>−5.78</td><td>23.52</td><td>BAM</td></tr>
<tr><td>2</td><td>44.49</td><td>BHR</td><td>39.95</td><td>−11.36</td><td>39.95</td><td>BHR</td></tr>
<tr><td>3</td><td>51.45</td><td>BVR</td><td>52.77</td><td>2.50</td><td>52.77</td><td>BVR</td></tr>
<tr><td>4</td><td>58.29</td><td>BAR</td><td>61.51</td><td>5.23</td><td>61.51</td><td>BAR</td></tr>
<tr><td>5</td><td>86.40</td><td>BHM</td><td rowspan="2">86.31</td><td>−0.10</td><td>86.31</td><td>BVM</td></tr>
<tr><td>6</td><td>87.44</td><td>iCAM</td><td>−1.31</td><td>—</td><td>—</td></tr>
<tr><td>7</td><td>90.78</td><td>BVM</td><td>100.25</td><td>9.45</td><td>100.25</td><td>BHM</td></tr>
<tr><td>8</td><td>103.69</td><td rowspan="2">AuS</td><td rowspan="3">123.71</td><td>16.18</td><td rowspan="2">123.71</td><td rowspan="2">AuS</td></tr>
<tr><td>15</td><td>108.77</td><td>12.08</td></tr>
<tr><td>16</td><td>111.86</td><td rowspan="2">C&F</td><td>9.58</td><td>—</td><td>—</td></tr>
<tr><td>20</td><td>178.52</td><td>—</td><td>—</td><td>—</td><td>—</td></tr>
</table>

图 2-10(a)～(f)所示主要是摆架轴承座的系列模态振型，包括轴承座的(a)轴向移动振型(bearing pedestal axial moving mode, BAM)、(b)水平转动振型(bearing pedestal horizontal rotation mode, BHR)、(c)垂直转动振型(bearing pedestal vertical rotation mode, BVR)、(d)轴向转动振型(bearing pedestal axial rotation mode, BAR)、(e)水平移动振型(bearing pedestal horizontal moving mode, BHM)、(f)垂直移动振型(bearing pedestal vertical moving mode, BVM)。而(g)是摆架内侧外壳的轴向移动振型(inner side cover axial moving mode, iCAM)。表 2-5 给出摆架前 20 阶模态信息，其中，第 8～15 阶主要是发生在附加支承结构上的模态(modes of auxiliary support structures, AuS)，图 2-10(h)所示即对应第 8 阶振型；更高的第 16～20 阶模态主要发生在外壳和基础底座上(modes of cover and foundation, C&F)，振型形式也更复杂，图 2-10(i)所示即为第 16 阶外壳振型。

进一步地，利用有限元模型可计算摆架的有限元动刚度信息(由谐波分析计算得到)和有限元静态位移信息，如图 2-11 和图 2-12 所示。

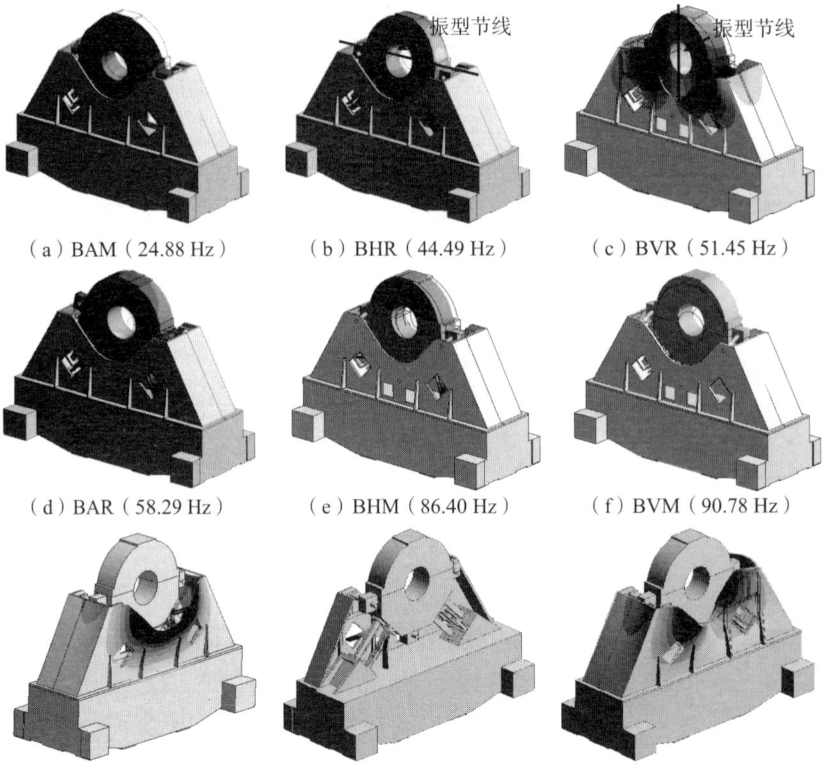

（a）BAM（24.88 Hz）　（b）BHR（44.49 Hz）　（c）BVR（51.45 Hz）

（d）BAR（58.29 Hz）　（e）BHM（86.40 Hz）　（f）BVM（90.78 Hz）

（g）iCAM（87.44 Hz）　（h）AuS（103.69 Hz）　（i）C&F（111.86 Hz）

图 2-10　动平衡机摆架的有限元模态振型

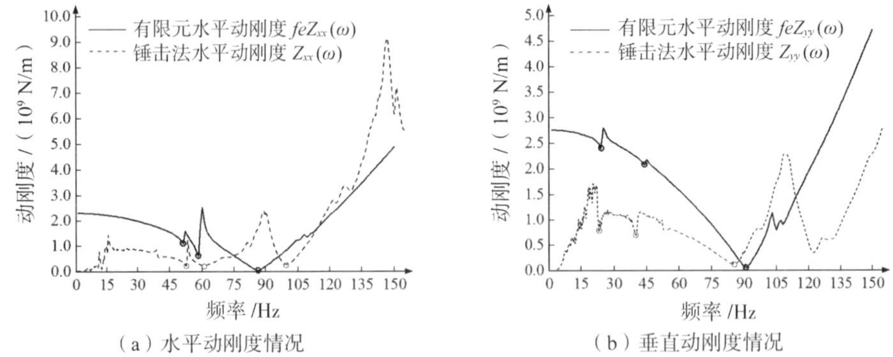

（a）水平动刚度情况　（b）垂直动刚度情况

图 2-11　有限元与试验动刚度曲线对比

显然，图 2-11 中有限元动刚度数据与测得的动刚度数据存在较大差别，这就阻断了利用动刚度曲线直接识别共振振型的思路。虽然不能武断地认为试验动刚度数据与真实情况完全相符，但两者之间的误差必然大部分是由有限元模型的不准确性造成的。表2-5中有限元模态频率与试验共振频率的差别也是这一问题的具体表现。然而，这也并不代表构建的有限元模型没有意义。因为从曲线相似性上来看，图 2-11(a)中锤击法水平动刚度曲线在 52.77 Hz、61.51 Hz 和 100.25 Hz 存在明显波谷，而有限元曲线在51.45 Hz、

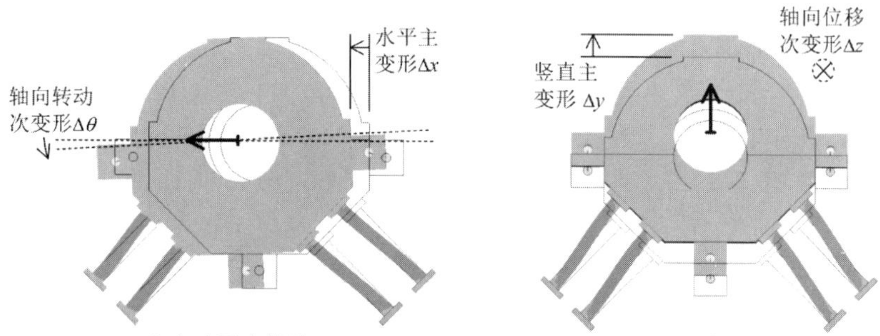

（a）水平力情况　　（b）垂直力情况

图 2-12　静力作用下的摆架静变形

58.29 Hz 和 86.40 Hz 存在明显波谷。同样，图 2-11(b)中锤击法竖直动刚度曲线在 23.52 Hz、39.95 Hz 和 86.31 Hz 存在明显波谷，而有限元曲线在 24.88 Hz、44.49 Hz 和 90.78 Hz 存在明显波谷。虽然仅从相似性上对应这些频率和其振型是不恰当的，也可能是错误的，但能说明有限元结果还是有意义的，值得进一步分析。

有限元模态振型中一个很重要的信息是振型节点（或节线或节面），简称振节。振节在振型往复运动中始终保持不动，类似驻波中的节点。不同模态振型的振节方位是不一样的。模态试验时应该避免在关心振型的振节处施加激振力或测量响应，否则相应的模态信息将不会被激发或测量结果会遗漏此阶模态信息。然而，工程中这一特点又常被用来故意剔除某一模态的影响[21]。本识别方法同样利用了振节信息。依照图 2-5、图 2-10(b)和图 2-10(c)，可知激振点 H 和 V 以及测量点 C 和 D 恰好处在振型 BHR 和 BVR 的振节上。按照振节的特性，振型 BHR 将对水平动刚度数据 $Z_{xx}(\omega)$ 影响有限，BVR 对垂直动刚度 $Z_{yy}(\omega)$ 的影响也有限。这可从图 2-11 中有限元动刚度曲线 $feZ_{xx}(\omega)$ 和 $feZ_{yy}(\omega)$ 分别在有限元模态频率 44.49 Hz(BHR)和 51.45 Hz(BVR)位置上没有出现波谷得到印证。根据这一特点查看图 2-11 中相应共振频率位置(39.95 Hz 和52.77 Hz)处的试验动刚度曲线，却存在微小的波谷。这可能是试验时激振点和测量点并没有严格位于振节上以及实际阻尼较小造成的。然而，从振型振节的角度来看，认为共振频率39.95 Hz和 52.77 Hz 的共振振型分别对应于振型 BHR 和 BVR 是很合理的。

图 2-12 所示是静载作用下的摆架轴承座的静态位移。可以看到，在水平静载作用下摆架轴承座有两个明显的位移——水平主位移 Δx 和轴向转动次位移 $\Delta\theta$；在竖直静载作用下也有两个明显的位移——竖直主位移 Δy 和轴向移动次位移 Δz。这里，将这些位移与模态振型联系起来，即将水平主位移的运动形式对应为 BHM，轴向转动次位移对应为 BAR，那么可以看到，在有限元动刚度曲线 $feZ_{xx}(\omega)$ 中，主位移(BHM, 86.40 Hz)产生的波谷要比次位移(BAR, 58.29 Hz)的波谷大许多，而且在水平交变力作用下，BHM 和 BAM 也成为最易被激发的振型，因为它们对应的振型频率处的波谷要比别的振型频率处明显得多。类似地，若将竖直主位移对应为 BVM，轴向移动次位移对应为 BAM，同样可以看到主位移(BVM, 90.78 Hz)的波谷要比次位移(BAM, 24.88 Hz)大得多，且竖直交变力下它们对应的波谷也要比别的明显得多。这一规律，即静变形大小隐含波谷大小和振型被激发的难易程度，应该同样适用于试验动刚度数据 $Z_{xx}(\omega)$ 和 $Z_{yy}(\omega)$，如图 2-11

所示。故从这一规律出发，将共振频率 23.52 Hz、61.51 Hz、86.31 Hz 和 100.25 Hz 分别对应振型 BAM、BAR，BVM 和 BHM 也是合理的。

至此，在综合分析了摆架有限元模型的模态、动刚度、静态变形信息以及摆架试验动刚度数据之后，初步识别出了摆架的共振频率及其对应的共振振型，结果见表 2-5。可见，摆架前四阶共振频率 23.52 Hz、39.95 Hz、52.77 Hz、61.51 Hz 的共振振型和构建的有限元模型的前四阶振型一致，而共振频率 86.31 Hz 对应 BVM 的振型，100.25 Hz 对应 BHM 振型。共振频率 123.71 Hz 的共振振型在前面并没提及，但通过动刚度曲线形状上的比对，认为其可能属于 AuS 中的一阶振型，但具体是哪阶目前无法判断。另外，有限元固有频率 87.44 Hz(iCAM)在摆架共振频率中并不能找到合适的对应，分析原因：iCAM 振型主要是摆架外壳的振型，即使激振频率接近 iCAM 振型对应的共振频率，但由于测量点 C 和 D 都在轴承座上，导致接收到的 iCAM 模态响应信息非常小，因而其对应的动刚度曲线波谷很容易被噪声掩盖而无法从现有的试验动刚度数据中辨别出来。

总结提出的高速动平衡机摆架模态信息识别方法，可以发现：

(1)在少数动刚度试验数据的支持下，通过共振频率与模态频率的关系构造基于简单模型更新技术的动平衡机摆架有限元模型，通常能够为我们提供更多的摆架动力特性信息。

(2)即使在仿真动刚度比较失实的情况下，依据动刚度曲线隐含中的相似性、有限元振型的振节信息以及有限元静态变形信息也可对摆架共振频率对应的共振振型做出合理的识别。

总之，识别方法有效的基础是：有限元模型即使模型参数不准确也能反映实际结构的一些规律信息。该识别方法有两个优点：一是只需少量的动刚度曲线；二是对有限元模型的精确程度要求不高。

2.6 摆架主弹性支承的应力疲劳寿命估算

在高速动平衡机不断启停的工作循环中，作为主要承力结构的摆架主弹性支承不断处于穿越临界转速的共振状态中。共振状态下主弹性支承危险部位的交变应力幅通常会超过零件疲劳强度极限，进而造成摆架疲劳损伤。本节在得到准不平衡力下摆架主弹性支承的危险应力状态后，结合第 3 章推得的一阶临界转速和不平衡力放大系数公式以及应力疲劳寿命理论，对几种典型吨位转子下的摆架疲劳寿命进行了估算[195]。

2.6.1 准不平衡力下的主弹性支承应力变化情况

与计算径向静刚度时的加载条件一致(图 2-3)，将静态力 F 作为准不平衡力(大小 35 kN)，得到摆架主弹性支承一个周期内的 von-Mises 应力状态，如图 2-13 所示。可以看到，一周内各点处应力呈周期性变化且最大 von-Mises 应力分别发生在 45°和 225°时，位置在外主弹性支承上端，即如图 2-13(c)和图 2-13(d)中Max标注处。提取出危险点一个周期内的应力数据，如图 2-14 所示。可见各应力分量在 45°和 225°时均达到极值点且整个周期内呈现类似简谐波动。在相位上，分量 S_{xx}、S_{yy}、S_{xy} 要比 S_{zz}、S_{yz}、S_{xz} 超前 180°，因而整体上可判断不平衡力为非比例加载。然而，在大小上，后三者的波动幅值明显比前三者要小很多，

尤其是 S_{yz} 和 S_{xz}。这样若忽略掉 S_{zz}、S_{yz} 和 S_{xz} 的影响，危险点处的应力就可近似表示为 XY 平面内 3 个近似同相的应力分量 S_{xx}、S_{yy} 和 S_{xy}。因而，可以近似认为不平衡力为比例加载，进而可以用 von-Mises 应力近似考虑危险点处的多轴应力问题。

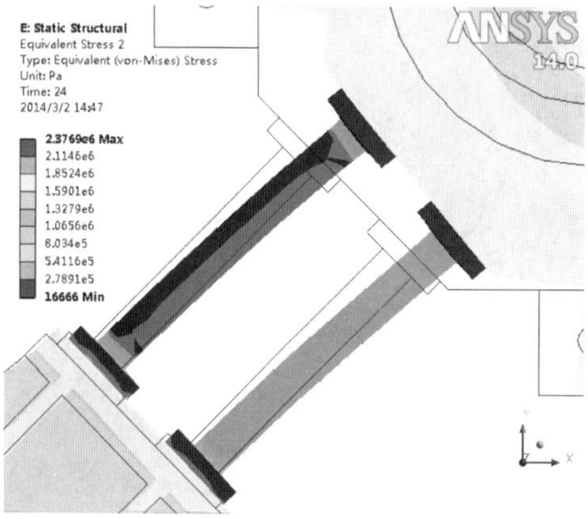

(a)方向角－0°

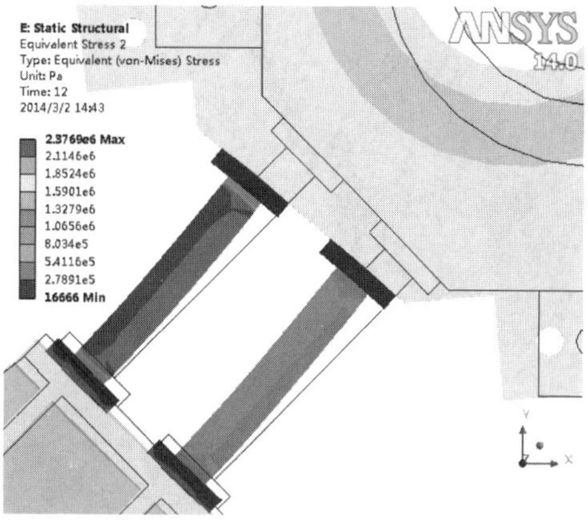

(b)方向角－180°

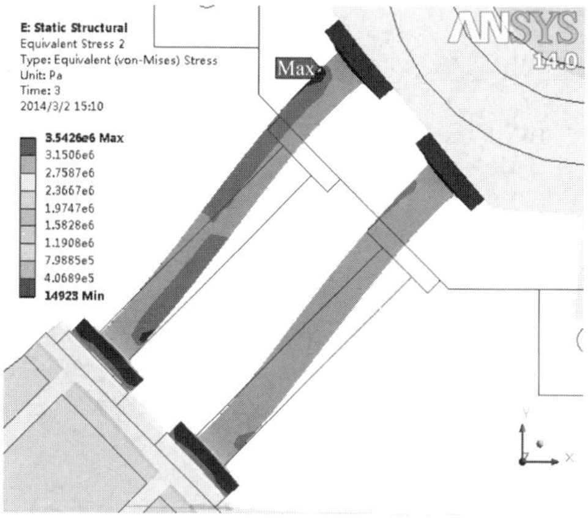

(c)方向角－45°

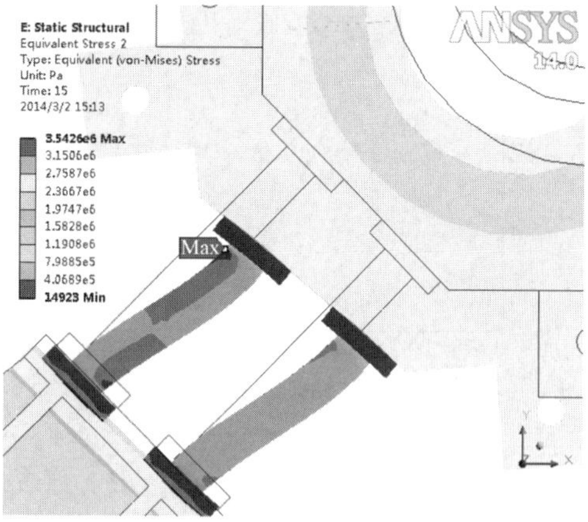

(d)方向角－225°

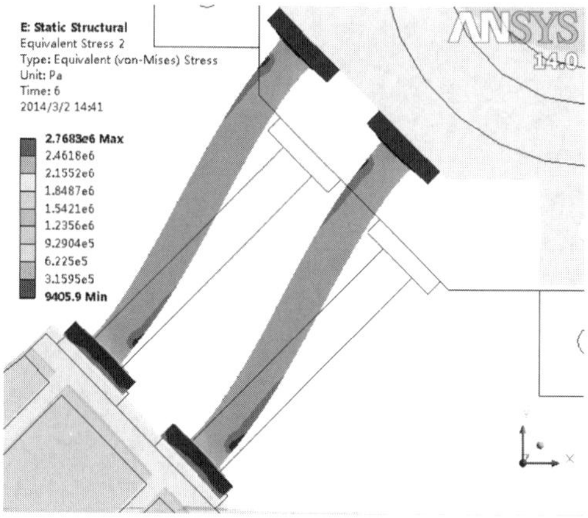

(e)方向角－90°

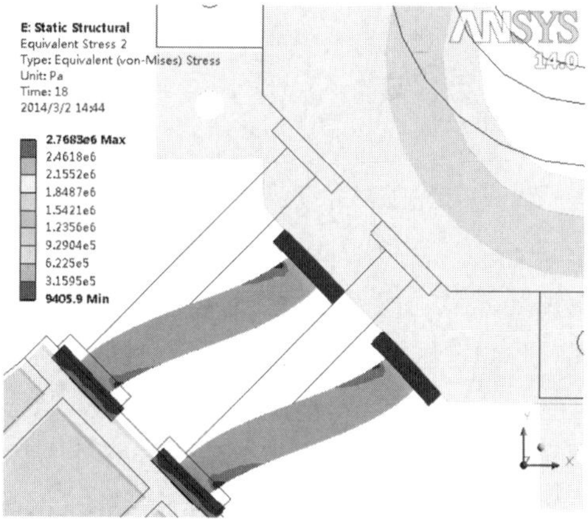

(f)方向角－270°

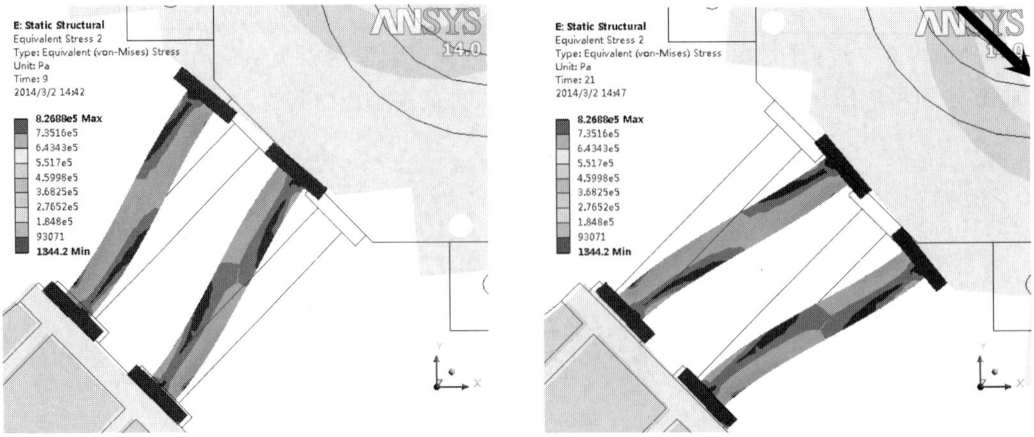

(g)方向角－135°　　　　(h)方向角－315°

图 2-13　准不平衡力下的摆架主弹性支承的 von-Mises 应力云图

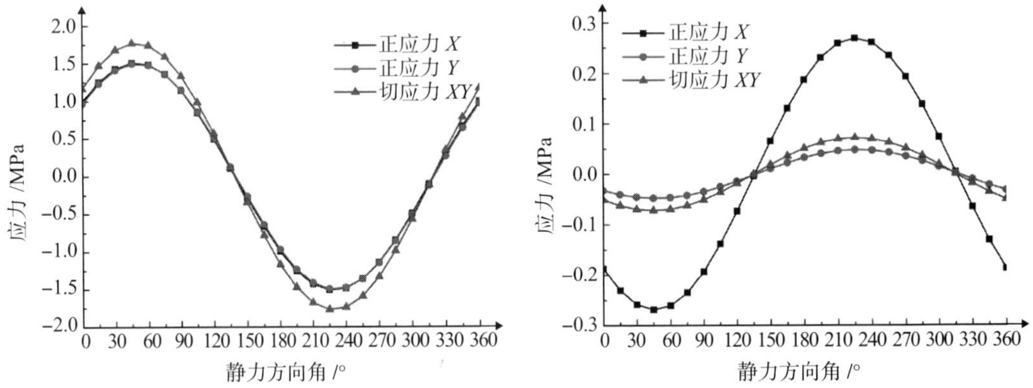

(a)　　　　(b)

图 2-14　危险点处的应力状态分量随准不平衡力方向角的变化曲线

图 2-15 所示为危险点的 von-Mises 应力在一个周期内的变化情况，包括传统 von-Mises 应力、符号 von-Mises 应力，以及忽略掉分量 S_{zz}、S_{yz} 和 S_{xz} 后的二维符号 von-Mises 应力。其中，符号 von-Mises 应力 S_{SvM} 的计算式为

$$S_{SvM} = \mathrm{sgn}(S_{Hyd}) \cdot S_{vM} \tag{2-7}$$

式中，S_{Hyd} 为某点的静水应力（hydrostatic stress）；S_{vM} 为传统 von-Mises 应力；sgn(·)为符号函数。可见，符号 von-Mises 应力的正负与 S_{Hyd} 一致，能够反映结构的受拉和受压状态。从图 2-15 中可以看到，传统 von-Mises 应力一个周期内存在两个变化周期，符号应力则仅存在一个周期且应力幅是传统 von-Mises 应力幅的一倍。在物理上，通常符号应力更能反映结构的实际受力状态，故这里以符号 von-Mises 应力作为危险点的交变应力分析摆架的疲劳寿命。另外，从图 2-15 中还可看到，忽略小分量后的二维符号 von-Mises 应力在大小上与真实 von-Mises 应力相差并不大，在峰值处相差低于 4%。这说明近似认为该问题属于比例加载的做法对研究高速动平衡机摆架疲劳寿命的情况是合

适的。

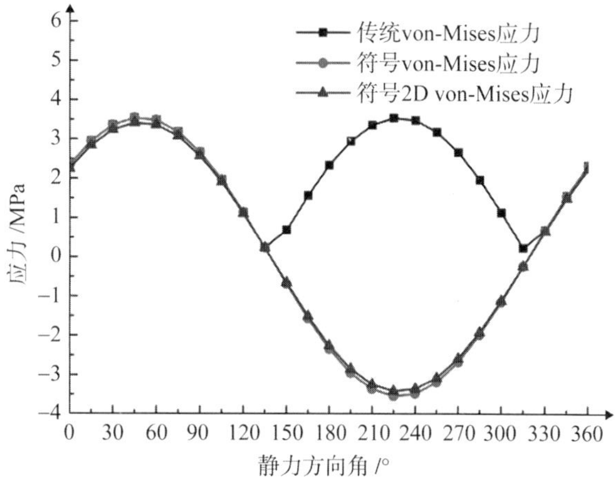

图 2-15　危险点处的 von-Mises 应力随准不平衡力方向角的变化曲线

综上，在准静不平衡力 $F=35$ kN 的作用下，摆架主弹性支承上危险点处的符号 von-Mises 应力在[−3.54e6，3.54e6]的幅值范围内做均值为零的类简谐波动，其交变应力幅 S_{Fa} 可从 45°力方向时的应力状态中提取。值得说明的是，这里的准不平衡力和危险点应力幅的关系是基于静力有限元模型得到的，在实际中则可采用电测试验用应变片和电阻应变仪测定相应的静态应力。

2.6.2　不平衡力下主弹性支承的交变应力幅估算

在转子不平衡荷载作用下，摆架主弹性支承上的交变动应力主要取决于摆架—轴承—转子耦合系统的动特性。最直接的做法是构建精细的有限元模型计算出危险点处的符号 von-Mises 动应力。然而这个思路执行起来存在诸多困难，如计算量大、模型不准确等问题。事实上，旋转机械中造成基础结构疲劳损伤的情况主要发生在穿越系统临界转速过程中。高速动平衡机尤其如此，因为一次动平衡任务往往需要多次启停才可完成。这里，基于摆架试验动刚度数据和轴承动特性数据，以及简化的摆架—轴承—转子模型，首先估算出高速动平衡机的临界转速 n_{cr} 和过临界转速时的动力放大系数 α。相应的估算公式和推导过程将在后面第 3 章中详细给出，这里先略过。若平衡转速超过 n_{cr}，则证明动平衡过程必然经过临界转速，那么在由准不平衡力 F 作用下得到的危险点交变应力幅值 S_{Fa} 的基础上，可通过下式估算出高速动平衡机过临界转速时危险点的交变动应力幅 S_a：

$$S_a=\varepsilon M\Omega_{cr}^2\alpha\cdot\frac{S_{Fa}}{F} \tag{2-8}$$

式中，$\varepsilon=U/M$ 是不平衡度(m)，U 是转子的不平衡量大小(kg·m)；M 是转子质量(kg)；$\Omega_{cr}=2\pi n_{cr}/60$ 为临界转速(rad/s)。

2.6.3　主弹性支承的 S-N 疲劳寿命曲线

由于缺乏摆架主弹性支承的疲劳试验资料，故本节将通过主弹性支承的材料屈服强度和抗拉压强度来估算它的疲劳强度极限、S-N 曲线等，并进一步考虑疲劳极限修正系数和平均应力修正公式得到主弹性支承的疲劳失效面。

取标准试样在 $S_m=0$ 时的 S-N 曲线公式为

$$\begin{cases}\lg(S_N)=-A\lg(N)+B, & 10^3\leqslant N\leqslant 10^6\\ S_N=S_e, & N\geqslant 10^6\end{cases} \tag{2-9}$$

式中，S_N 是当疲劳寿命为 N 时对应的应力幅；A、B 为材料疲劳参数。

再考虑到真实结构的尺寸效应、表面效应、载荷类型等因素，对疲劳极限修正为

$$S_e'=k_f S_e \tag{2-10}$$

式中，k_f 为修正系数，$0<k_f\leqslant 1$；S_e 为疲劳极限。

考虑到平均应力 S_a 的影响，取 Bagci 平均应力修正公式：

$$\frac{S_a}{S_N}+\left(\frac{S_m}{S_y}\right)^4=1 \tag{2-11}$$

式中，S_N 是当寿命为 N 时均值为零的 S-N 曲线对应的应力；S_y 为屈服极限强度。

试验数据表明疲劳极限 S_e 以及 1000 圈的疲劳强度与材料的抗拉极限强度 S_u 有关[164]，即

$$S_e=\begin{cases}0.5S_u, & S_u\leqslant 1400\ \text{MPa}\\ 700\ \text{MPa}, & S_u>1400\ \text{MPa}\end{cases} \tag{2-12}$$

$$S_N=0.9S_u,\ N=1000\ \text{cycles} \tag{2-13}$$

那么可以得到式(2-9)中的材料参数为

$$A=\frac{1}{3}\lg\frac{0.9S_u}{S_e},\ B=\lg\frac{(0.9S_u)^2}{S_e} \tag{2-14}$$

综合式(2-9)、式(2-10)、式(2-11)和式(2-14)可得疲劳失效面公式：

$$\begin{cases}\lg(S_N/k_f)=-A\lg(N)+B, & 10^3\leqslant N\leqslant 10^6\\ S_N=k_f S_e, & N\geqslant 10^6\end{cases} \tag{2-15}$$

式中，$S_N=S_a/[1-(S_m/S_y)^4]$。

主弹性支承的材料是 34CrNiW，经调制后屈服强度 S_y 约为 784 MPa、拉伸强度 S_u 约为 931 MPa，修正系数 0.6，于是根据式(2-9)、式(2-10)、式(2-12)和式(2-14)可得到主弹性支承的材料 S-N 曲线和零件 S-N 曲线，如图 2-16 所示。进一步考虑平均应力修正式(2-11)，可得主弹性支承的疲劳失效面，如图 2-17 所示。

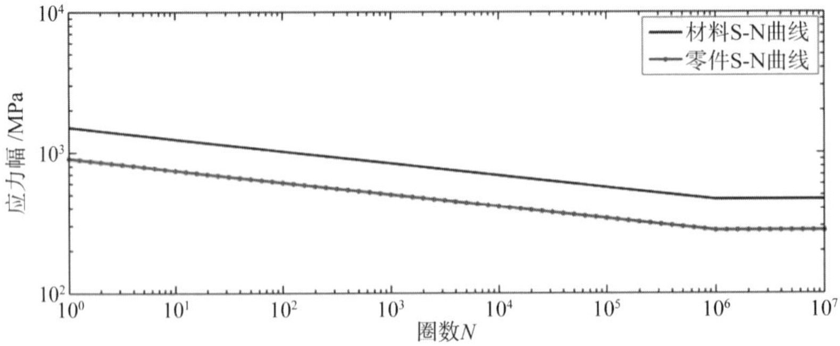

图 2-16　主弹性支承的估算材料 S-N 曲线和零件 S-N 曲线

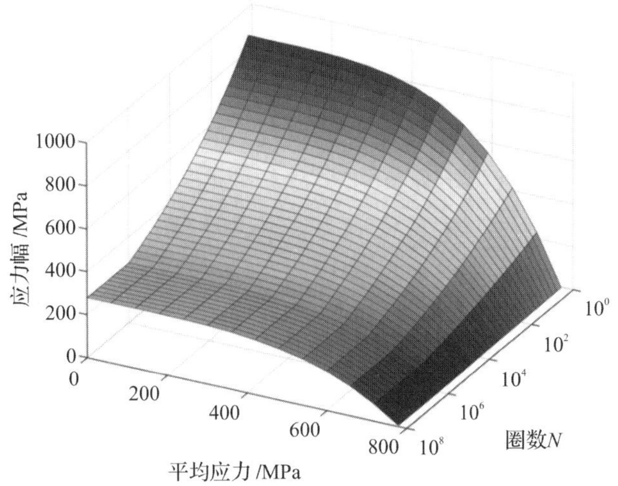

图 2-17　基于 Bagci 平均应力修正的主弹性支承的疲劳失效面

表 2-6 给出了几种典型吨位转子下的高速动平衡机摆架主弹性支承的应力疲劳寿命估算结果。从表 2-1 的高速动平衡机技术指标可以看到，15～80 t 转子的平衡转速范围被限制在 180～3600 r/min 内；80～200 t 转子的平衡转速范围被限制在 180～1800 r/min 内。表 2-6 中的这几种典型吨位转子的动平衡转速都超过表中估算的临界转速，从而也就存在动平衡启停时对动平衡机摆架疲劳寿命造成损伤的可能。从表 2-6 中可知，22.7 t 转子在过共振频率时，产生的应力幅为 154.892 MPa 和 161.372 MPa，均低于摆架主支承的疲劳极限 279.3 MPa，可认为具有无限的疲劳寿命。67.0 t 转子在过共振频率时，产生的应力幅略低于疲劳极限，虽然仍为无限寿命，不过在工程中将其当作有限寿命(即 1e6 圈)对待则是一种安全的选择。而事实上，该型号的动平衡机在实际工作中通常会限制转子质量在 60 t 以内。105 t 转子约为玉环百万等级汽轮机低压转子的质量，在过共振频率时，其应力幅值为 343.392 MPa 和 348.686 MPa，超过摆架主支承疲劳极限，属于有限疲劳寿命。而对于该型号的动平衡机而言，这类转子已属于超重转子，对其进行动平衡势必会对摆架寿命造成较大的损伤。单从疲劳寿命来说，105 t 转子情形下的疲劳寿命为 8.823e4 圈和 7.371e4 圈。若按最小寿命 7.371e4 圈来估算，设每次动平衡要穿临界转速 10 次，每次穿临界转速用时约为 5 s，那么该动平衡机可动平衡 105 t 转子的根数可粗略估算为 88 根。260 t 转子属于虚构的一种动平衡情况，其在静载上已经达到该型号动平衡机单支摆架的承载极限(即 130 t)，在动载上更是远超过承载限制。在这种情况下估算出的摆架疲劳寿命是 4.098e2 圈和 3.589e2 圈，显然其疲劳寿命是几乎不能被用来平衡 260 t 转子的。

表 2-6　几种典型汽轮机转子下的动平衡机摆架疲劳寿命估算

转子吨位	共振频率/Hz		动力放大系数		不平衡度/mm	平均应力/MPa	应力幅/MPa		疲劳寿命/圈	
	x	y	x	y			x	y	x	y
22.7	31.24	34.78	175.1	147.18	0.01	−14.356	154.892	161.372	>1e6	>1e6
67.0	18.98	20.75	283.6	241.8	0.01	−30.881	273.318	278.524	=1e6	=1e6
105	15.28	16.65	350.8	300.0	0.01	−45.057	343.392	348.686	8.823e4	7.371e4
260	9.79	10.63	545.1	467.6	0.01	−102.88	542.388	548.541	4.098e2	3.589e2

从表 2-6 中还可以看到，高速动平衡机的共振频率(一阶临界转速)随着转子吨位的增大而减小，而相应的不平衡力放大系数则随着转子吨位的增大而增大。这些规律在后面第 3 章中将详细给出。另外，表 2-6 中各吨位转子的不平衡度被统一设定为 0.01 mm，不过实际中转子的不平衡度是不同的，而且即使是同一类型的转子也可能不同。事实上，转子不平衡度是由现实中各种偶然的、不确定的随机因素综合决定的。后续对高速动平衡机随机可靠性分析中将会考虑这类随机因素对疲劳寿命可靠性的影响。值得说明的是，表 2-6 中疲劳寿命的估算并没有用到主弹性支承危险点的交变应力均值。因为从表 2-6 中数据可知，其平均应力为负值，而通常负平均应力是提高结构疲劳寿命的，故这里忽略负平均应力的影响实际上会使估算结果更偏于保守。

2.7　本章小结

本章系统地分析了高速动平衡机等刚度摆架的静承载力、静/动刚度特性以及应力疲劳寿命，主要包括：

(1)依据高速动平衡机摆架的静力有限元模型，分析了几种典型吨位转子下的摆架静承载能力和径向静刚度变化特点。可以看到，即使在设计承载状态(260 t)下，摆架结构的静强度仍然有较大的安全裕度，但最大静位移超出了估计出的许用范围。摆架的有限元径向静刚度并不像对 45°斜支承摆架所期许的那样是严格等刚度的，而是在周向以类简谐的形式做 1/2 周期的小幅波动，且在水平方向(0°和 180°)时达到最小值，在垂直方向(90°和 270°)时达到最大值。

(2)设计了针对高速动平衡机摆架结构的锤击法动刚度测试方案，并测得了 8 条动刚度曲线。从摆架左右两侧的试验动刚度数据[$Z_{yA}(\omega)$、$Z_{yB}(\omega)$、$Z_{xA}(\omega)$和 $Z_{xB}(\omega)$]中可以分析出摆架左右两侧动刚度特性的对称性在服役期内并没有发生大的改变。而水平和垂直动刚度[$Z_{xx}(\omega)$、$Z_{yy}(\omega)$]的大小同有限元静刚度一样也是不相等的，且随着激振频率的变化，水平和垂直动刚度的大小差异也比较大。在交叉动刚度[$Z_{xy}(\omega)$和 $Z_{yx}(\omega)$]方面，摆架的结构形式决定了 $Z_{xy}(\omega)$通常会小于 $Z_{yx}(\omega)$。但与主动刚度相比，交叉动刚度的大小通常会超出一个数量级。

(3)建立了摆架动力有限元模型，并在少量试验动刚度数据[至少已知 $Z_{xx}(\omega)$和 $Z_{yy}(\omega)$]基础上，给出一种便于工程应用的摆架模态信息(共振频率和共振振型)的有限元辅助识别方法。该方法采用了简单的模型更新技术并充分利用了有限元信息,包括模态振型的振节信息、动刚度曲线间的相似信息以及静变形信息。结果显示该方案对高速动平衡机摆架结构共振频率和共振振型的识别是可行的。

(4)利用静力有限元模型,分析了准不平衡力作用下的摆架主弹性支承的应力状态、危险点的位置和 von-Mises 应力变化情况;进而基于第 3 章推导出的高速动平衡机一阶临界转速和不平衡力放大系数公式估算出了危险点的交变应力幅值;最后,基于应力疲劳寿命理论,估算了几种典型吨位转子下的摆架主弹性支承的应力疲劳寿命,结果显示,估算结果与实际情况比较相符。

第 3 章 摆架-转子系统有限元建模和分析

3.1 引 言

工作中的高速动平衡机是一个复杂的摆架—轴承—转子耦合动力系统。除了摆架的静动力学性能,这样一个包含被平衡转子的耦合动力系统的静动力学性能也是高速动平衡机在设计、制造和使用中必须考虑的。例如,为了安全可靠地完成某类转子的动平衡试验任务,必然需要对该类型摆架—转子系统工作区内的动特性进行全面掌握,对系统的固有频率、临界转速、稳定裕度以及不平衡激励作用下的稳态响应和加速瞬态响应等关键力学性能及其敏感性进行深入分析。

有限单元法是研究复杂旋转机械动力学最常用的方法之一。当前,ANSYS、NASTRAN、SAMCEF 等通用有限元平台均具有转子动力学分析功能,也完全能够满足常规的转子动力学分析。但通用程序在用于旋转机械随机分析和可靠度计算时能够提供的建模功能和可修改选项还远不能满足实际要求,如在可靠度计算时往往需要响应量对定义参数的敏感性信息,在谱随机有限元分析时还需要侵入式地改写已有有限元程序。为了实现与后续高速动平衡机随机不确定性分析与可靠度计算方法的无缝连接,本章将基于转子梁单元理论和 C++面向对象的编程方法开发出一套专用的转子动力学分析程序。另外,为了更准确地反映摆架特性对高速动平衡机特性的影响,本章还将利用第 2 章中测得的试验动刚度数据并结合 Nicholas[118] 的等效方案,得到摆架—轴承的等效刚度和阻尼系数公式,以直接在高速动平衡机的梁元有限元模型中使用。在此基础上,还进一步推导高速动平衡机的一阶临界转速和不平衡力放大系数的估算公式,它们在前述第 2 章估算摆架应力疲劳寿命时非常有用。

下面将在简单给出基于梁单元的转子系统有限元建模和分析方法后,重点分析某 50MW 汽轮机转子在高速动平衡机上开展动平衡试验时的系统模态、稳态和加速瞬态性能以及模态频率对参数的敏感性。作为一个基础章节,本章将侧重于对转子动力学程序结果合理性的验证,为后续的随机不确定性分析和可靠性评估提供技术支持。

3.2　转子动力学分析的梁元有限元方程

如图 3-1 所示,转子系统各部件可划分为静止部件、连接部件和转动部件 3 类[190]。当采用基于梁元的转子系统有限元模型模拟时,通常只需圆盘单元、转轴单元和轴承单元就能够模拟(图 3-2)。这 3 种单元分别类似于一般有限元中的质量块单元、梁单元和弹簧阻尼单元,依据拉格朗日方程可分别得到这些单元的单元矩阵[165],下面做简单介绍。

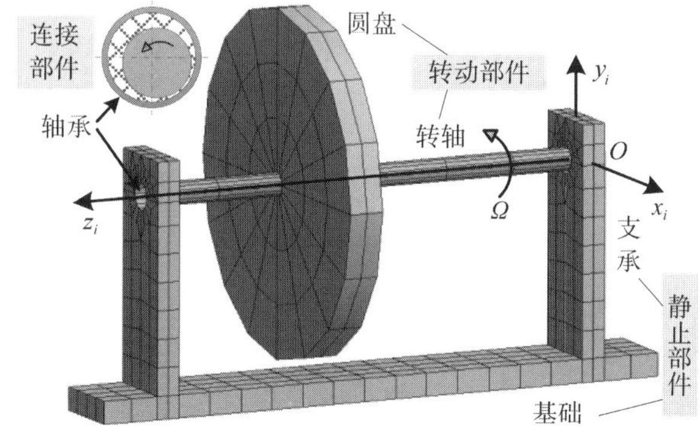

图 3-1　转子系统的组成部分

对于自由度为 n 的非保守系统,一般的拉格朗日方程为

$$\frac{\mathrm{d}}{\mathrm{d}t}\left[\frac{\partial(T-U)}{\partial\dot{\delta}_i}\right]-\frac{\partial T}{\partial\delta_i}+\frac{\partial U}{\partial\delta_i}+\frac{\partial D}{\partial\dot{\delta}_i}=Q_i,\ i=1,\ 2,\ \cdots,\ n \tag{3-1}$$

式中,T 与 U 分别为系统动能和势能;D 为散逸函数;Q_i 为对应广义坐标 δ_i 的广义力。

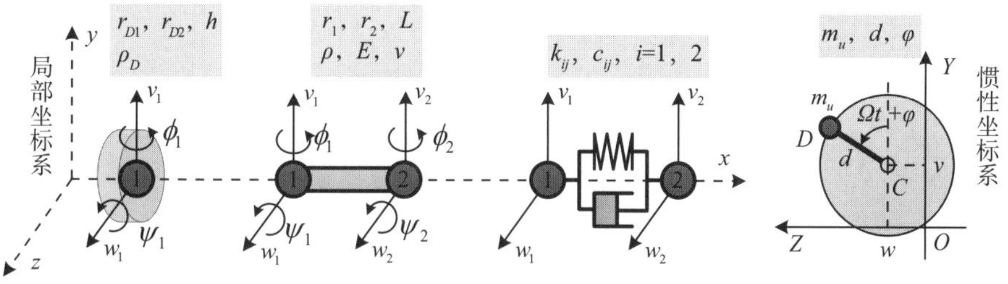

(a) 圆盘单元　(b) 转轴单元　(c) 转轴单元　(d) 转子不平衡量

图 3-2　转子有限元模型的 3 种主要单元与转子不平衡量

圆盘单元主要用于模拟附在转轴的叶轮和叶片,但它忽略了叶轮和叶片的弹性,仅考虑它们的质量和转动惯量效应。在使用时,依据质量不变、转动惯量不变以及抗弯刚度不变的等效方式将轮盘和叶片简化为只具有质量和转动惯量属性的刚性圆盘。若仅考虑横向振动,圆盘单元具有 4 个自由度,如图 3-2(a)所示,可由位移向量 $\boldsymbol{\delta}_D^e=[v_1,\ w_1,\ \phi_1,\Psi_1]^{\mathrm{T}}$ 表示。由于圆盘单元仅具有动能 T_D,因而代入拉格朗日方程左端

项，有

$$\frac{\mathrm{d}}{\mathrm{d}t}\left(\frac{\partial T_D}{\partial \dot{\boldsymbol{\delta}}_D^e}\right)-\frac{\partial T_D}{\partial \boldsymbol{\delta}_D^e}=\boldsymbol{M}_D^e\ddot{\boldsymbol{\delta}}_D^e+\Omega \boldsymbol{G}_D^e\dot{\boldsymbol{\delta}}_D^e \tag{3-2}$$

式中，$\boldsymbol{M}_D^e=\begin{bmatrix} m_D & 0 & 0 & 0\\ 0 & m_D & 0 & 0\\ 0 & 0 & J_{Dy} & 0\\ 0 & 0 & 0 & J_{Dz}\end{bmatrix}$，$\boldsymbol{G}_D^e=\begin{bmatrix} 0 & 0 & 0 & 0\\ 0 & 0 & 0 & 0\\ 0 & 0 & 0 & J_{Dx}\\ 0 & 0 & -J_{Dx} & 0\end{bmatrix}$；$m_D$ 是圆盘质量；$J_{Dy}=J_{Dz}$ 是圆盘的直径转动惯量；J_{Dx} 是圆盘极转动惯量；Ω 为转子转速，为常量。式(3-2)右端第一项 $\boldsymbol{M}_D^e$ 是圆盘单元的质量矩阵，与一般的质量块单元质量矩阵一致；第二项 G_D^e 是刚性圆盘单位转速下的陀螺矩阵。从几何上讲，刚性圆盘由内径、外径、厚度和密度完全定义。

转轴单元主要用于模拟转子主轴部分。实际中往往在阶梯位置以及叶轮和叶片位置处将主轴断开，并用一个或多个转轴单元模拟各主轴段，以考虑主轴截面、材料等属性的不同和便于放置圆盘单元等。若仅考虑横向振动，转轴单元具有 8 个自由度，如图3-2(b)所示，可由位移向量 $\boldsymbol{\delta}_S^e=[v_1, w_1, \phi_1, \Psi_1, v_2, w_2, \phi_2, \Psi_2]^{\mathrm{T}}$ 表示。转轴单元内位移场用三次插值函数表示，具有动能 T_S 和势能 U_S，将它们代入拉格朗日方程左端项，有

$$\frac{\mathrm{d}}{\mathrm{d}t}\left[\frac{\partial (T_S-U_S)}{\partial \dot{\boldsymbol{\delta}}_S^e}\right]-\frac{\partial T_S}{\partial \boldsymbol{\delta}_S^e}+\frac{\partial U_S}{\partial \boldsymbol{\delta}_S^e}=\boldsymbol{M}_S^e\ddot{\boldsymbol{\delta}}_S^e+\Omega \boldsymbol{G}_S^e\dot{\boldsymbol{\delta}}_S^e+\boldsymbol{K}_S^e\boldsymbol{\delta}_S^e \tag{3-3}$$

式中，$\boldsymbol{M}_S^e$ 为转轴单元质量矩阵，由 $\boldsymbol{M}_1$、$\boldsymbol{M}_2$、$\boldsymbol{M}_3$、$\boldsymbol{M}_4$ 组成；$\boldsymbol{G}_S^e$ 为转轴单位转速下的单元陀螺矩阵，由 $\boldsymbol{M}_5$ 定义；$\boldsymbol{K}_S^e$ 为转轴单元刚度矩阵，由 $\boldsymbol{K}_1$、$\boldsymbol{K}_2$ 组成，若考虑剪切效应和轴向力对刚度的影响，$\boldsymbol{K}_S^e$ 中还包括 $\boldsymbol{K}_{\text{shear}}$、$\boldsymbol{K}_3$、$\boldsymbol{K}_4$。各矩阵表达式如下：

$$\boldsymbol{M}_1=\rho S\int_0^L(\boldsymbol{N}_1^{\mathrm{T}}\boldsymbol{N}_1)\mathrm{d}y,\quad \boldsymbol{M}_2=\rho S\int_0^L(\boldsymbol{N}_2^{\mathrm{T}}\boldsymbol{N}_2)\mathrm{d}y,\quad \boldsymbol{M}_3=\rho I\int_0^L\left(\frac{\partial \boldsymbol{N}_1^{\mathrm{T}}}{\partial y}\frac{\partial \boldsymbol{N}_1}{\partial y}\right)\mathrm{d}y,$$

$$\boldsymbol{M}_4=\rho I\int_0^L\left(\frac{\partial \boldsymbol{N}_2^{\mathrm{T}}}{\partial y}\frac{\partial \boldsymbol{N}_2}{\partial y}\right)\mathrm{d}y,\quad \boldsymbol{M}_5=-2\rho I\int_0^L\left(\frac{\partial \boldsymbol{N}_2^{\mathrm{T}}}{\partial y}\frac{\partial \boldsymbol{N}_1}{\partial y}\right)\mathrm{d}y,\quad \boldsymbol{K}_1=EI\int_0^L\left[\frac{\partial^2 \boldsymbol{N}_1^{\mathrm{T}}}{\partial y^2}\frac{\partial^2 \boldsymbol{N}_1}{\partial y^2}\right]\mathrm{d}y,$$

$$\boldsymbol{K}_2=EI\int_0^L\left[\frac{\partial^2 \boldsymbol{N}_2^{\mathrm{T}}}{\partial y^2}\frac{\partial^2 N_2}{\partial y^2}\right]\mathrm{d}y,\quad \boldsymbol{K}_3=F_0\int_0^L\left[\frac{\partial \boldsymbol{N}_1^{\mathrm{T}}}{\partial y}\frac{\partial \boldsymbol{N}_1}{\partial y}\right]\mathrm{d}y,\quad \boldsymbol{K}_4=F_0\int_0^L\left[\frac{\partial \boldsymbol{N}_2^{\mathrm{T}}}{\partial y}\frac{\partial \boldsymbol{N}_2}{\partial y}\right]\mathrm{d}y$$

$$\boldsymbol{N}_{(2\times 8)}=\begin{Bmatrix}\boldsymbol{N}_{1(1\times 8)}\\ \boldsymbol{N}_{2(1\times 8)}\end{Bmatrix}$$

$$=\begin{bmatrix} 1-\frac{3y^2}{L^2}+\frac{2y^3}{L^3} & 0 & 0 & y-\frac{2y^2}{L}+\frac{y^3}{L^2} & \frac{3y^2}{L^2}-\frac{2y^3}{L^3} & 0 & 0 & -\frac{y^2}{L}+\frac{y^3}{L^2}\\ 0 & 1-\frac{3y^2}{L^2}+\frac{2y^3}{L^3} & -y+\frac{2y^2}{L}-\frac{y^3}{L^2} & 0 & 0 & \frac{3y^2}{L^2}-\frac{2y^3}{L^3} & \frac{y^2}{L}-\frac{y^3}{L^2} & 0 \end{bmatrix}$$

轴承单元主要用于模拟转子系统的连接部件，如滑动轴承和滚动轴承，通常其单元矩阵参数是由代表轴承弹簧阻尼特性的系数组成。若仅考虑轴承的径向移动特性，则轴承单元具有 4 个自由度，如图 3-2(c)所示，可由位移向量 $\boldsymbol{\delta}_B^e=[v_1, w_1, v_2, w_2]^{\mathrm{T}}$ 表示。对于线性轴承，其刚度特性可用势能 $U_B=(1/2)\boldsymbol{\delta}_B^{e\,\mathrm{T}}\boldsymbol{K}_B^e\boldsymbol{\delta}_B^e$ 表示，阻尼特性可用散逸函数

$D_B=(1/2)\dot{\boldsymbol{\delta}}_B^{e\,\mathrm{T}}\boldsymbol{C}_B^e\dot{\boldsymbol{\delta}}_B^e$ 表示，代入拉格朗日方程左端项，有

$$\frac{\mathrm{d}}{\mathrm{d}t}\left[\frac{\partial(-U_B)}{\partial\dot{\boldsymbol{\delta}}_B^e}\right]+\frac{\partial \mathrm{U}_B}{\partial\boldsymbol{\delta}_B^e}+\frac{\partial D_B}{\partial\dot{\boldsymbol{\delta}}_B^e}=\boldsymbol{K}_B^e\boldsymbol{\delta}_B^e+C_B^e\dot{\boldsymbol{\delta}}_B^e \tag{3-4}$$

式中，$\boldsymbol{K}_B^e=\begin{bmatrix}\boldsymbol{k}_B & -\boldsymbol{k}_B\\ -\boldsymbol{k}_B & \boldsymbol{k}_B\end{bmatrix}$和$\boldsymbol{C}_B^e=\begin{bmatrix}\boldsymbol{c}_B & -\boldsymbol{c}_B\\ -\boldsymbol{c}_B & \boldsymbol{c}_B\end{bmatrix}$分别为轴承单元刚度矩阵和单元阻尼矩阵，由子矩阵$\boldsymbol{k}_B=\begin{bmatrix}k_{xx} & k_{xz}\\ k_{zx} & k_{zz}\end{bmatrix}$，$\boldsymbol{c}_B=\begin{bmatrix}c_{xx} & c_{xz}\\ c_{zx} & c_{zz}\end{bmatrix}$定义，而元素 k_{yy}、k_{yz}、k_{zy}、k_{zz} 和 c_{yy}、c_{yz}、c_{zy}、c_{zz} 分别为轴承的径向刚度和阻尼系数。特别地，若轴承单元一端（取节点 2）接地，则$\boldsymbol{K}_B^e=\boldsymbol{k}_B$，$\boldsymbol{C}_B^e=\boldsymbol{c}_B$，$\boldsymbol{\delta}_B^e=[v_1,\ w_1]^{\mathrm{T}}$。

高速动平衡机的任务是实施不平衡转子的动平衡试验。在有限元中，转子不平衡故障是通过不平衡力模拟的。若转子不平衡量 U 用偏心质量 m_u、偏心距 d 和相位角 φ 定义，如图 3-2(d)所示，则可求出其动能 T_u，代入拉格朗日方程左端项，有

$$\frac{\mathrm{d}}{\mathrm{d}t}\left(\frac{\partial T_u}{\partial\dot{\boldsymbol{\delta}}_u^e}\right)-\frac{\partial T_u}{\partial\boldsymbol{\delta}_u^e}=\boldsymbol{M}_u^e\ddot{\boldsymbol{\delta}}_u^e-\boldsymbol{F}_u^e\approx-\boldsymbol{F}_u^e \tag{3-5}$$

式中，$\boldsymbol{M}_u^e=\begin{bmatrix}m_u & 0\\ 0 & m_u\end{bmatrix}$，$\boldsymbol{F}_u^e=m_u d\Omega^2\begin{Bmatrix}\cos(\Omega t+\varphi)\\ \sin(\Omega t+\varphi)\end{Bmatrix}$，$\boldsymbol{\delta}_u^e=[v_1,\ w_1]^{\mathrm{T}}$。通常偏心质量 m_u 相比转子本体质量要小很多，故中间第一项常被忽略，只保留偏心质量对系统外部激励力的贡献。不过，这种忽略很容易让人对不平衡量仅以外力的形式表达产生误解。

上述公式是基于惯性坐标系得出的，克服了转动坐标系下因转动部件和静止部件各向异性导致的运动方程系数矩阵中显含时间的问题。在惯性坐标系下，转子系统的支承部件（如高速动平衡机摆架）对运动方程的贡献（即质量矩阵$\boldsymbol{M}_F$ 和刚度矩阵$\boldsymbol{K}_F$）与一般有限元结果一致。进一步地，设系统外阻尼服从比例阻尼，则转子系统的有限元运动方程为

$$\boldsymbol{M}\ddot{\boldsymbol{\delta}}(t)+(\boldsymbol{C}+\Omega\boldsymbol{G})\dot{\boldsymbol{\delta}}(t)+\boldsymbol{K}\boldsymbol{\delta}(t)=\boldsymbol{F}(t) \tag{3-6}$$

式中，$\boldsymbol{M}=(\boldsymbol{M}_F+\boldsymbol{M}_D+\boldsymbol{M}_S)\in\mathbb{R}^{N\times N}$ 和 $\boldsymbol{K}=(\boldsymbol{K}_F+\boldsymbol{K}_S+\boldsymbol{K}_B)\in\mathbb{R}^{N\times N}$ 分别是转子系统的总质量矩阵和总刚度矩阵；总阻尼矩阵 $\boldsymbol{C}=(\boldsymbol{C}_p+\boldsymbol{C}_B)\in\mathbb{R}^{N\times N}$ 中的$\boldsymbol{C}_p=\alpha\boldsymbol{M}+\beta\boldsymbol{K}$，为比例阻尼矩阵，$\alpha$ 和 β 分别为质量和刚度比例系数；$\boldsymbol{G}=(\boldsymbol{G}_D+\boldsymbol{G}_S)\in\mathbb{R}^{N\times N}$ 为单位转速下的陀螺矩阵；$\boldsymbol{\delta}(t)\in\mathbb{R}^N$ 为系统位移向量；$\boldsymbol{F}(t)\in\mathbb{R}^N$ 为系统外力向量，如重力、不平衡力$\boldsymbol{F}_u$、不同步力、空间固定谐波力以及其他一般激励；Ω 为转子自转转速。附录 C 介绍了转子系统有限元动力学方程和转子动力学的基本概念，并给出了梁元转子有限元模型中的单元矩阵情况。

利用式(3-6)可开展转子系统自由振动、频域响应、瞬态响应等研究。

对于自由振动，实为二次特征值问题。取位移形式 $\boldsymbol{\delta}=\boldsymbol{\Delta}\mathrm{e}^{rt}$，则有

$$[r^2\boldsymbol{M}+r(\boldsymbol{C}+\Omega\boldsymbol{G})+\boldsymbol{K}]\boldsymbol{\Delta}=0 \tag{3-7}$$

式中，$r\in\mathbb{C}$，$\boldsymbol{\Delta}\in\mathbb{C}^N$ 分别为转子系统的特征值和特征向量，代表模态频率和模态振型。

对于频域响应，实为复线性方程问题。取 $\boldsymbol{F}(t)=\boldsymbol{F}\mathrm{e}^{\mathrm{i}\omega t}$ 和 $\boldsymbol{\delta}(t)=\boldsymbol{\Delta}\mathrm{e}^{\mathrm{i}\omega t}$，则有

$$\boldsymbol{Z}(\omega,\ \Omega)\boldsymbol{\Delta}=\boldsymbol{F} \tag{3-8}$$

式中，$\boldsymbol{Z}(\omega,\Omega)=[\boldsymbol{K}-\omega^2\boldsymbol{M}+\mathrm{i}\omega(\boldsymbol{C}+\Omega\boldsymbol{G})]\in\mathbb{C}^{N\times N}$，其逆 $\boldsymbol{H}(\omega,\Omega)=\boldsymbol{Z}^{-1}(\omega,\Omega)\in\mathbb{C}^{N\times N}$ 为频响函数矩阵；向量 $\boldsymbol{F}$、$\boldsymbol{\Delta}\in\mathbb{C}^N$。特别地，对于同步不平衡力$\boldsymbol{F}_u^e$ 在 $\boldsymbol{F}$ 中表示为

$$\boldsymbol{F}_u^e=\begin{cases}m_u d\Omega^2[\cos(\varphi)+\mathrm{i}\sin(\varphi)]\\ m_u d\Omega^2[\sin(\varphi)-\mathrm{i}\cos(\varphi)]\end{cases}\tag{3-9}$$

不过，对于瞬态响应分析，方程(3-6)被限制在恒定转速下的转子系统瞬态问题。

3.3 高速动平衡机梁元有限元模型的定义参数

描述转子系统几何、材料、荷载等属性的参数即是转子有限元模型的定义参数。转子模型的参数化不仅能够扩展模型的应用范围，而且是后续敏感性分析、可靠性评估和设计优化的必备建模方式。本节给出高速动平衡机梁元转子系统有限元模型的定义参数，这些参数将在高速动平衡机械装备的敏感性计算和随机可靠性分析中作为输入参数。

由叶轮和叶片等简化而来的刚性圆盘既可以用外径 r_{D1}、内径 r_{D2}、厚度 h、密度 ρ_D 完全定义，也可直接用属性参数定义，即质量 m_D、极转动惯量 J_{Dx} 和直径转动惯量 $J_{Dy}=J_{Dz}$。它们之间存在如下关系：

$$m_D=\rho_D\pi h(r_{D1}^2-r_{D2}^2)\tag{3-10}$$

$$J_{Dx}=m_D(r_{D1}^2+r_{D2}^2)/2\tag{3-11}$$

$$J_{Dy}=J_{Dz}=m_D(3r_{D1}^2+3r_{D2}^2+h^2)/12\tag{3-12}$$

转子转轴一般是阶梯轴，每一轴段是由截面外径 r_{S1}、截面内径 r_{S2}、轴段长度 L、弹性模量 E、泊松比 υ、密度 ρ 完全定义，相应的截面面积 S 和截面惯性矩 I_x、I_y、I_z 由如下公式计算：

$$S=\pi(r_{S1}^2-r_{S2}^2)\tag{3-13}$$

$$I=I_y=I_z=\frac{I_x}{2}=\frac{\pi(r_{S1}^4-r_{S2}^4)}{4}\tag{3-14}$$

转子不平衡量 U 多是位于圆盘位置，由不平衡质量 m_u、偏心距 d、相位角 φ 完全定义，不过工程中常以不平衡量 U 的大小$|U|=m_u d$ 和相位 φ 表示，即

$$U=|U|\angle\varphi\tag{3-15}$$

连接部分的轴承元件以动特性系数的方式处理，即式(3-4)中定义子矩阵$\boldsymbol{k}_B$ 和$\boldsymbol{c}_B$ 的刚度阻尼系数(k_{yy}、k_{yz}、k_{zy}、k_{zz}和 c_{yy}、c_{yz}、c_{zy}、c_{zz})。轴承特性系数可通过 Reynolds 方程求解得到，并且这些系数通常依赖转子转速 Ω。这里直接将它们作为定义参数。惯性坐标系下的高速动平衡机摆架能够直接用一般的有限元模型表示，因而相应的定义参数可以是描述摆架的任何属性参数。不过，摆架对系统质量、刚度和阻尼的贡献也可以像轴承那样以动特性系数的形式考虑。例如，以摆架试验动刚度数据 $Z(\omega)$来表示动平衡机摆架时，定义参数即是各个转速下的动刚度量。在后续 3.5 节中，将推导出摆架—轴承的等效刚度和阻尼系数，这样就可以用这些等效刚度阻尼系数作为定义参数来一起描述摆架和轴承部分。

3.4　转子系统特征值敏感性的直接微分解法

转子系统的响应分析主要有 3 种类型：一是固有频率和临界转速，属于特征值问题；二是频域响应，属于稳态计算问题；三是瞬态响应。本节仅给出转子系统的固有频率和临界转速对模型定义参数敏感性计算的直接微分法解法。

3.4.1　特征值敏感性的直接微分法

在状态空间中，转子系统自由振动的二次特征值问题式(3-7)被转化为如下的左右特征值问题：

$$\begin{cases}(\boldsymbol{A}-r\boldsymbol{B})\boldsymbol{x}=0, & \text{右特征值} \\ \boldsymbol{y}^{\mathrm{T}}(\boldsymbol{A}-r\boldsymbol{B})=0^{\mathrm{T}}, & \text{左特征值}\end{cases} \tag{3-16}$$

式中，$\boldsymbol{A}=\begin{bmatrix}\boldsymbol{M} & 0 \\ 0 & -\boldsymbol{K}\end{bmatrix}$，$\boldsymbol{B}=\begin{bmatrix}0 & \boldsymbol{M} \\ \boldsymbol{M} & \boldsymbol{C}+\Omega\boldsymbol{G}\end{bmatrix}$；$\boldsymbol{x}=\begin{bmatrix}r\boldsymbol{\Delta} \\ \boldsymbol{\Delta}\end{bmatrix}$，$\boldsymbol{y}=\begin{bmatrix}r\boldsymbol{\Pi} \\ \boldsymbol{\Pi}\end{bmatrix}$ 分别为右、左特征向量，它们的后半部分向量 $\boldsymbol{\Delta}$ 和 $\boldsymbol{\Pi}$ 代表转子系统的模态振型；r 为特征值，包含转子系统的固有频率和对数衰减率信息。

设特征值 r_i，$i=1,\cdots,n$ 是孤立的，且 $\boldsymbol{M}$ 非奇异，则根据正交条件和归一化条件，可得特征值对任一参数 p 的一阶偏导数为

$$\frac{\partial r_i}{\partial p}=-\boldsymbol{\Pi}_i^{\mathrm{T}}\left[r_i^2\frac{\partial\boldsymbol{M}}{\partial p}+r_i\left(\frac{\partial\boldsymbol{C}}{\partial p}+\Omega\frac{\partial\boldsymbol{G}}{\partial p}\right)+\frac{\partial\boldsymbol{K}}{\partial p}\right]\boldsymbol{\Delta}_i \tag{3-17}$$

由式(3-17)可以看到，在得到第 i 阶特征值 r_i 以及左特征向量$\boldsymbol{\Pi}_i$ 和右特征向量$\boldsymbol{\Delta}_i$ 后，即可结合系数矩阵的偏导求出转子系统特征值对定义参数的敏感性(偏导数)大小。若使用的复特征值求解算法不满足归一化条件，则可将上式结果直接除以下式得到一阶偏导数信息：

$$c_i=\boldsymbol{\Pi}_i^{\mathrm{T}}[2r_i\boldsymbol{M}+(\boldsymbol{C}+\Omega\boldsymbol{G})]\boldsymbol{\Delta}_i \tag{3-18}$$

临界转速是转子系统中另一个比较关心的量，一般可通过计算不同转速下的模态信息并做出坎贝尔图进行估算(即坎贝尔图分析)。这里，忽略转子动力学方程中的阻尼系数项，直接通过如下特征值问题求解：

$$(\boldsymbol{K}-r^2\overline{\boldsymbol{M}})\boldsymbol{\Delta}=0 \tag{3-19}$$

式中，$\overline{\boldsymbol{M}}=(\boldsymbol{M}-\mathrm{i}/\alpha\boldsymbol{G})$，当 $\alpha=1$ 时求解的是同步临界转速。同理，可得临界转速对任一参数 p 的一阶偏导公式为

$$\frac{\partial r_i}{\partial p}=\frac{1}{2\sqrt{\lambda_i}}\frac{\partial\lambda_i}{\partial p},\ \frac{\partial\lambda_i}{\partial p}=\boldsymbol{\Pi}_i^{\mathrm{T}}\left[\frac{\partial\boldsymbol{K}}{\partial p}-\lambda_i\frac{\partial\overline{\boldsymbol{M}}}{\partial p}\right]\boldsymbol{\Delta}_i \tag{3-20}$$

式中，$\lambda_i=r_i^2$。如果求解算法不能满足归一化条件的话，则除以 $c_i=\boldsymbol{\Pi}_i^{\mathrm{T}}\overline{\boldsymbol{M}}\boldsymbol{\Delta}_i$ 即可。

3.4.2　系数矩阵对定义变量的直接微分

从式(3-17)和式(3-20)中可以看到，转子系统响应敏感性公式中还需要计算系数矩阵对定义参数的偏导数，即$\partial\boldsymbol{M}/\partial p$、$\partial\boldsymbol{K}/\partial p$、$\partial\boldsymbol{C}/\partial p$、$\partial\boldsymbol{G}/\partial p$ 以及$\partial\boldsymbol{F}/\partial p$。这里仅给出单

元矩阵与定义参数之间的直接微分层次关系，而具体公式不再给出。

1. 质量矩阵的偏导数$\partial \boldsymbol{M}/\partial p$

$$\boldsymbol{M}(\boldsymbol{M}_F^e, \boldsymbol{M}_D^e, \boldsymbol{M}_S^e)\begin{cases}\boldsymbol{M}_D^e(m_D, J_{Dx}, J_{Dy}, J_{Dz})\begin{cases}m_D(\rho_D, h, r_{D1}, r_{D2})\\ J_{Dx}(m_D, r_{D1}, r_{D2})\\ J_{Dy}, J_{Dz}(m_D, r_{D1}, r_{D2}, h)\end{cases}\\ \boldsymbol{M}_S^e(\boldsymbol{M}_1, \boldsymbol{M}_2, \boldsymbol{M}_3, \boldsymbol{M}_4)\begin{cases}\boldsymbol{M}_1, \boldsymbol{M}_2(\rho, S)\{S(r_1, r_2)\\ \boldsymbol{M}_3, \boldsymbol{M}_4(\rho, I)\{I(r_1, r_2)\end{cases}\end{cases} \tag{3-21}$$

2. 刚度矩阵的偏导数$\partial \boldsymbol{K}/\partial p$

$$\boldsymbol{K}(\boldsymbol{K}_F^e, \boldsymbol{K}_S^e, \boldsymbol{K}_B^e)\begin{cases}\boldsymbol{K}_S^e(\boldsymbol{K}_1, \boldsymbol{K}_2, \boldsymbol{K}_3, \boldsymbol{K}_4)\begin{cases}\boldsymbol{K}_1, \boldsymbol{K}_2(E, I)\{I(r_1, r_2)\\ \boldsymbol{K}_3, \boldsymbol{K}_4(F_0)\end{cases}\\ \boldsymbol{K}_B^e(k_{yy}, k_{yz}, k_{zz}, k_{zy})\end{cases} \tag{3-22}$$

3. 阻尼矩阵的偏导数$\partial \boldsymbol{C}/\partial p$

$$\boldsymbol{C}(\boldsymbol{C}_p^e, \boldsymbol{C}_B^e)\begin{cases}\boldsymbol{C}_p^e(\boldsymbol{M}, \boldsymbol{K})\\ \boldsymbol{C}_B^e(c_{yy}, c_{yz}, c_{zz}, c_{zy})\end{cases} \tag{3-23}$$

4. 陀螺矩阵的偏导数$\partial \boldsymbol{G}/\partial p$

$$\boldsymbol{G}(\boldsymbol{G}_D^e, \boldsymbol{G}_S^e)\begin{cases}\boldsymbol{G}_D^e(J_{Dx})\{J_{Dx}(m_D, r_{D1}, r_{D2})\\ \boldsymbol{G}_S^e(\boldsymbol{M}_5)\{\boldsymbol{M}_5(\rho, I)\{I(r_1, r_2)\end{cases} \tag{3-24}$$

5. 不平衡力的偏导数$\partial \boldsymbol{F}/\partial p$

$$\boldsymbol{F}(\boldsymbol{F}_u^e)\{\boldsymbol{F}_u^e(U, \varphi)\{U(m_u, d) \tag{3-25}$$

有关梁元转子有限元模型单元矩阵的导数矩阵计算可参见附录 C。

3.5 摆架-轴承部分在转子方程中的考虑

在惯性坐标系下的转子有限元方程中，高速动平衡机摆架可以用一般有限元方法进行精细建模。不过，这样处理会使模型变得很复杂、计算量更大，况且由于诸多未知因素的影响，精细模型的结果也未必准确。将摆架部分以试验动柔度或动刚度数据的方式在转子系统方程中进行考虑是处理这个问题的方法之一，而且结果也往往更符合实际[115-118]。第 2 章已经通过锤击法得到了动平衡机摆架的水平动刚度 Z_{Sxx} 和垂直动刚度 Z_{Syy} 信息，这一节按照 Nicholas[118] 的方法得到摆架—轴承部分的等效刚度和阻尼系数。同时，进一步推导简化的摆架—轴承—转子系统模型的一阶临界转速估算公式以及不平衡力载荷作用在摆架上的力放大系数估算公式。这些公式对于第 2 章中的摆架疲劳寿命估算非常有用，下面即详细给出相关公式。

如图 3-3(a)所示，在忽略摆架和滑动轴承动特性系数的交叉项时，可以将摆架—轴承—转子模型简化为图 3-3(b)中的两自由度模型(x、y 方向各一个，这里以 y 方向为例)。进一步，建立图 3-3(b)中两自由度模型的运动方程和图 3-3(c)中的单自由度模型的运动方程，经过等价处理就可以得到图 3-3(c)中等效模型的等效刚度系数 k_{eqyy} 和等效阻尼系数 c_{eqyy}：

$$k_{\mathrm{eq}yy}=\frac{\hat{k}_{Syy}k_{yy}(\hat{k}_{Syy}+k_{yy})+\Omega^2(k_{yy}c_{Syy}^2+\hat{k}_{Syy}c_{yy}^2)}{(\hat{k}_{Syy}+k_{yy})^2+\Omega^2(c_{Syy}+c_{yy})^2} \tag{3-26}$$

$$c_{\mathrm{eq}yy}=\frac{k_{yy}^2c_{Syy}+\hat{k}_{Syy}^2c_{yy}+\Omega^2c_{Syy}c_{yy}(c_{Syy}+c_{yy})}{(\hat{k}_{Syy}+k_{yy})^2+\Omega^2(c_{Syy}+c_{yy})^2} \tag{3-27}$$

其中，

$$\hat{k}_{Syy}=\sqrt{Z_{Syy}^2-(c_{Syy}\Omega)^2} \tag{3-28}$$

式中，k_{yy} 和 c_{yy} 分别是滑动轴承 y 方向上的刚度系数和阻尼系数；Z_{Syy} 是摆架系统 y 方向上的试验动刚度幅值；c_{Syy} 是摆架 y 方向上的阻尼系数，可从试验动刚度的幅值和相位中求出，这里取 10% 的临界阻尼作为近似；x 方向上的 $k_{\mathrm{eq}xx}$ 和 $c_{\mathrm{eq}xx}$ 公式与式(3-26)和式(3-27)形式一致，只需将下标 y 改为 x 即可。

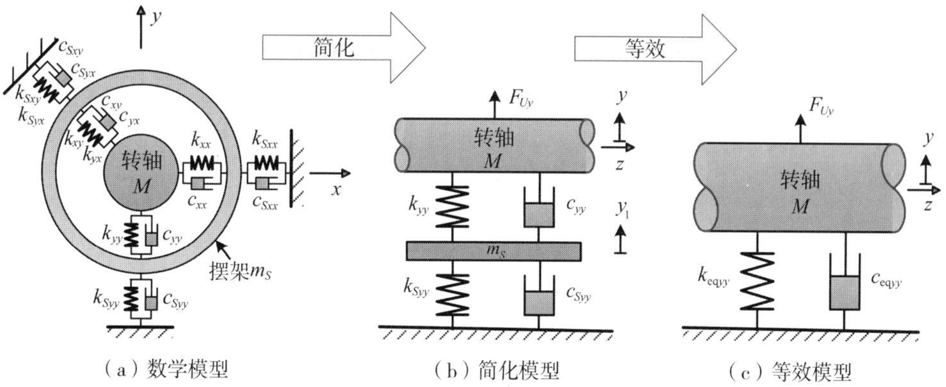

图 3-3　摆架—轴承—转子模型

可见，简化等效后的摆架—轴承系统相当于两个互不耦合的单自由度模型。若以质量块处理转子，可得简化的摆架—轴承—转子系统在不平衡量作用下的运动方程：

$$\begin{cases}M\ddot{x}+c_{\mathrm{eq}xx}\dot{x}+k_{\mathrm{eq}xx}x=U\Omega^2\cos(\Omega t+\varphi)\\ M\ddot{y}+c_{\mathrm{eq}yy}\dot{y}+k_{\mathrm{eq}yy}y=U\Omega^2\sin(\Omega t+\varphi)\end{cases} \tag{3-29}$$

式中，M 为被平衡转子质量的一半；U 为不平衡量大小的一半。

由式(3-29)可以简单地估算摆架—转子系统的临界转速、稳态解以及共振区的力放大系数。下面以 y 方向为例，给出系统临界转速 Ω_{cr}、不平衡力下自由度 y 和自由度 y_1 上的位移幅频响应 $Y(\Omega)$ 和 $Y_1(\Omega)$ 以及传递力幅频响应 $F_{Sy}(\Omega)$ 和在共振时的不平衡力作用在摆架上的力放大系数 $\bar{F}_{Sy}(\Omega)$。

类似坎贝尔图求临界转速，临界转速 Ω_{cr} 由频率线和激励线交点决定：

$$\begin{cases}\omega=\Omega, & \text{激励线}\\ \omega=\sqrt{k_{\mathrm{eq}yy}(\Omega)/M}, & \text{频率线}\end{cases} \tag{3-30}$$

设图 3-3(b)中自由度 y 和 y_1 的稳态解分别为

$$y=Y\mathrm{e}^{\mathrm{i}(\Omega t+\varphi_y)},\ y_1=Y_1\mathrm{e}^{\mathrm{i}(\Omega t+\varphi_{y_1})} \tag{3-31}$$

式中，Y 和 Y_1 是幅值；φ_y 和 φ_{y_1} 是相位。将 y 代入式(3-29)中并结合 y 和 y_1 的关系，可得幅频响应公式为

$$Y(\Omega)=\frac{U\Omega^2}{\sqrt{(k_{\mathrm{eq}yy}-M\Omega^2)^2+(c_{\mathrm{eq}yy}\Omega)^2}} \tag{3-32}$$

$$Y_1(\Omega)=\frac{\sqrt{k_{yy}^2+(c_{yy}\Omega)^2}}{\sqrt{(\hat{k}_{Syy}+k_{yy})^2+\Omega^2\ (c_{Syy}+c_{yy})^2}}\cdot Y(\Omega) \tag{3-33}$$

进一步,在已知 y_1 以及摆架被动刚度和阻尼表示的情况下,作用在摆架上的力的稳态解可表达为

$$f_{sy}=F_{sy}\mathrm{e}^{\mathrm{i}(\Omega t+\theta_{sy})} \tag{3-34}$$

式中,F_{sy} 为幅值;θ_{sy} 为相位。F_{sy} 的表达式为

$$F_{sy}(\Omega)=\sqrt{\hat{k}_{syy}^2+(c_{sy}\Omega)^2}\cdot Y_1(\Omega) \tag{3-35}$$

若以不平衡力 $F_u=U\Omega^2$ 无量纲化 F_{Sy},即 $\bar{F}_{Sy}=F_{Sy}/F_u$,则有

$$\bar{F}_{Sy}(\Omega)=\frac{\sqrt{k_{yy}^2+(c_{yy}\Omega)^2}}{\sqrt{(\hat{k}_{Syy}+k_{yy})^2+\Omega^2\ (c_{Syy}+c_{yy})^2}}\cdot\frac{\sqrt{\left(\frac{\omega_{Syn}}{\omega_{yn}}\right)^4+\left(2\xi_S\frac{\omega_{Syn}}{\omega_{yn}}\lambda\right)^2}}{\sqrt{(1-\lambda^2)^2+(2\xi\lambda)^2}} \tag{3-36}$$

式中,$\lambda=\Omega/\omega_{yn}$;$\omega_{yn}=\sqrt{k_{\mathrm{eq}yy}/M}$;$\xi=c_{\mathrm{eq}yy}/(2\sqrt{Mk_{\mathrm{eq}yy}})$;$\omega_{Syn}=\sqrt{\hat{k}_{Syy}/M}$;$\xi_S=c_{Syy}/(2\sqrt{M\hat{k}_{Syy}})$。当 $\lambda=1$ 时,即得到任意转速下发生共振时的不平衡力放大系数:

$$\alpha(\Omega)=\frac{\sqrt{k_{yy}^2+(c_{yy}\Omega)^2}}{\sqrt{(\hat{k}_{Syy}+k_{yy})^2+\Omega^2\ (c_{Syy}+c_{yy})^2}}\cdot\frac{\sqrt{\left(\frac{\omega_{Syn}}{\omega_{yn}}\right)^4+\left(2\xi_S\frac{\omega_{Syn}}{\omega_{yn}}\right)^2}}{2\xi} \tag{3-37}$$

在估算动平衡机摆架的疲劳寿命时,常关心的是被平衡转子是否穿过共振频率(即临界转速),因为此时的摆架交变应力状态最可能超出疲劳强度极限,并造成摆架的疲劳损伤。根据式(3-30)和式(3-37)可依次估算出系统共振频率和转子不平衡力在共振时的放大系数,进一步按照上一章 2.6.2 节中式(2-8)可估算出过临界转速时摆架危险部位的交变应力幅值,之后即可按照应力疲劳寿命算法初步计算出摆架—转子系统中摆架的疲劳寿命。

3.6 工程算例

3.6.1 高速动平衡机摆架的等效特性系数与不平衡力放大系数估算

取高速动平衡机摆架的水平和垂直试验动刚度曲线 $Z_{xx}(\Omega)$ 和 $Z_{yy}(\Omega)$ 并用多项式拟合。由于本例仅考虑轴承座水平移动振型和垂直移动振型对动刚度的影响,因而曲线拟合时忽略其他振型对动刚度的影响,可得拟合动刚度曲线如图 3-4 所示。本例假设轴承特性系数不随转子转速变化,即取为常量 $k_{xx}=k_{yy}=1\mathrm{e}9$ N/m,$c_{xx}=c_{yy}=5\mathrm{e}4$ N·s·m^{-1}。按照式(3-26)、式(3-27)和式(3-28)可计算得到摆架—轴承部分的等效刚度 k_{eq} 和等效阻尼 k_{eq},如图 3-5 所示。

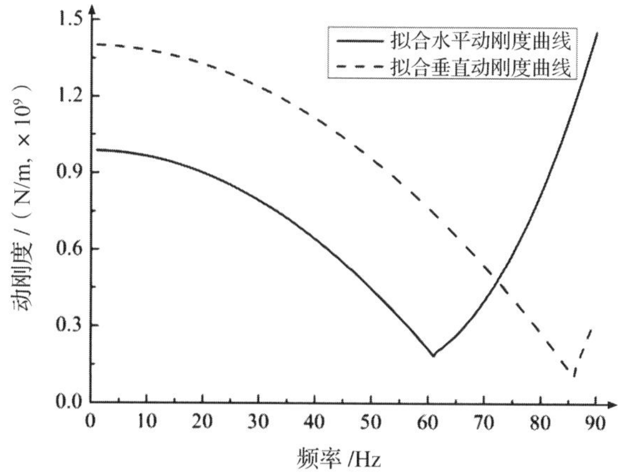

图 3-4　某型高速动平衡机摆架的拟合水平和垂直动刚度曲线

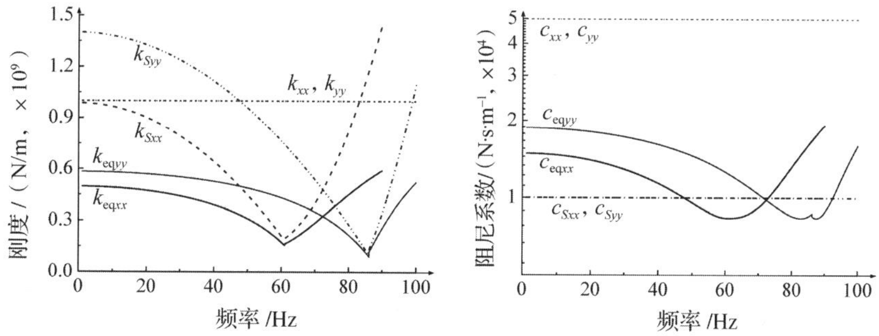

（a）等效刚度系数　　（b）等效阻尼系数

图 3-5　摆架和轴承共同贡献的特性系数

进一步，按照式(3-30)并分别取转子质量 M 为 2.0 t、3.0 t、5.0 t、15.0 t、22.7 t、67.0 t、105 t 和 260 t，可初步估算各个吨位转子的一阶共振频率，亦即一阶临界转速，如图 3-6 中交点位置所示。从图中可以看到，随着转子质量的增加，相应的固有频率曲线与激励线相交位置处的转速也越低，即一阶临界转速降低。另外，在转子质量小于一定值时，如 2.0 t 的转子，其在 x 方向上的频率线与激励线并不存在交点，亦即转子系统不发生共振。不过，2.0 t 的转子系统在摆架 x 方向上的共振频率处确会发生小幅的振动放大，只是此时的振动放大是纯粹由摆架共振引起的，这一点可以从图 3-7(a)中的 2.0 t 的放大系数曲线中看出。图 3-7 和图 3-8 分别是依据式(3-36)和式(3-37)绘制的。从图 3-7 中作用在摆架上的不平衡力幅值放大系数曲线中可以明显看到，在各共振频率处放大系数达到峰值，且峰值大小随转子质量减小而变小，这一点可以从图 3-8 中共振时的不平衡力幅值放大系数曲线中得以确认。

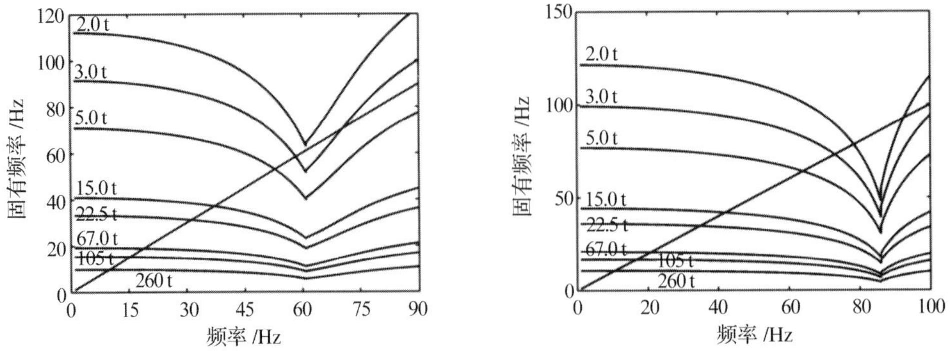

（a）*x*方向　（b）*y*方向

图 3-6　系统共振频率

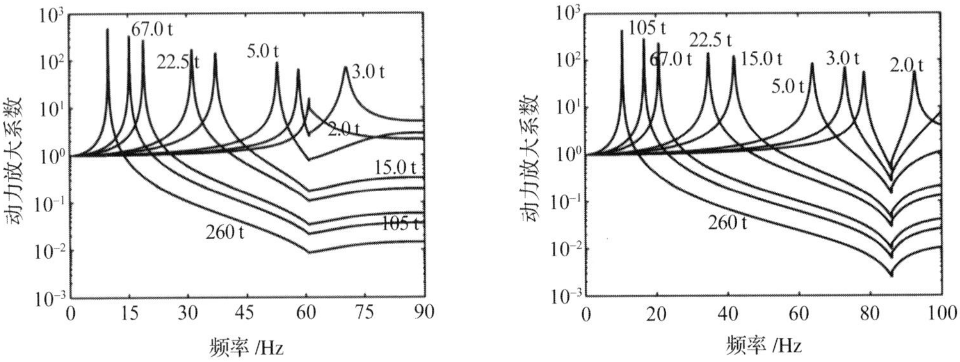

（a）*x*方向　（b）*y*方向

图 3-7　作用在摆架上的不平衡力幅值放大系数

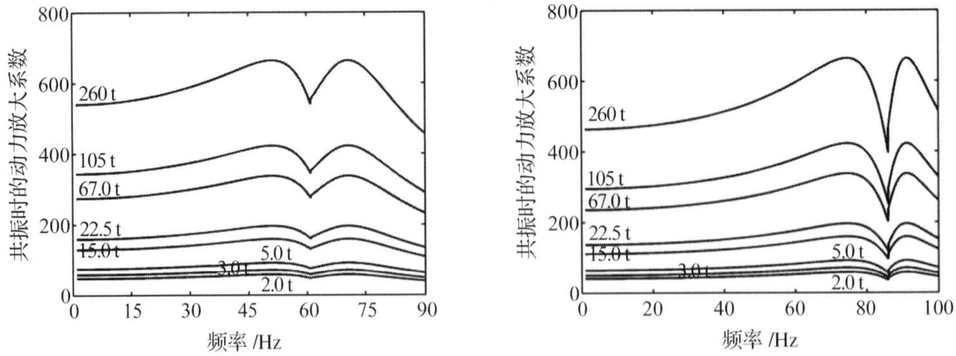

（a）*x*方向　（b）*y*方向

图 3-8 共振时的不平衡力幅值动力放大系数

3.6.2　某 50 MW 汽轮机转子动平衡系统的动力学与响应敏感度计算

如图 3-9 所示为某 50 MW 汽轮机转子，共 19 级。当其在高速动平衡机上做动平衡试验时，将与动平衡机摆架一起组成摆架—转子动平衡系统，平衡转速取为3000 r/min。其中，转子材料为 30Cr1Mo1V，密度 7850 kg/m³，弹性模量 2.06E11 Pa，泊松比 0.3；转子全长 6.36 m，转轴是空心的，内径为 ϕ100 mm，与摆架轴承座相连的两端轴颈的外径分别为 ϕ300 mm 和 ϕ325 mm，两轴承支承间距为 4.95 m；转轴上的叶轮和叶片被简化为刚性的圆盘，各自用质量和转动惯量表示；总质量约为 19 t。转子部件最终被离散成具有 31 个节点、30 个梁单元和 19 个质量圆盘的有限元模型。摆架和轴承部分采用 3.6.1 节算例中等效的动特性系数 k_{eqxx}、k_{eqyy}、c_{eqxx} 和 c_{eqyy}（图 3-5）。

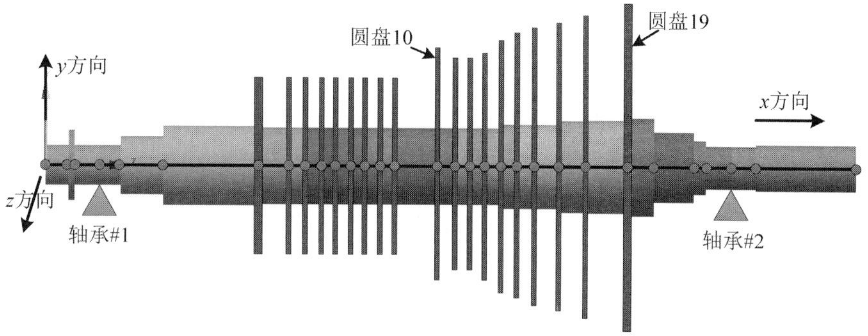

图 3-9 某 50 MW 汽轮机中压转子模型

1. 模态分析、坎贝尔图与临界转速

表 3-1 给出了几种运行转速下转子动平衡系统的前 8 阶特征值，共 4 对，如第 1 和 2 阶分别是振型 1[即圆柱振型，图 3-10(a)]的反涡动(backward whirling，BW)和正涡动(forward whirling，FW)特征值，分别记为 1BW 和 2FW。其他类似，且依次对应振型 2[即圆锥振型，图 3-10(b)]、振型 3[图 3-10(c)]和振型 4[图 3-10(d)]。可以看到，表中特征值实部都是负值，说明在给出的运行转速下转子动平衡系统的前 4 阶振型都是稳定振型。不过，相对于固有频率，特征值的实部是比较小的，造成相应的对数衰减率也比较小，这说明该转子动平衡系统的稳定裕度还是比较低的。

表 3-1 不同运行转速下转子动平衡系统的特征值

特征值阶数	运行转速/(r/min)				
	1000	2000	3000	4000	5000
1BW	−0.200±j25.899	−0.196±j25.104	−0.201±j22.824	−0.220±j20.798	−0.268±j17.745
2FW	−0.212±j27.040	−0.208±j26.721	−0.201±j26.003	−0.196±j24.309	−0.204±j26.122
3BW	−1.772±j60.066	−1.589±j56.982	−1.308±j49.503	−1.224±j43.524	−1.283±j36.144
4FW	−2.164±j64.834	−2.032±j63.658	−1.805±j60.877	−1.485±j55.073	−1.869±j61.412
5BW	−2.669±j107.116	−2.463±j104.537	−2.074±j98.391	−1.953±j93.697	−1.916±j89.104
6FW	−3.084±j111.079	−2.912±j110.067	−2.631±j107.796	−2.170±j103.184	−2.673±j108.491
7BW	−1.989±j162.669	−1.641±j161.384	−1.116±j159.031	−0.898±j157.552	−0.808±j156.379
8FW	−2.754±j164.972	−2.517±j164.526	−2.083±j163.347	−1.488±j161.302	−2.213±j163.822

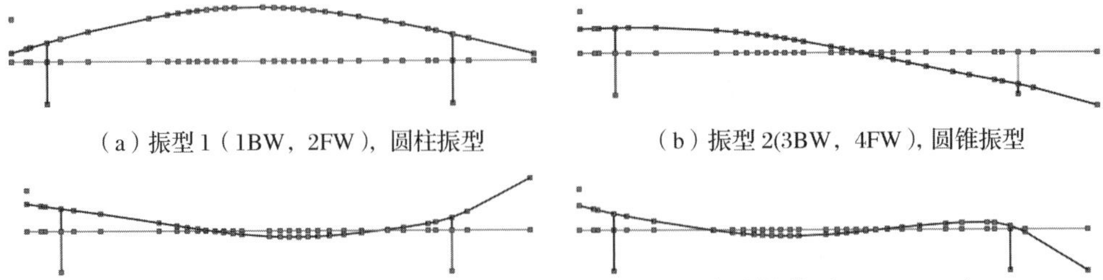

(a)振型 1(1BW，2FW)，圆柱振型　　(b)振型 2(3BW，4FW)，圆锥振型

(c)振型 3(5BW，6FW)　　(d)振型 4(7BW，8FW)

图 3-10　转子动平衡系统的固有振型

进一步，对 50 MW 汽轮机转子动平衡系统做坎贝尔图分析，如图 3-11 所示。可以看到，在工作范围内转子动平衡系统前 8 阶模态的特征值实部[图 3-11(b)]均为负值，即各模态振型处于稳定状态，但稳定裕度都比较小。由图 3-11(a)中激励直线与固有频率间的交点可以得到系统的前 4 阶临界转速，列在表 3-2 中。为了对照摆架—轴承的真实基础特性对转子动平衡系统特性的影响，图 3-12 给出了以恒定基础特性(即特性不随转速频率变化，这里直接取为前面轴承的刚度阻尼系数，$k_{xx}=k_{yy}=1e9$ N/m，$c_{xx}=c_{yy}=5e4$ N・s・m^{-1})计算的相应转子动平衡系统的坎贝尔图。对比两种结果可以发现，摆架的基础特性对结果影响非常大。无论是固有频率的频率曲线还是特征值实部的变化曲线都明显受到了摆架特性变化的影响，而且正涡动曲线与反涡动曲线受影响的部位不同。这说明在高速动平衡机中考虑摆架基础特性的重要性。

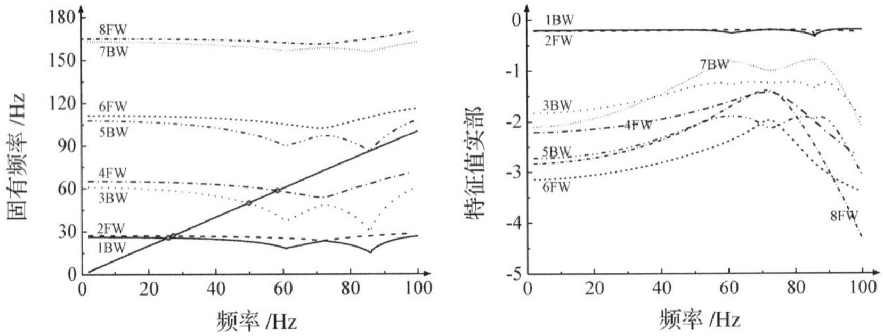

(a)　　(b)

图 3-11　50 MW 汽轮机转子动平衡系统的坎贝尔图

表 3-2　50MW 汽轮机转子动平衡系统的临界转速　　(单位：r/min)

临界转速阶数	坎贝尔图法		直接求解法	
	恒定基础特性	真实基础特性	恒定基础特性	50 Hz 基础特性
1BW	29.8381	25.5723	29.8379	22.8299
2FW	30.2968	26.8782	30.2965	26.0081
3BW	77.6676	49.7086	77.6681	49.5096
4FW	83.8825	58.3642	83.8815	61.0177

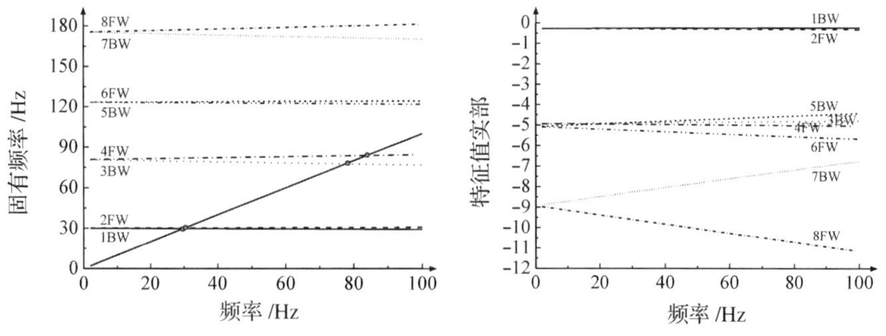

（a）　　（b）

图 3-12　以恒定基础特性计算的转子动平衡系统的坎贝尔图

另外，由图 3-12(a)中交点得到的临界转速也列于表 3-2 中。此外，还用式(3-19)直接求出了 50 Hz 基础特性和恒定基础特性时的系统临界转速，亦分列于表 3-2 中。可以看到，恒定基础特性时坎贝尔图法和直接求解法的结果比较一致，说明直接求解法的有效性，也证明系统阻尼项对转子系统临界转速的影响还是比较小的。但直接求解法是不容易考虑变化的基础特性的，如表中给出的 50 Hz 基础特性时的临界转速与真实基础特性的差别还是比较大的。不过，可以验证当所取的基础特性值是某阶临界转速频率下的特性值时，用直接求解法求取的在该阶上的临界转速结果是与真实基础特性的结果一致的。

2. 不平衡激励下的幅频响应分析

取 50 MW 汽轮机转子的不平衡度 ε＝0.01 mm，而转子质量约为 19 t，故转子不平衡量 U 为 0.19 kg・m。将其作用在圆盘 10 位置上，并求解转子动平衡系统在该不平衡激励下的不平衡响应。仍然分为真实基础特性和恒定基础特性两种情况求解，如图 3-13 所示。可以看到，不平衡响应的幅频特性受摆架特性的影响很明显。

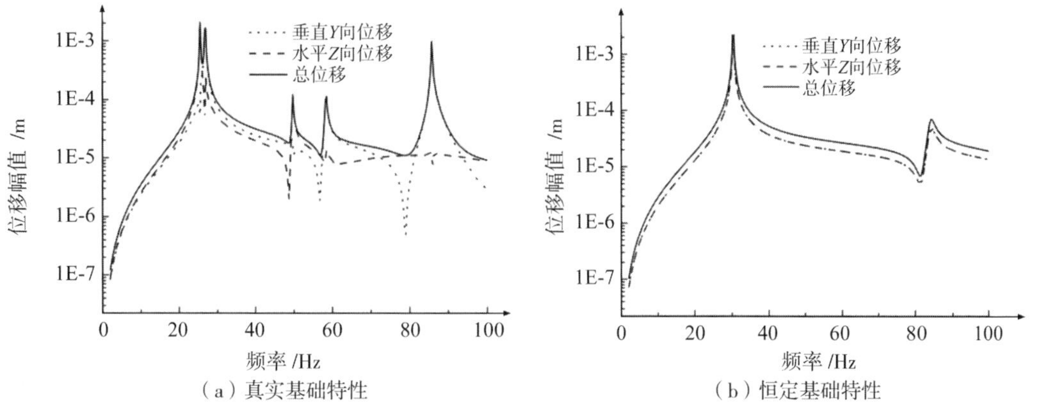

（a）真实基础特性　　（b）恒定基础特性

图 3-13　转子动平衡系统的位移幅频特性曲线

3. 不平衡激励下的加速瞬态响应分析

设 10 s 内将 50 MW 汽轮机转子由 0 r/min 线性加速至平衡转速 3000 r/min，其中，转速的线性变化规律为 $\dot{\theta}=31.4t$ (rad/s)。图 3-14 和图 3-15 分别给出了恒定基础特性和真实基础特性下转子动平衡系统的加速瞬态响应时程。可以看到,受到真实基础特性的影响,系统的总位移波动比较剧烈。同时,对比图 3-13 中不平衡响应的幅频特性曲线可知,真实基础特性下的瞬态响应时程分别到达水平 Z 向位移峰值时刻和垂直 Y 向位移峰值时刻的先后次序与幅频特性中的是一致的,对应的幅值波动规律也比较一致。

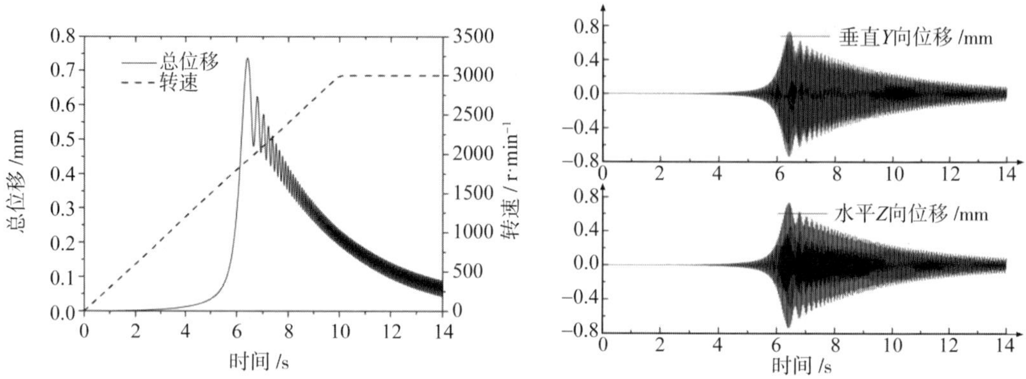

(a) 总位移与转速　　(b) 水平向和垂直向的位移

图 3-14　恒定基础特性时转子动平衡系统的加速瞬态响应时程

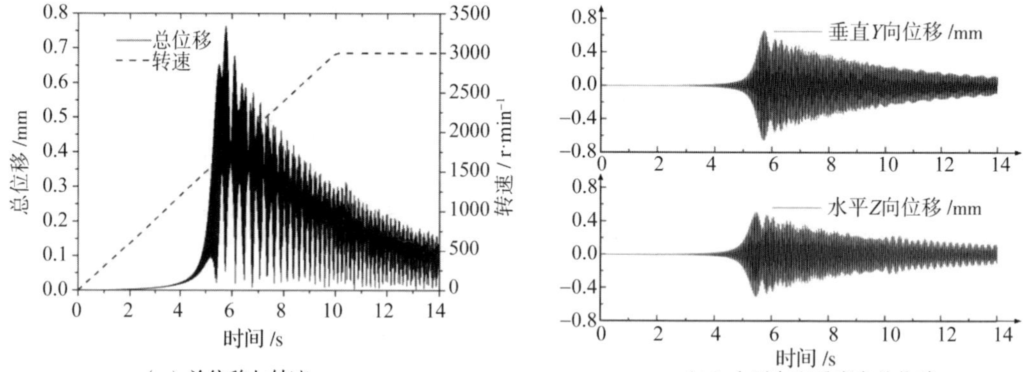

(a) 总位移与转速　　(b) 水平向和垂直向的位移

图 3-15　真实基础特性时转子动平衡系统的加速瞬态响应时程

4. 第一阶特征值的敏感性分析

研究 50 Hz 基础特性下 50 MW 汽轮机转子动平衡系统第一阶特征值的敏感性。设参数 p 的均值为 $\bar{p}$,计算定义参数 p 在$[0.7\bar{p}, 1.3\bar{p}]$范围内第一阶特征值(1BW,包括特征值实部以及由虚部计算的固有频率)及其一阶导数的变化情况。其中,粗实线为一阶特征值变化曲线,细实线为基于直接微分法求得的一阶导数,虚线为基于向前差分法(取 $\Delta p=0.01\bar{p}$)求得的一阶导数。图 3-16 至图 3-21 分别给出了转轴弹性模量 $E(\bar{E}=2.06\text{e}11\ \text{Pa})$和密度 $\rho(\bar{\rho}=7850\ \text{kg/m}^3)$、圆盘外径 $r_{D_1}(\bar{r}_{D_1}=0.575\ \text{m})$和密度 $\rho_D(\bar{\rho}_D=7850\ \text{kg/m}^3)$、轴承主刚度特性系数 $k_{yy}(\bar{k}_{yy}=4.890\text{e}8\ \text{N/m})$和 $k_{zz}(\bar{k}_{yy}=3.096\text{e}8\ \text{N/m})$时的结果。

可以看到，基于直接微分法求得的一阶导数信息与差分法结果比较一致。虽然直接微分法的编程任务繁重，但一旦完成其计算精度和计算效率都优于差分法。从特征值随参数的变化情况来看，像转轴弹性模量、轴承主刚度系数等偏向刚度的参数的增加都会引起系统一阶固有频率的增大，而像转轴密度、圆盘外径和密度等偏向质量项的参数的增加则会导致系统一阶固有频率的减小。

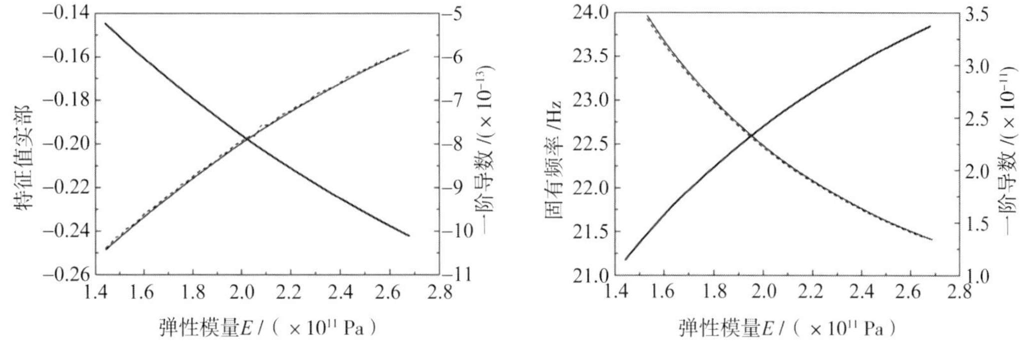

（a）特征值实部　　（b）固有频率

图 3-16　随转轴弹性模量 E 变化的一阶特征值及其偏导数

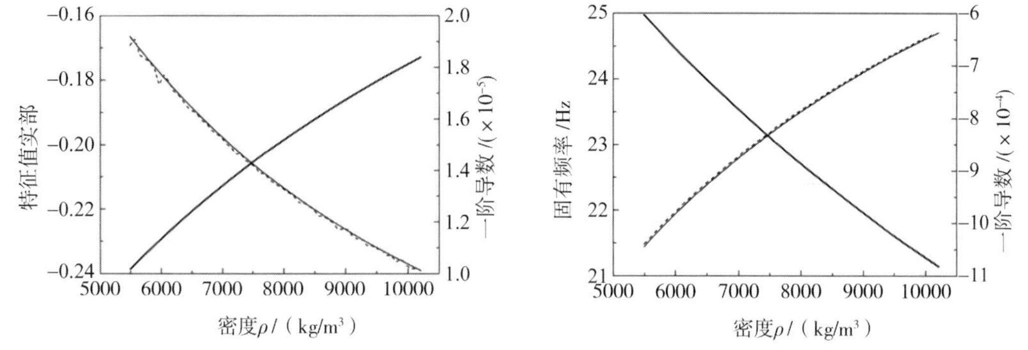

（a）特征值实部　　（b）固有频率

图 3-17　随转轴密度 ρ 变化的一阶特征值及其偏导数

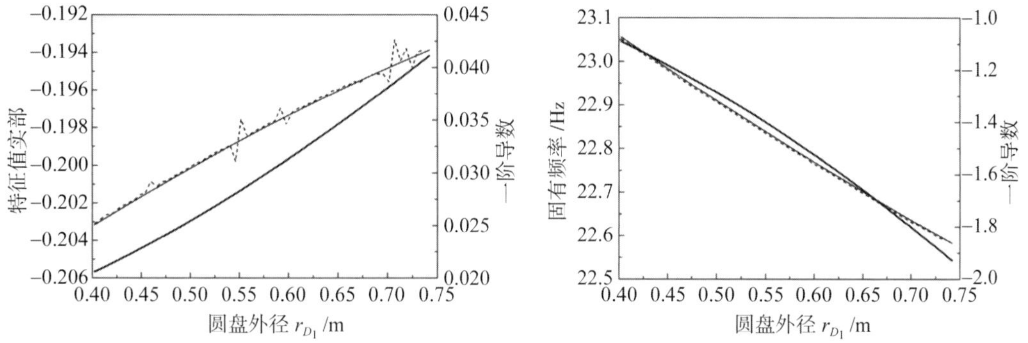

（a）特征值实部　　（b）固有频率

图 3-18　随圆盘外径 r_{D_1} 变化的一阶特征值及其偏导数

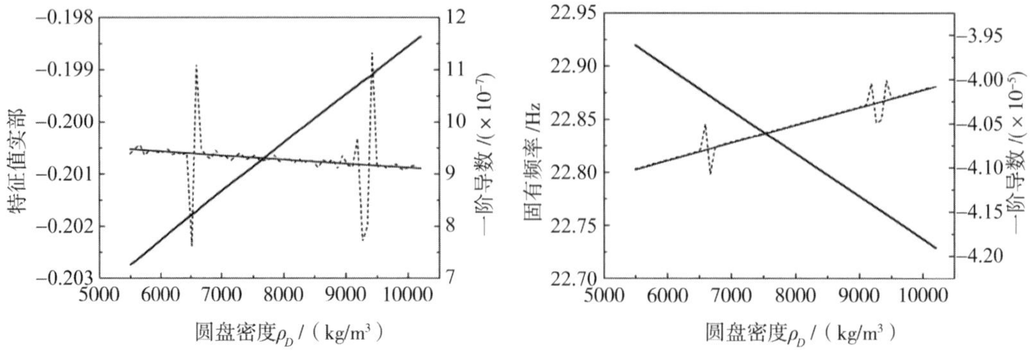

（a）特征值实部　　（b）固有频率

图 3-19　随圆盘密度 ρ_D 变化的一阶特征值及其偏导数

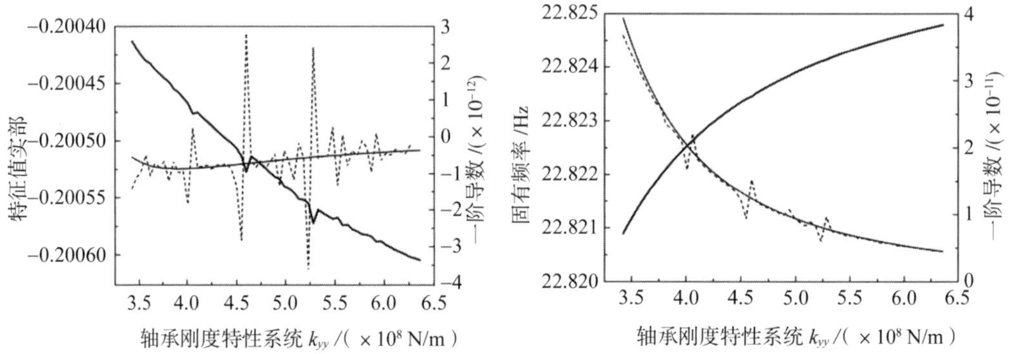

（a）特征值实部　　（b）固有频率

图 3-20　随轴承刚度参数 k_{yy} 变化的一阶特征值及其偏导数

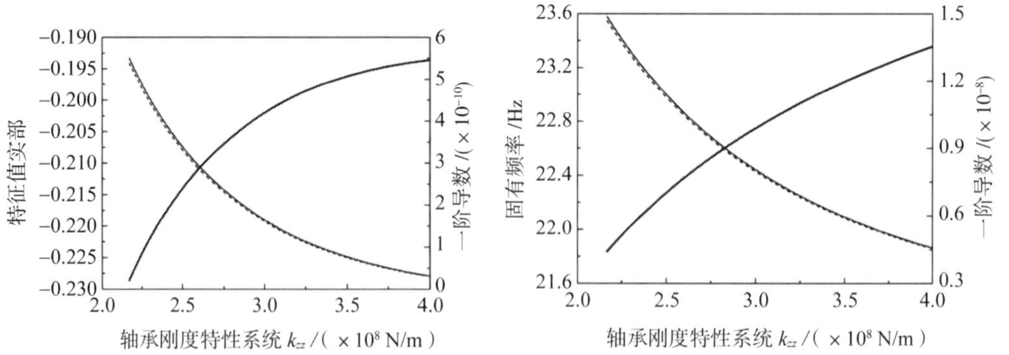

（a）特征值实部　　（b）固有频率

图 3-21　随轴承刚度参数 k_{zz} 变化的一阶特征值及其偏导数

3.7　本章小结

本章讨论了高速动平衡机的梁元有限元建模理论、摆架—轴承部分的等效刚度阻尼系数计算以及系统特征值响应的敏感性计算问题，主要包括：

(1)基于转子系统梁元有限元理论建立了高速动平衡机的有限元方程，全面分析了模型中涉及的定义参数，并给出了模态频率和临界转速对定义参数敏感性的直接微分法求解公式，以及相应方程系数矩阵对定义参数直接微分的层次关系。

(2)给出了忽略交叉特性影响时的摆架—轴承部分的等效刚度和阻尼系数公式，并在此基础上推导了简化的摆架—轴承—转子系统模型的一阶临界转速估算公式以及不平衡力载荷作用在摆架上的力放大系数估算公式。这些公式在第 2 章中的摆架疲劳寿命估算中非常有用。工程算例表明，估算的一阶临界转速随转子吨位的增大而降低，不平衡力放大系数会随着吨位的增大而升高。

(3)以工程算例的形式分析了某 50 MW 汽轮机转子动平衡系统的动力学性能和一阶特征值响应的敏感性，可以看到该动平衡转子系统的稳定裕度整体上比较低，而且摆架—轴承基础特性对系统动力性能(如坎贝尔图、临界转速、不平衡稳态响应、不平衡加速瞬态响应等)的影响也都比较大，在实际应用中应当予以考虑。另外，还采用直接积分法计算了一阶特征值对系统定义参数的敏感性，并与差分法做了对比。可以发现，两种方法的结果是比较一致的，这也同时验证了直接微分法程序编制的正确性。

其中，转子系统在工作转速下的稳定裕度将在后续高速动平衡机随机可靠性分析中作为一种失效模式进行讨论；而高速动平衡机的临界转速和不平衡稳态响应也将在后续基于谱方法的高速动平衡机的随机不确定性分析中进行讨论。

第 4 章 考虑相关性的 Rackwitz-Fiessler 随机空间变换方法

4.1 引　言

第 2、3 章从确定性角度研究了高速动平衡机的静动力学性能,实现了输入量与性能响应量间的模型函数建立。不过高速动平衡机中总是存在着各种各样的不确定因素,这些不确定因素可能来源于动平衡机的周围环境、工作荷载、几何和材料属性、人为因素等多个方面。当从随机可靠性角度评价高速动平衡机械装备的性能时,就需要首先把这些不确定因素当作随机量在模型函数中进行表征。在高速动平衡机的数学模型中,用于定义模型的各种设计参数,如圆盘、转轴、轴承、摆架支承等部件的各种几何参数、材料参数和属性参数,均可以作为随机因素在模型中考虑。这些随机因素可以是随机变量、随机场和随机过程。由于后两者总可以用适当的方法近似为多个随机变量的情况,因此本章仅考虑用随机变量描述随机因素的情况,而有关随机场和随机过程的处理将在第 7 章中讨论。

高速动平衡机中的随机变量分布类型并不局限于正态(Gaussian)分布,还可以是对数分布、均匀分布、极值分布等任意其他类型,而且变量间还可能存在相关性。然而,一些常用的可靠度计算方法往往要求涉及的随机向量类型必须是正态随机向量。例如,由 Hasofer 和 Lind[58] 提出的一次近似可靠度计算方法就要求涉及的随机因素是独立的正态随机向量。这是因为正态随机空间中的最可能失效点有着明确的几何意义(见第 6 章)。而在基于谱方法的随机不确定性分析中,同样也需要将模型中的随机因素转换成指定类型的随机变量(见第 7 章)。此外,高速动平衡机还属于小样本高可靠性设备,难以得到输入随机向量的联合概率密度函数,多是已知随机变量的边缘分布函数以及变量间的相关系数等部分信息,从而也会增加正确变换随机因素的难度。因而,在有限的概率信息情况下,寻求将随机变量由当前物理随机空间变换至目标随机空间的方法,对确保高速动平衡机的随机可靠性分析结果的可信性就显得非常重要。

Rackwitz-Fiessler(R-F)方法是当前可靠性规范中最常用的随机空间变换方法,在使用时只需已知随机量的边缘分布函数和线性相关系数即可,比较适合高速动平衡机中随机因素的情况。不过,当前人们在 R-F 方法的使用和理解上还缺乏全面的认识,尤其是在 R-F 方法的相关性处理方面。为此,本章和下一章将致力于完善和改进用于高速动平衡机随机因素空间变换的 R-F 方法[196-199]。下面在简单引出传统 R-F 方法后,将着重从新的角度对这种方法进行再讨论，尤其是对 R-F 方法中相关性变化情况给予了清晰的阐述，并提出了增强 R-F 方法。最后还将增强 R-F 法从计算量、计算效率以及结果的正确性等方面与 Nataf 变换方法（本文称 Nataf-Pearson 方法，N-P 方法）进行了对比。本章得到的结论也将为第 5 章中 R-F 方法的进一步改进和广义化提供理论基础。

4.2 随机空间变换及其 Rackwitz-Fiessler 方法

总结已有的随机空间变换方法可以发现，它们主要包括两方面的内容：一是实现具有任意随机分布类型的随机向量由物理 X 空间到目标 U 空间的变换映射；二是确定随机空间变换前后随机向量 $\boldsymbol{X}$ 和 $\boldsymbol{U}$ 间相关性的关系。基于此，我们将随机空间变换方法统一地表达为如下两式：

$$\boldsymbol{U}=T(\boldsymbol{X}) \tag{4-1}$$

$$\boldsymbol{R}_U=H(\boldsymbol{R}_X) \tag{4-2}$$

式中，$\boldsymbol{X}$ 是不确定问题中各随机因素组成的随机向量。这些随机量是现实中实实在在存在的随机因素，因而由它们组成的向量 $\boldsymbol{X}$ 被称为物理随机向量，并称其张成的随机空间为物理 X 空间。$\boldsymbol{X}$ 的元素可以是具有任意分布类型的随机变量 X_i，$i=1, \cdots, n$；$\boldsymbol{U}$ 是目标随机向量，张成目标 U 空间；$T(\cdot)$是空间变换函数，是由 Range($\boldsymbol{X}$)到 Range($\boldsymbol{U}$)的微分同胚映射；$\boldsymbol{R}_X$ 和 $\boldsymbol{R}_U$ 分别是描述向量 $\boldsymbol{X}$ 和 $\boldsymbol{U}$ 相关性的系数矩阵；$H(\cdot)$是相关性变换函数，代表矩阵 $\boldsymbol{R}_X$ 和 $\boldsymbol{R}_U$ 之间的变化关系。

早期人们多考虑独立情况下的随机量变换，如当量正态化法（又称 JC 法）[45-46]、等概率边缘映射变换法[47]、实用分析法[47]等属于这一类。后来随机变量间的相关性开始受到重视，于是就有了诸如 Rosenblatt 变换法[51]、正交变换法[47]、广义随机空间分析法[48]以及 Nataf 变换法[49-50]等随机空间变换方法的提出和应用。其中，最常采用的方法是 Rackwitz-Fiessler 方法、Nataf 变换方法和 Rosenblatt 变换法。三种方法中，Rosenblatt 变换法是理论基础最完善的一种方法，但它需要已知向量 $\boldsymbol{X}$ 的联合累积分布函数信息，这一点在实际中通常是无法满足的，尤其是对于小样本高可靠性的高速动平衡机设备。因而工程中更偏向于采用前两种方法，它们只需已知向量 $\boldsymbol{X}$ 的边缘分布函数和相关系数即可实现随机空间变换。Nataf 变换法可看作等概率边缘映射变换法和正交变换法的结合。它是 Der Kiureghian 和 Liu 首先提出的，并基于 Nataf 分布和 Pearson 线性相关系数得到了变量相关系数变化的计算公式。Rackwitz-Fiessler 方法可看作当量正态化方法、变量标准化方法和正交变换方法的结合。Rackwitz 和 Fiessler 首先提出了当量正态化方法，用于处理非正态随机变量到正态变量的等效问题，后来人们结合正交变换方法处理相关性随机向量的空间变换问题，并最终形成了 Rackwitz-Fiessler 方法。事实上，Rackwitz-Fiessler 方法在工程中更为常用，因为最早的当量正态化方法被国际安全度联合委员会(JCSS)所推荐，且当前许多结构可靠度设计规范也都采用了 R-F 方法计算可靠度。上述 3 种方法的目标变换空间都是独立标准正态空间，这也是一些常用可靠度算法所要求的随机空间。例如，Hasofer 和 Lind 提出的基于最可能失效点的一次可靠度方法，就要求是独立标准正态 U 空间，即空间中所有变量都是标准正态变量 $U_i \sim N(0, 1)$，

$i=1, \cdots, n$,且 Pearson 线性相关系数矩阵$\boldsymbol{R}_U^P$ 为单位阵$\boldsymbol{I}_n$。

下面给出传统 R-F 方法中的一些基本概念和公式。另外,为了方便与 Nataf 变换做对比,也同样简单介绍了 Nataf-Pearson(N-P)法。

传统 R-F 方法中最关键的部分是当量正态化原理,亦称 R-F 条件。如图 4-1 所示,通过在最可能失效点 x_i^* 处令非正态变量与等效正态变量的累积分布函数值相等以及概率密度函数值相等,即可得到表达 R-F 条件的两个公式:

$$F_{X_i}(x_i)\big|_{x_i=x_i^*}=F_{Z_i}(z_i)\big|_{z_i=x_i^*}=\Phi\left(\frac{z_i-\mu_{Z_i}}{\sigma_{Z_i}}\right)\Bigg|_{z_i=x_i^*} \tag{4-3}$$

$$f_{X_i}(x_i)\big|_{x_i=x_i^*}=f_{Z_i}(z_i)\big|_{z_i=x_i^*}=\frac{1}{\sigma_{Z_i}}\phi\left(\frac{z_i-\mu_{Z_i}}{\sigma_{Z_i}}\right)\Bigg|_{z_i=x_i^*} \tag{4-4}$$

式中,$F_{X_i}(x_i)$和 $f_{X_i}(x_i)$分别是随机变量 X_i 的累计分布函数(comulative distribution function,CDF)和概率密度函数(probability density function,PDF);$F_{Z_i}(z_i)$和 $f_{Z_i}(z_i)$分别是等效正态变量 Z_i 在 x_i^* 处的 CDF 和 PDF;$\Phi(\cdot)$和 $\phi(\cdot)$分别是标准正态变量的 CDF 和 PDF。由式(4-3)和式(4-4)可计算出等效正态变量 Z_i 的两个分布参数,亦即等效正态分布 Z_i 的均值μ_{Z_i} 和标准差σ_{Z_i}:

$$\mu_{Z_i}=(z_i-\sigma_{Z_i}\Phi^{-1}[F_{X_i}(x_i)])\big|_{x_i=x_i^*,\ z_i=x_i^*} \tag{4-5}$$

$$\sigma_{Z_i}=\frac{\phi\{\Phi^{-1}[F_{X_i}(x_i)]\}}{f_{X_i}(x_i)}\Bigg|_{x_i=x_i^*} \tag{4-6}$$

由于当量正态化在每一迭代步都要执行,故式(4-5)和式(4-6)中的 x_i^* 在每个迭代步都要由相应的迭代点 $x_i^{(k)}$ 代换后求解。一旦第 k 迭代步的等效正态分布参数μ_{Z_i} 和σ_{Z_i} 被确定,与非正态变量 X_i 等效的正态变量 Z_i 也就确定了,此时即可用等效正态向量 $\boldsymbol{Z}$ 替换原物理向量 $\boldsymbol{X}$ 参与第 k 迭代步的计算任务直至第 k 步结束。

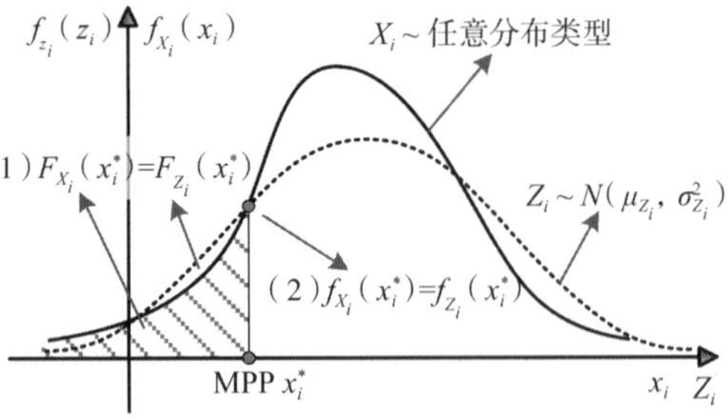

图 4-1　当量正态化原理(Rackwitz-Fiessler 条件)

前述基于 R-F 条件当量正态化的过程,可重写为如下的正逆变换形式:

T_1^{RF}:Range$(X_1)\times\cdots\times$Range$(X_n)\rightarrow\mathbb{R}^n$,即由 X 空间到 Z 空间的正变换

$$\boldsymbol{x}^{(k)}\mapsto\boldsymbol{z}^{(k)}=\boldsymbol{x}^{(k)} \tag{4-7}$$

$T_{1*}^{-1\mathrm{RF}}$:$\mathbb{R}^n\rightarrow\mathbb{R}^n$,即由 Z 空间到 X 空间的逆变换

$$\boldsymbol{z}^{(k+1)}\mapsto\boldsymbol{x}^{(k+1)}=\boldsymbol{z}^{(k+1)} \tag{4-8}$$

从计算角度来看,完成上述正逆变换的计算任务主要是按照式(4-5)和式(4-6)得到

迭代点为$\boldsymbol{x}^{(k)}$时的等效分布参数。另外，虽然 R-F 条件的正逆变换函数，即式(4-7)和式(4-8)，在公式形式上是互逆的，但实质上并非如此，至少它们的变换定义域是存在差别的。这实际上也是 R-F 方法的一个致命缺点，因为迭代点$\boldsymbol{z}^{(k+1)}$逆变换后得到的新迭代点$\boldsymbol{x}^{(k+1)}$可能并不落在向量 $\boldsymbol{X}$ 的定义域内，从而造成下一迭代步出现异常。这一缺点尤其对含有均匀分布变量的可靠性问题尤为突出，在后续的一些算例中可以得到证实。

由前述内容可知，对向量 $\boldsymbol{X}$ 的元素分别当量正态化后就得到等效正态向量 $\boldsymbol{Z}$；之后，再对向量 $\boldsymbol{Z}$ 的元素实施标准化变换又可得到标准正态向量 $\boldsymbol{Y}$，即实现由正态 Z 空间到标准正态 Y 空间的变换；最后，对向量 $\boldsymbol{Y}$ 进行正交变换得到独立标准正态向量 $\boldsymbol{U}$，实现由 Y 空间到独立标准正态 U 空间的变换。这一过程就是 Rackwitz-Fiessler 方法的正变换过程。若令$\boldsymbol{D}^{(k)}=\mathrm{diag}[\sigma_{Z_i}^{(k)}]$，那么除了式(4-5)和式(4-6)表达的当量正态化变换过程，后续的标准化变换和正交变换过程对应的正变换和逆变换公式可依次写为

$T_{2\text{-}1}^{\mathrm{RF}}:\mathbb{R}^n\to\mathbb{R}^n$，即由 Z 空间到 Y 空间的正变换

$$\boldsymbol{Z}^{(k)}\mapsto\boldsymbol{y}^{(k)}=[\boldsymbol{D}^{(k)}]^{-1}[\boldsymbol{z}^{(k)}-\boldsymbol{\mu}_Z^{(k)}] \tag{4-9}$$

$T_{2\text{-}1}^{-1\mathrm{RF}}:\mathbb{R}^n\to\mathbb{R}^n$，即由 Y 空间到 Z 空间的逆变换

$$\boldsymbol{y}^{(k+1)}\mapsto\boldsymbol{z}^{(k+1)}=\boldsymbol{D}^{(k)}\boldsymbol{y}^{(k+1)}+\boldsymbol{\mu}_Z^{(k)} \tag{4-10}$$

$T_{2\text{-}2}^{\mathrm{RF}}:\mathbb{R}^n\to\mathbb{R}^n$，即由 Y 空间到 U 空间的正变换

$$\boldsymbol{y}^{(k)}\mapsto\boldsymbol{u}^{(k)}=\boldsymbol{\Gamma}\boldsymbol{y}^{(k)} \tag{4-11}$$

$T_{2\text{-}2}^{-1\mathrm{RF}}:\mathbb{R}^n\to\mathbb{R}^n$，即由 U 空间到 Y 空间的逆变换

$$\boldsymbol{u}^{(k+1)}\mapsto\boldsymbol{y}^{(k+1)}=\boldsymbol{\Gamma}^{-1}\boldsymbol{u}^{(k+1)} \tag{4-12}$$

式中，$\boldsymbol{\Gamma}$ 是实现正态随机向量独立化的变换矩阵，通常取 $\boldsymbol{\Gamma}=\boldsymbol{L}^{-1}$，而 $\boldsymbol{L}$ 是标准正态向量 $\boldsymbol{Y}$ 的线性相关系数矩阵 $\boldsymbol{R}_0$ 在 Cholesky 分解时得到的下三角矩阵，即 $\boldsymbol{R}_0=\boldsymbol{L}\boldsymbol{L}^{\mathrm{T}}$。这样，式(4-7)、式(4-9)和式(4-11)构成 R-F 方法的正变换过程，式(4-8)、式(4-10)和式(4-12)构成 R-F 方法的逆变换过程。

另外，若将式(4-9)和式(4-11)结合，式(4-10)和式(4-12)结合，可分别得到如下两式：

$T_2^{\mathrm{RF}}=T_{2\text{-}2}^{\mathrm{RF}}\circ T_{2\text{-}1}^{\mathrm{RF}}:\mathbb{R}^n\to\mathbb{R}^n$，即由 Z 空间到 U 空间

$$\boldsymbol{z}^{(k)}\mapsto\boldsymbol{u}^{(k)}=\boldsymbol{\Gamma}[\boldsymbol{D}^{(k)}]^{-1}[\boldsymbol{Z}^{(k)}-\boldsymbol{\mu}_Z^{(k)}] \tag{4-13}$$

$T_2^{-1\mathrm{RF}}=T_{2\text{-}1}^{-1\mathrm{RF}}\circ T_{2\text{-}2}^{-1\mathrm{RF}}:\mathbb{R}^n\to\mathbb{R}^n$，即由 U 空间到 Z 空间

$$\boldsymbol{u}^{(k+1)}\mapsto\boldsymbol{Z}^{(k+1)}=\boldsymbol{D}^{(k)}\boldsymbol{\Gamma}^{-1}\boldsymbol{u}^{(k+1)}+\boldsymbol{\mu}_Z^{(k)} \tag{4-14}$$

上述两式实为正态向量仿射变换的正逆变换式。因而对于 R-F 方法，其变换函数可看成两个连续的变换过程：$T^{\mathrm{RF}}=T_2^{\mathrm{RF}}\circ T_1^{\mathrm{RF}}$，其中 T_1^{RF} 是根据 R-F 条件(当量正态化)完成的，实现由物理 X 空间到正态 Z 空间的变换，完成物理向量 $\boldsymbol{X}$ 到正态向量 $\boldsymbol{Z}$ 的等效，狭义地说这一部分即为 R-F 方法；T_2^{RF} 是根据正态向量的仿射变换完成的，实现由正态 Z 空间到独立标准正态 U 空间的变换，完成由等效正态向量 $\boldsymbol{Z}$ 到独立标准正态向量 $\boldsymbol{U}$ 的变换。图 4-2 给出了 R-F 方法所包括的变换过程，作为对比也相应地给出了 N-P 方法的变换过程。

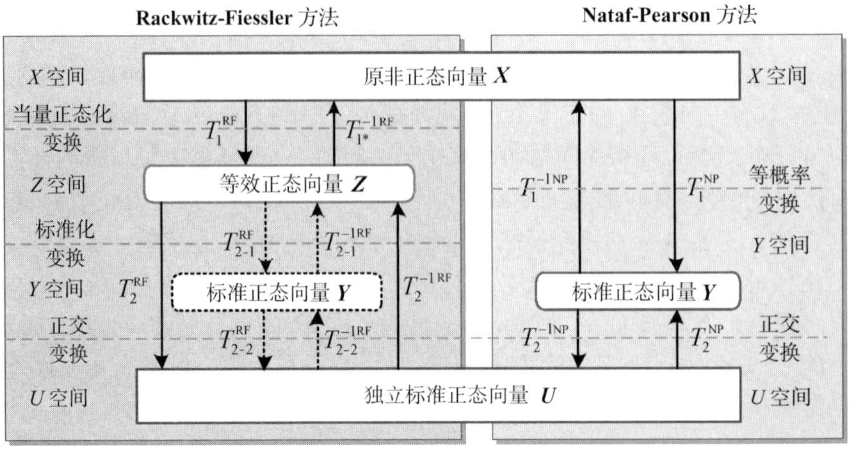

图 4-2　R-F 方法和 N-P 方法所包含的变换过程

从图 4-2 中可以看到，R-F 方法的变换过程涉及 4 个随机空间，即 X、Z、Y 和 U 空间；而 N-P 方法只涉及 3 个空间，即 X、Y 和 U 空间，没有 Z 空间，这是因为 N-P 方法通过等概率边缘映射变换法可以直接由 X 空间变换到 Y 空间。由 Y 空间到 U 空间的变换，两种方法都是基于正交变换实现的，因而 R-F 和 N-P 方法的区别主要体现在前半部分，在后面的对比中也主要是针对这一部分的对比。

从图 4-2 中可知，R-F 方法通过当量正态化过程和标准化变换过程完成了同 N-P 方法中等概率边缘映射变换过程同样的变换任务，即由 X 空间到 Y 空间的变换。在这个变换过程中两种方法的几何关系在文献[56]中已经给出，这里在图 4-3 中示意。其中，细直线是 R-F 方法经当量正态化和标准化变换后的映射关系，而粗实线为 N-P 方法的等概率边缘映射变换关系，该等概率变换公式为

$$F_{X_i}(x_i)=\Phi(y_i) \tag{4-15}$$

式中，$x_i \in \mathrm{Range}(X_i)$，$y_i \in \mathbb{R}$。这是一个非线性单调递增变换，其正逆变换式可写为

$T_1^{\mathrm{NP}}:\mathrm{Range}(X_1)\times\cdots\times\mathrm{Range}(X_n)\rightarrow\mathbb{R}^n$，即由 X 空间到 Y 空间

$$x_i \mapsto y_i=\Phi^{-1}[F_{X_i}(x_i)] \tag{4-16}$$

$T_1^{-1\mathrm{NP}}:\mathbb{R}^n\rightarrow\mathrm{Range}(X_1)\times\cdots\times\mathrm{Range}(X_n)$，即由 Y 空间到 X 空间

$$x_i=F_{X_i}^{-1}[\Phi(y_i)] \tag{4-17}$$

从图 4-3 中可以看到，第 k 迭代步时 R-F 法和 N-P 法中 X 空间与 Y 空间的映射关系函数在迭代点 $x_i^{(k)}$ 处是几何相切的。对这一几何关系的理论推导上，现有文献都是通过对式(4-16)在迭代点 $x_i^{(k)}$ 处做一次 Taylor 级数展开得到的。

从几何关系上可以看到，因为 R-F 法和 N-P 法正变换过程发生在切点$[x_i^{(k)}, y_i^{(k)}]$处，故在第 k 次迭代时，两种方法的正变换结果是一致的。另外，$x_i^{(k)}$ 经正变换后变换为 $y_i^{(k)}$，之后再执行一步 MPP 搜索算法就可得到新迭代点 $y_i^{(k+1)}$。进而经由 R-F 法和 N-P 法的 Y 空间到 X 空间的逆变换过程，可分别得到物理 X 空间中的迭代点 $x_{i\mathrm{RF}}^{(k+1)}$ 和

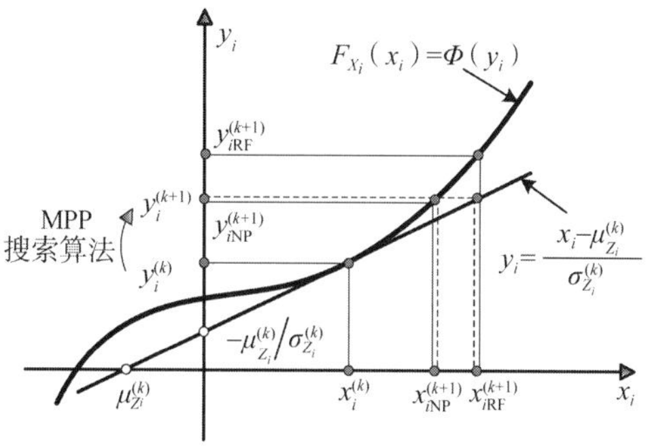

图 4-3　R-F 方法和 N-P 方法的几何关系及迭代示意

$x_{iNP}^{(k+1)}$。可见由于两种方法映射关系的不同，得到的逆迭代点也不相同，即 $x_{iRF}^{(k+1)} \neq x_{iNP}^{(k+1)}$。之后，在第 $k+1$ 次迭代中，以 $x_{iRF}^{(k+1)}$ 和 $x_{iNP}^{(k+1)}$ 为起始迭代点并经由两种方法的正变换过程可得到 $y_{iRF}^{(k+1)}$ 和 $y_{iNP}^{(k+1)}$。从图 4-3 可以看到，如下关系成立：

$$y_i^{(k+1)} = y_{iNP}^{(k+1)} \neq y_{iRF}^{(k+1)} \tag{4-18}$$

也就是说，在第 k 步得到的新迭代点 $y_i^{(k+1)}$ 与第 $k+1$ 步 N-P 方法正变换中得到的迭代点 $y_{iNP}^{(k+1)}$ 是一致的，而与 R-F 法得到的 $y_{iRF}^{(k+1)}$ 是不一致的。这一关系将在后续 R-F 法和 N-P 法的计算量和计算效率的对比中用到。

4.3　R-F 方法中的几个新观点

上一节对原始 R-F 方法进行了介绍，并给出了一些常见的观点。本节将对 R-F 方法的一些关键问题进行讨论，包括 R-F 方法的正逆变换规律和相关性变化等[196-198]。

4.3.1　等效 R-F 条件

将由 $\boldsymbol{X}$ 到 $\boldsymbol{Z}$ 的当量正态化原理等效为如下两个连续变换过程：

(1)从 $\boldsymbol{X}$ 到标准正态随机向量 $\boldsymbol{Y}$ 的等概率边缘映射变换：

$$y_i = \Phi^{-1}[F_{X_i}(x_i)] \tag{4-19}$$

(2)从 $\boldsymbol{Y}$ 到正态随机向量 $\boldsymbol{Z}$ 的线性变换：

$$z_i = \sigma_{Z_i} y_i + \mu_{Z_i} \tag{4-20}$$

这里将上述两个变换式合称为等效 R-F 条件，因为它们完成了与传统 R-F 条件 T_{2-1}^{RF} 相同的等价任务，即经变换(1)后，随机变量 X_i 被映射为一个标准正态随机变量 Y_i；再经变换(2)，Y_i 被映射为一个具有均值为 μ_{Z_i}、标准方差为 σ_{Z_i} 的正态变量 Z_i。

等效 R-F 条件的意义并不在于应用，而是它可以在理论上使我们弄清当量正态化变换过程中随机向量相关矩阵的变化情况。从图 4-4 中可以看到，传统 R-F 方法由当量正态化变换 T_1^{RF}(即传统 R-F 条件)实现 X 空间到 Z 空间的变换。但由于变量当量化的处理过程并不能显式地提供这一变换的映射函数，因此对当量正态化过程造成的随机向量相关性的变化情况就不易分析出来。若仅从其正变换式(4-7)中分析，则很容易让人误以为当量化过程并不改变变量相关性的错觉。若用等效 R-F 条件(即图 4-4 中虚线部分)替

换 T_1^{RF} 的话，可以清晰地看到由 X 空间到 Z 空间的相关性变化仅是由 X 空间到 Y 空间的等概率边缘映射变换决定的，因为由 Y 空间到 Z 空间的变换属于严格递增的线性变换，而这种变换是不改变变量间的线性相关系数的。另外，由于等效 R-F 条件中的线性变换与 R-F 方法中的 $T_{2\text{-}1}^{RF}$ 变换实为互逆变换，因而 R-F 方法正变换过程中 X 空间到 Y 空间的变换 $T_{2\text{-}1}^{RF} \circ T_1^{RF}$ 可以直接用等概率边缘映射变换(即图 4-4 中双点化线所示)代替。换句话说，R-F 方法中由 X 空间到 Y 空间的正变换过程是服从等概率边缘映射变换的。

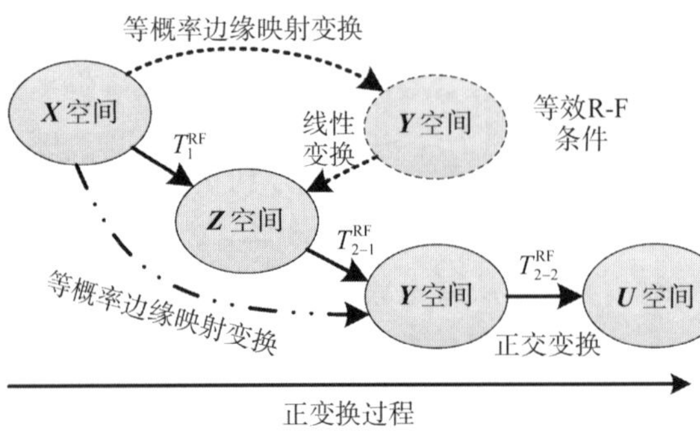

图 4-4　R-F 方法的正变换过程

4.3.2　X 空间与 Y 空间的正逆变换

上一节从等效 R-F 条件角度分析出 R-F 方法中由 X 空间到 Y 空间的正变换 $T_{2\text{-}1}^{RF}$。T_1^{RF} 同样服从 N-P 方法中等概率边缘映射正变换 T_1^{NP}，本节从数学角度推导这个关系。

事实上，若将标准化变换 $T_{2\text{-}1}^{RF}$ 作用到传统 R-F 条件 T_1^{RF}，即 $T_{2\text{-}1}^{RF} \circ T_1^{RF}$，可以得到如下关系：

$$F_{X_i}(x_i)\big|_{x_i=x_i^{(k)}} = \Phi(y_i)\big|_{y_i=y_i^{(k)}} \tag{4-21}$$

$$f_{X_i}(x_i)\big|_{x_i=x_i^{(k)}} = \frac{1}{\sigma_{Z_i}}\phi(y_i)\bigg|_{y_i=y_i^{(k)}} \tag{4-22}$$

另外，N-P 法的等概率边缘映射变换式(4-15)是连续可微的，因而存在微分关系式：

$$f_{X_i}(x_i) = \frac{\mathrm{d}y_i}{\mathrm{d}x_i}\phi(y_i) \tag{4-23}$$

分别将式(4-21)、式(4-22)与式(4-15)和式(4-23)对比，可以发现两组公式在形式上是一致的，不同之处表现在：①式中项 $1/\sigma_{Z_i}$ 和 $\mathrm{d}y_i/\mathrm{d}x_i$ 不同；②前一组公式成立条件被限制在迭代点处，而后一组公式在整个定义域中都成立。

先分析不同处①。首先，式(4-23)可以变换为

$$\frac{\mathrm{d}y_i}{\mathrm{d}x_i} = \frac{f_{X_i}(x_i)}{\phi(y_i)} \tag{4-24}$$

进一步，根据等概率边缘映射变换正变换 T_1^{NP} 的公式(4-16)，有

$$y_i = y_i^{(k)} = \Phi^{-1}[F_{X_i}(x_i^{(k)})] \tag{4-25}$$

将式(4-25)代入式(4-24)，可得到

$$\left.\frac{\mathrm{d}y_i}{\mathrm{d}x_i}\right|_{x_i=x_i^{(k)}}=\left.\frac{\mathrm{d}y_i}{\mathrm{d}x_i}\right|_{y_i=y_i^{(k)}}=\frac{f_{X_i}(x_i^{(k)})}{\phi\{\Phi^{-1}[F_{X_i}(x_i^{(k)})]\}} \tag{4-26}$$

由于式(4-26)的右端项与 σ_{Z_i} 表达式(4-6)的倒数是一致的，因而有关系：

$$\frac{1}{\sigma_{Z_i}}=\left.\frac{\mathrm{d}y_i}{\mathrm{d}x_i}\right|_{y_i=y_i^{(k)}} \tag{4-27}$$

将式(4-27)代入式(4-22)，有

$$f_{X_i}(x_i)\big|_{x_i=x_i^{(k)}}=\left.\frac{\mathrm{d}y_i}{\mathrm{d}x_i}\phi(y_i)\right|_{y_i=y_i^{(k)}} \tag{4-28}$$

显然，依据式(4-28)可将不同点①消除。进一步，再将式(4-21)和式(4-28)分别与式(4-15)和式(4-23)对比，不同点②依然存在。不过，由于系列迭代点 $x_i^{(k)}(k=0,1,\cdots,n)$ 是由初始迭代点 $x_i^{(0)}$ 决定的，且 $x_i^{(0)}$ 可以是定义域内任意一点，于是对于 R-F 法的正变换过程 $T_{2\text{-}1}^{\mathrm{RF}}\circ T_1^{\mathrm{RF}}$ 来说，式(4-21)和式(4-28)在整个定义域内也是成立的，这样不同点②也能被消除。在不同点①和②均被消除后，意味着 R-F 方法中由 X 空间到 Y 空间的正变换 $T_{2\text{-}1}^{\mathrm{RF}}\circ T_1^{\mathrm{RF}}$ 确实是服从等概率边缘映射正变换 T_1^{NP} 的，即 $T_{2\text{-}1}^{\mathrm{RF}}\circ T_1^{\mathrm{RF}}=\mathrm{T}_1^{\mathrm{NP}}$，如图 4-4 中双点划线所示。

然而，R-F 方法中由 Y 空间到 X 空间的逆变换过程 $T_{1*}^{-1\mathrm{RF}}\circ T_{2\text{-}1}^{-1\mathrm{RF}}$ 却不能被认为服从等概率边缘映射逆变换过程 $T_1^{-1\mathrm{NP}}$。这可用反正法证明，即：假设这一逆过程同样服从等概率边缘映射变换原则，那么 R-F 方法得到的逆迭代点对 $(y_i^{(k+1)},\ x_i^{(k+1)})$ 也应该同时满足式(4-22)和式(4-23)。但因 R-F 方法中参数 σ_{Z_i} 的取值仅依赖正迭代点 $x_i^{(k)}$，这样从式(4-22)和式(4-23)可推导出如下不等式：

$$\left.\frac{\mathrm{d}y_i}{\mathrm{d}x_i}\right|_{y_i=y_i^{(k+1)}}=\frac{f_{X_i}(x_i^{(k+1)})}{\phi(y_i^{(k+1)})}=\frac{f_{X_i}(x_i^{(k+1)})}{\phi\{\Phi^{-1}[F_{X_i}(x_i^{(k+1)})]\}}\neq\frac{1}{\sigma_{Z_i}}=\frac{f_{X_i}(x_i^{(k)})}{\phi\{\Phi^{-1}[F_{X_i}(x_i^{(k)})]\}} \tag{4-29}$$

这意味着逆迭代点 $(y_i^{(k+1)},\ x_i^{(k+1)})$ 是不同时满足式(4-22)和式(4-23)的，与假设结果相矛盾，假设不成立。这一结论也可以从几何角度观察得到，如图 4-3 所示，R-F 方法得到的逆变换对 $(y_i^{(k+1)},\ x_i^{(k+1)})$ 并未落在等概率边缘映射变换函数曲线上，而是落在与该曲线相切的直线上。综上，R-F 法的逆变换过程 $T_{1*}^{-1\mathrm{RF}}\circ T_{2\text{-}1}^{-1\mathrm{RF}}$ 是不服从等概率边缘映射变换 $T_1^{-1\mathrm{NP}}$ 的，不过却可以将其看作是等概率边缘映射变换过程的一次线性化，如图 4-5 中双点划线所示。

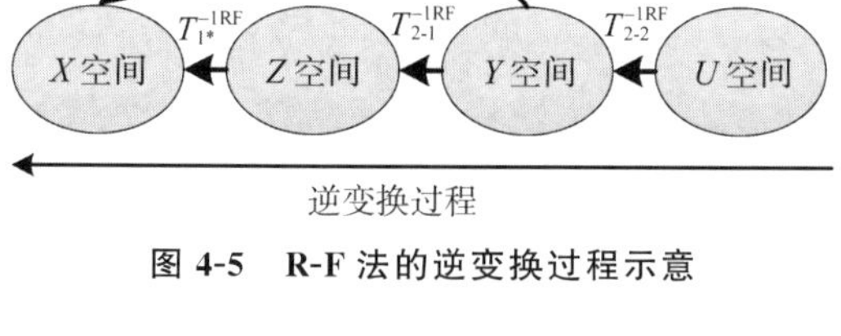

图 4-5　R-F 法的逆变换过程示意

4.3.3 变换前后的相关性变化

传统 R-F 方法中相关性是由 Pearson 线性相关系数矩阵表示的。这里将 R-F 方法涉及的 4 个随机空间的随机向量和相关性矩阵分别记为 $\boldsymbol{X}$、$\boldsymbol{Z}$、$\boldsymbol{Y}$、$\boldsymbol{U}$ 以及 $\boldsymbol{R}_X^{\mathrm{P}}$、$\boldsymbol{R}_Z^{\mathrm{P}}$、$\boldsymbol{R}_Y^{\mathrm{P}}$、$\boldsymbol{R}_U^{\mathrm{P}}$。其中上标 P 代表 Pearson 线性相关，在不混淆的情况下将省略。由于向量 $\boldsymbol{Z}$、$\boldsymbol{Y}$ 和 $\boldsymbol{U}$ 在 R-F 方法中都是正态随机向量，向量元素相关性可由矩阵 $\boldsymbol{R}_Z$、$\boldsymbol{R}_Y$ 和 $\boldsymbol{R}_U$ 唯一决定，且 3 个线性相关矩阵的关系可由多维正态分布的性质得到：

$$\boldsymbol{R}_Z=\boldsymbol{R}_Y=\boldsymbol{L}\boldsymbol{R}_U\boldsymbol{L}^{\mathrm{T}} \tag{4-30}$$

然而，从传统 R-F 方法的角度看，$\boldsymbol{R}_X$ 和 $\boldsymbol{R}_Z$ 间的关系却不易确定。这是因为 X 空间到 Z 空间的当量正态化变换 T_1^{RF} 只是在最可能失效点 $\boldsymbol{x}^*$ 处的一个等效过程，并不存在一个连续变换函数。目前，从现有应用传统 R-F 方法时对 $\boldsymbol{R}_X$ 和 $\boldsymbol{R}_Z$ 关系的近似处理措施来看，我们可以将其归结为 3 个应用层次：

(1)层次 1：只将 R-F 方法用于 $\boldsymbol{X}$ 是独立随机向量的情况。事实上，这也是 R-F 方法最初被提出时的应用情况。目前，在大多数的随机可靠性教材中也都是介绍 R-F 法的这种应用方式。这里将其称为“原始 R-F 方法”(original R-F method)。

(2)层次 2：为了适应处理 $\boldsymbol{X}$ 相关时的情况，假设 R-F 方法在 X 空间到 Z 空间变换时相关系数矩阵保持不变或近似相等，即 $\boldsymbol{R}_Z=\boldsymbol{R}_X$。层次 2 在一些文献中被称为“扩展的 R-F 方法”(extended R-F method)[56]。除了简单方便，层次 2 被应用的原因也可能是 R-F 方法在变换式表达上以及几何关系上看起来更像变量的线性变换，如式(4-7)和图 4-3 所示。

(3)层次 3：主要源于 Der Kiureghian 和 Liu 的工作[49]。他们在提出的 Nataf 变换(即 N-P 法)中给出了 X 空间变换到 Y 空间后线性相关系数的变化公式，而且还在迭代点处对等概率边缘映射变换式进行线性化并获得了同 R-F 方法一致的变换公式。于是，在 R-F 方法中直接使用 Der Kiureghian 和 Liu 提出线性相关系数计算公式便形成了层次 3 的应用形式。如 2009 年实施的《工程结构可靠性设计统一标准》(GB 50153—2008)中即采用这种方式处理随机变量变异系数较大时的情况，而当变异系数小于 0.3 时则推荐层次 2 的应用形式。

事实上，层次 3 和下面提出的增强 R-F 方法(enhanced R-F method)在公式上已经完全一致了。不同的是，增强 R-F 法的提出是依据前两节对 R-F 方法由 X 空间到 Y 空间的正变换过程的深入剖析得到的。换句话说，增强 R-F 方法从理论上阐述了在传统 R-F 方法中用 Der Kiureghian 和 Liu 的相关系数计算公式来描述 X 空间到 Z 空间的相关系数变化的正确性。

首先，在前面 4.3.1 和 4.3.2 两小节中有如下两个结论：①等效 R-F 条件表明 X 空间到 Z 空间的相关性变化仅由等概率边缘映射变换决定；②R-F 方法中由 X 到 Z 再到 Y 的正变换过程服从等概率边缘映射变换。其次，Der Kiureghian 和 Liu 提出的 N-P 方法中由 X 到 Y 空间的变换也是基于等概率边缘映射变换实现的，并且 Der Kiureghian 和 Liu 给出了相应的相关系数计算公式[49]：

$$r_{\mathrm{P},ij}^{X}=\frac{1}{\sigma_{x_i}\sigma_{x_j}}\int_{-\infty}^{+\infty}\int_{-\infty}^{+\infty}[(F_{X_i}^{-1}[\Phi(y_i)]-\mu_{x_i})\times(F_{X_j}^{-1}[\Phi(y_j)]-\mu_{x_j})\times \phi_2(y_i,y_j,r_{\mathrm{P},ij}^{Y})]\mathrm{d}y_i\mathrm{d}y_j \tag{4-31}$$

式中，$r_{\mathrm{P},ij}^{X}$ 是变量 X_i 和 X_j 的 Pearson 线性相关系数，所有相关系数组成相关矩阵 $\boldsymbol{R}_X$；$\phi_2(y_i,y_j,r_{\mathrm{P},ij}^{0})$是二维标准正态随机向量的联合概率密度函数；$r_{\mathrm{P},ij}^{Y}$ 是变量 Y_i 和 Y_j 的 Pearson 线性相关系数，所有系数组成相关矩阵 $\boldsymbol{R}_Y$。综上可知，式(4-31)能够代表 R-F 方法中由 X 空间到 Z 空间当量正态化后两空间内的线性相关系数关系，且只需令 $\boldsymbol{R}_Z=\boldsymbol{R}_Y$ 即可。这种基于式(4-7)～式(4-12)实现随机空间变换以及基于式(4-31)和式(4-30)处理相关性变化的 R-F 方法，本文称为“增强 R-F 方法”。

4.4　增强 R-F 方法与 N-P 方法的计算量和计算效率

本节分别将增强 R-F 方法和 N-P 方法与 Hasofer-Lind 的一次可靠度计算方法相结合形成可靠度算法，并在计算量和计算效率上对比两种随机空间变换方法对可靠度算法的影响[196-198]。图 4-6(a)所示是结合后的通用算法流程，可以看到，除了可靠度方法的迭代公式运算，每次迭代都需首先计算 U 空间下的迭代点 $\boldsymbol{u}^{(k)}$、安全裕度函数 $g_U(\cdot)$和梯度$\nabla g_U(\cdot)$3 个量，而在本迭代步结束时还要计算新迭代点 $\boldsymbol{u}^{(k+1)}$ 在 X 空间中的对应点 $\boldsymbol{x}^{(k+1)}$。上述运算中涉及随机空间变换的地方主要是在求解 $T(\boldsymbol{x}^{(k)})$、$\boldsymbol{J}_{X,U}$ 和 $T^{-1}(\boldsymbol{u}^{(k+1)})$ 3 项中。第一项和第三项分别对应随机空间变换的正变换和逆变换过程，中间一项是 Jacobian 矩阵。对于 R-F 法，有

$$\boldsymbol{J}_{X,U}=\mathrm{diag}(\sigma_{Z_i})\boldsymbol{J}_{Y,U}=\mathrm{diag}\left(\frac{\phi\{\Phi^{-1}[F_{X_i}(x_i^{(k)})]\}}{f_{X_i}(x_i^{(k)})}\right)\boldsymbol{J}_{Y,U} \tag{4-32}$$

对于 N-P 方法，有

$$\boldsymbol{J}_{X,U}=\mathrm{diag}\left(\left.\frac{\mathrm{d}x_i}{\mathrm{d}y_j}\right|_{x_i^{(k)}}\right)\boldsymbol{J}_{Y,U}=\mathrm{diag}\left(\frac{\phi\{\Phi^{-1}[F_{X_i}(x_i^{(k)})]\}}{f_{X_i}(x_i^{(k)})}\right)\boldsymbol{J}_{Y,U} \tag{4-33}$$

从数学运算的角度分别对比 R-F 方法和 N-P 方法的正变换和逆变换式以及 Jacobian 矩阵式(4-32)和式(4-33)，在忽略数学运算中的简单加减乘除运算的计算量后，可以发现，若按照图 4-6(a)中的计算流程，则在每个迭代步中增强 R-F 方法的计算量主要由 $\Phi^{-1}[F_{X_i}(x_i^{(k)})]$、$\phi(y_i^{(k)})$ 和 $f_{X_i}(x_i^{(k)})$ 3 项贡献，N-P 方法主要由 $\Phi^{-1}[F_{X_i}(x_i^{(k)})]$、${F_{X_i}}^{-1}[\Phi(y_i^{(k+1)})]$、$\phi(y_i^{(k)})$和 $f(x_i^{(k)})$4 项贡献。可见，在通用算法流程下，N-P 方法的单步迭代计算量要高于 R-F 方法。不过，N-P 方法的正变换函数值 $\Phi^{-1}[F_{X_i}(x_i)]$却可以不必计算的，因为从式(4-18)可以看到，不像 R-F 方法，由 N-P 方法得到的迭代点 $y_i^{(k+1)}$ 可以被直接地用于下一迭代步，即 $y_{i\mathrm{NP}}^{(k+1)}=y_i^{(k+1)}$。这样，基于这一点构造图 4-6(b)所示的优化 N-P 算法流程就可避免$\Phi^{-1}[F_{X_i}(x_i)]$的计算。如若进一步近似认为$\Phi^{-1}[F_{X_i}(x_i)]$和 ${F_{X_i}}^{-1}[\Phi(y_i)]$的计算量相当，那么就可以有如下结论：在单次迭代步中，优化 N-P 算法几乎具有与 R-F 方法相同的计算量。需要注意的是，在 N-P 方法的第一个迭代步中函数 $\Phi^{-1}[F_{X_i}(x_i)]$的计算通常是不可避免的。

在计算效率方面，从式(4-18)中可以看到，不像 N-P 方法，由 R-F 方法在第 k 迭代步

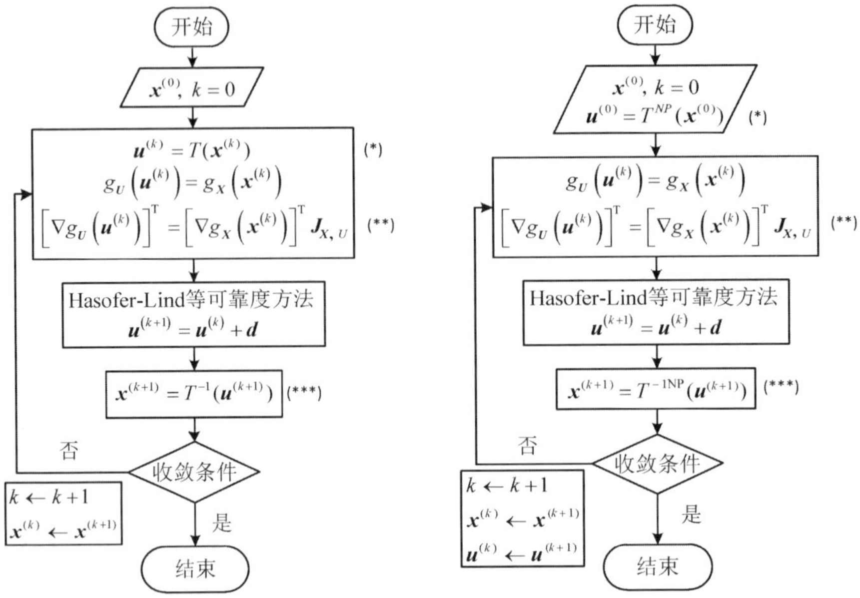

（a）通用流程图　　（b）优化N-P方法流程图

图 4-6　基于增强 R-F 法和 N-P 法的 Hasofer-Lind 一次可靠度算法流程图

得到的新迭代点 $y_i^{(k+1)}$ 总是在第 $k+1$ 迭代步中发生变化，即 $y_{i\text{RF}}^{(k+1)} \neq y_i^{(k+1)}$。这意味着由可靠度算法得到的新迭代点被 R-F 方法破坏了，使迭代点发生了“扰动”。从图 4-3 中可以看到，“扰动”程度与等概率边缘映射变换的函数曲线在迭代点处的曲率有关，曲率越大，扰动也越大，尤其是在最初的几个迭代步中情况更明显。这种“扰动”属性可能因“好”迭代点被破坏而减缓收敛速率，也可能因扰动到一个“更好”点以加速算法收敛。一个典型的例子如图 4-7 所示[166]，其中安全裕度函数为 $g(u_i, u_j)=u_iu_j-d$，采用 Hasofer-Lind 一次可靠度方法。Der Kiureghian[167] 发现如果迭代点落在图中虚线表示的椭圆上

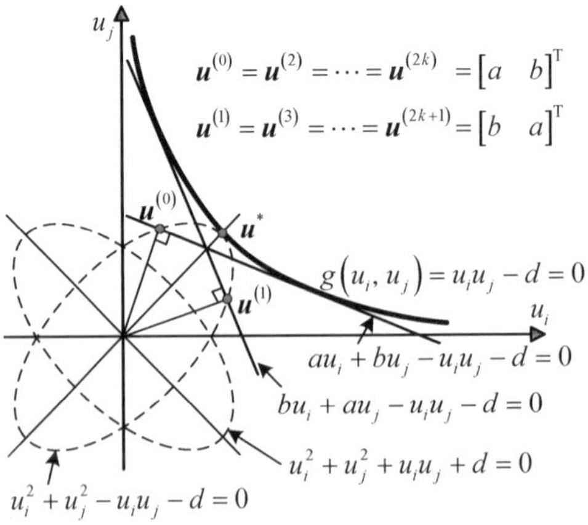

图 4-7　一个 R-F 方法的“扰动”属性加速收敛的特例

时，这个例子就不会收敛并且迭代点$u^{(k)}$将在最可能失效点u^*附近往复。对于这样一个算例，如果使用 R-F 方法的话，即使某一步的迭代点落在了椭圆上，但由于其“扰动”属性会在下一迭代步中跳出，从而极有可能使问题产生一个收敛的结果。不过，由于 R-F 的“扰动”属性在迭代后期会变得很弱，因而可能不会改变可靠度算法的最终收敛性。

在前述小节中，虽然证实了 R-F 方法由 X 空间至 Y 空间变换服从等概率边缘映射变换，但相比于 N-P 方法，每个迭代步中的 R-F 方法表现得更像线性变换。例如，对于安全裕度函数 $g(x_1, x_2)$，若采用 N-P 方法做随机空间变换，那么由 X 空间到 Y 空间变换后，安全裕度函数会变为

$$g_{\mathrm{NP}}(y_1, y_2)=g\{F_{X_1}^{-1}[\Phi(y_1)], F_{X_2}^{-1}[\Phi(y_2)]\} \tag{4-34}$$

显然，在非正态情况下，基于 N-P 方法的随机空间变换势必将增加 g 函数在 Y 空间的非线性。然而，在 R-F 方法时，g 函数变成：

$$g_{\mathrm{RF}}^{(k)}(y_1, y_2)=g(\sigma_{Z_1}^{(k)}y_1+\mu_{Z_1}^{(k)}, \sigma_{Z_2}^{(k)}y_2+\mu_{Z_2}^{(k)}),\ k=0, 1, 2, \cdots \tag{4-35}$$

显然，在式(4-35)中，由于各等效正态分布参数 $\mu_{Z_i}^{(k)}$、$\sigma_{Z_i}^{(k)}$ 在单个迭代步中均保持为常量，因而 $g_{\mathrm{RF}}^{(k)}(y_1, y_2)$与 $g(x_1, x_2)$将具有相同的非线性，即基于 R-F 方法的变换在每个迭代步中并不增加安全裕度函数的非线性。事实上，R-F 方法的这一变换特性会使 $g(x^{(k+1)})$的值更快地趋近于零(即使迭代点更快地靠近失效面)，尤其是在前几次迭代步中。这里，取特例 $g(x_i, x_j)=x_i-x_j$ 并基于 Hasofer-Lind 一次可靠度方法。如图 4-8 所示，基于 R-F 变换法得到的新迭代点 $y^{(1)}$ 直接落在 $g_{\mathrm{RF}}(y)=0$ 的失效面上。当它逆变换到 X 空间后，点 $x_{\mathrm{RF}}^{(1)}$ 也同样落在 $g(x)=0$ 上，而对于 N-P 方法中的点 $x_{\mathrm{NP}}^{(1)}$ 却不是这样的。

总结 R-F 方法与 N-P 方法的异同可以发现，两者的差别主要体现在由 Y 空间到 X 空间的逆变换上。在计算量上，优化 N-P 方法和增强 R-F 方法在单个迭代步内可以认为基本相当。在计算效率上，N-P 方法比较中规中矩，而 R-F 方法由于存在“扰动”属性和迭代步内不改变安全裕度函数非线性的属性，因而计算效率更依赖于具体问题和初始条件。不过，R-F 法在其逆变换过程中存在一个较为致命的缺点，如式(4-8)所示，其新迭代点$x^{(k+1)}$可能并不落在向量 $\boldsymbol{X}$ 的定义域内，进而造成下一次迭代出现异常，这一问题在后续章节中的工程算例中可以看到。

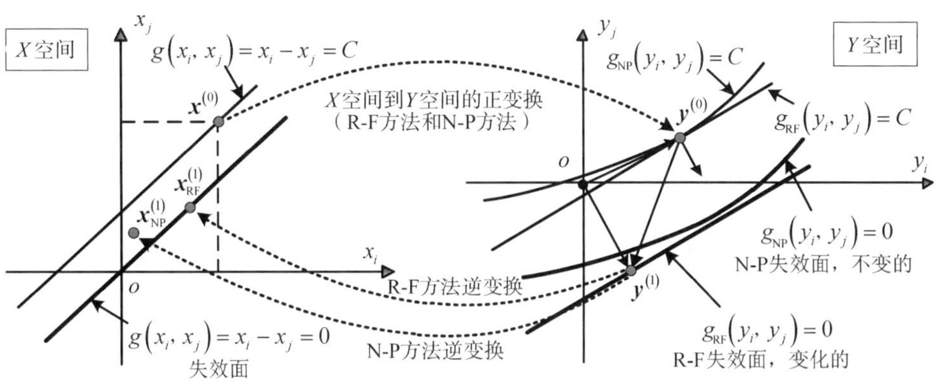

图 4-8 一个 R-F 方法在迭代步中不引入变换非线性的特例

4.5 算例分析

4.5.1 算例 1 失效占优的应力-强度干涉模型

应力-强度干涉模型的安全裕度函数为

$$g(x_1,\ x_2)=x_1-x_2$$

式中，x_1 代表强度量，服从对数正态分布，用随机变量 X_1 表示，$\mu_{X_1}=10$，$\sigma_{X_1}=2$；x_2 代表应力量，服从 Type Ⅰ 的极大值分布，用随机变量 X_2 表示，$\mu_{X_2}=20$，$\sigma_{X_2}=5$。取 X_1 与 X_2 的线性相关系数为 $\rho_{X_1X_2}=0.5$。

下面分别采用扩展 R-F 方法、增强 R-F 方法和 N-P 方法与 Hasofer-Lind 一次可靠度算法结合，对该问题的一次可靠度指标进行估计。同时，对增强 R-F 方法和 N-P 方法在本算例中的计算量、计算效率等方面做比较。其中，图 4-9(a)和(b)分别给出了变量 X_1 和 X_2 的等概率边缘映射变换曲线，图 4-10 则给出了正变换过程中在 X 空间、Y 空间和 U 空间的安全裕度函数曲线和联合概率密度函数等值线图。表 4-1、表 4-2 和表 4-3 分别列出了相应方法计算过程中的迭代信息。

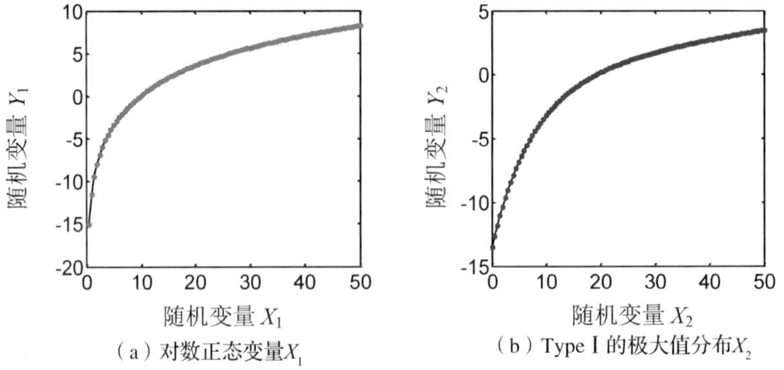

(a) 对数正态变量X_1 (b) Type Ⅰ 的极大值分布X_2

图 4-9 与标准正态变量间的等概率边缘映射变换曲线

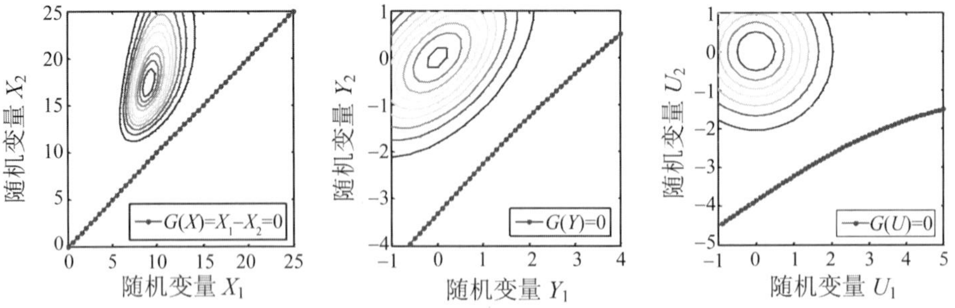

(a) X空间 (b) Y空间 (c) U空间

图 4-10 随机空间中的安全裕度函数和联合概率密度函数

表 4-1　基于扩展 R-F 方法的迭代信息

迭代	X_1 X_2	X_1' X_2'	Y_1 Y_2	Y_1' Y_2'	U_1 U_2'	U_1' U_2'	eMean1 eMean2	eStdv1 eStdv2	$G(\boldsymbol{X})$	β	epsilon
1	10 20	9.36543 9.36543	0.099021 0.177332	−0.2214 −2.04712	0.099021 0.147595	−0.2214 −2.23598	9.8039 19.1522	1.98042 4.78077	−10	−2.24692	2.40502
2	9.36543 9.36543	13.0593 13.0593	−0.23202 −3.55939	1.75956 −1.42156	−0.23202 −3.97607	1.75956 −2.65735	9.79577 15.5156	1.85475 1.72786	3.55e−15	−3.18709	2.3886
3	13.0593 13.0593	13.5474 13.5474	1.44679 −1.802	1.63552 −1.61237	1.44679 −2.91607	1.63552 −2.80607	9.31747 17.6977	2.58629 2.57403	1.78e−15	−3.24792	0.218444
4	13.5474 13.5474	13.4742 13.4742	1.63208 −1.617	1.60479 −1.64407	1.63208 −2.80943	1.60479 −2.82493	9.16861 17.9209	2.68296 2.70467	0	−3.24894	0.03138
5	13.4742 13.4742	13.4872 13.4872	1.60472 −1.64417	1.60958 −1.63933	1.60472 −2.82501	1.60958 −2.82223	9.19207 17.8885	2.66846 2.6848	0	−3.24896	0.005598
6	13.4872 13.4872	13.4849 13.4849	1.60958 −1.63934	1.60874 −1.64017	1.60958 −2.82224	1.60874 −2.82272	9.18794 17.8942	2.67103 2.68832	1.78e−15	−3.24896	0.000969

注：X_1表示迭代中正变换过程中的值；X_1'表示迭代中逆变换过程中的值。其他符号中的“′”也是表示逆变换的值。eMean 和 eStdv 代表在迭代点处进行当量正态化得到 μ_Z 和 σ_Z。下同。

表 4-2　基于增强 R-F 方法的迭代信息

迭代	X_1 X_2	X_1' X_2'	Y_1 Y_2	Y_1' Y_2'	U_1 U_2	U_1' U_2'	eMean1 eMean2	eStdv1 eStdv2	$G(\boldsymbol{X})$	β	epsilon
1	10 20	9.30052 9.30052	0.099021 0.177332	−0.25418 −2.06069	0.099021 0.147428	−0.25418 −2.2468	9.8039 19.1522	1.98042 4.78077	−10	−2.26113	2.42014
2	9.30052 9.30052	13.0437 13.0437	−0.26714 −3.59709	1.7651 −1.41479	−0.26714 −4.02704	1.7651 −2.69701	9.79256 15.4704	1.84189 1.71523	−3.55e−15	−3.22327	2.42877
3	13.0437 13.0437	13.5502 13.5502	1.44075 −1.80807	1.63685 −1.61096	1.44075 −2.96164	1.63685 −2.84897	9.32194 17.6903	2.5832 2.56992	0	−3.28571	0.226159
4	13.5502 13.5502	13.472 13.472	1.63313 −1.61595	1.60398 −1.64487	1.63313 −2.85257	1.60398 −2.86887	9.16769 17.9221	2.68352 2.70544	0	−3.28682	0.033396
5	13.472 13.472	13.4863 13.4863	1.6039 −1.64498	1.60926 −1.63965	1.6039 −2.86895	1.60926 −2.86594	9.19277 17.8875	2.66803 2.68421	0	−3.28685	0.00615
6	13.4863 13.4863	13.4838 13.4838	1.60926 −1.63966	1.6083 −1.64061	1.60926 −2.86595	1.6083 −2.86648	9.18821 17.8939	2.67086 2.68808	1.78e−15	−3.28685	0.001097
7	13.4838 13.4838	13.4842 13.4842	1.6083 −1.64061	1.60847 −1.64044	1.6083 −2.86648	1.60847 −2.86639	9.18903 17.8927	2.67035 2.68739	0	−3.28685	0.000197

表 4-3　基于 N-P 方法的迭代信息

迭代	X_1 X_2	X_1' X_2'	Y_1 Y_2	Y_1' Y_2'	U_1 U_2	U_1' U_2'	$G(\boldsymbol{X})$	β	epsilon
1	10 20	9.32442 12.4152	0.099021 0.177332	−0.25418 −2.06069	0.099021 0.147428	−0.25418 −2.2468	−10	−2.26113	2.42014
2	9.32442 12.4152	11.9547 11.6713	−0.25418 −2.06069	1.00054 −2.38201	−0.25418 −2.2468	1.00054 −3.36753	−3.09083	−3.51303	1.68237
3	11.9547 11.6713	13.8842 14.0059	1.00054 −2.38201	1.75607 −1.45131	1.00054 −3.36753	1.75607 −2.73415	0.283396	−3.24952	0.985905
4	13.8842 14.0059	13.3258 13.3371	1.75607 −1.45131	1.54880 −1.69559	1.75607 −2.73415	1.5488 −2.89506	−0.121704	−3.28331	0.262395
5	13.3258 13.3371	13.5046 13.5048	1.54880 −1.69559	1.61609 −1.63278	1.54880 −2.89506	1.61609 −2.86202	−0.011277	−3.28678	0.074965
6	13.5046 13.5048	13.4803 13.4803	1.61609 −1.63278	1.60702 −1.64188	1.61609 −2.86202	1.60702 −2.8672	−0.000226	−3.28684	0.010455
7	13.4803 13.4803	13.4848 13.4848	1.60702 −1.64188	1.60870 −1.64021	1.60702 −2.86720	1.60870 −2.86626	−8.39e−06	−3.28685	0.001932
8	13.4848 13.4848	13.4840 13.4840	1.60870 −1.64021	1.60840 −1.64051	1.60870 −2.86626	1.60840 −2.86643	−2.66e−07	−3.28685	0.000344

分析 3 种方法的结果可知：增强 R-F 方法经过 7 次迭代达到收敛条件，可靠度指标 β 为−3.28685，X 空间内的 MPP 为(13.4842，13.4842)。N-P 方法用了 8 次迭代达到收敛，得到的可靠度指标 β 也为−3.28685，MPP 为(13.4840，13.4840)。可见，增强 R-F 方法和 N-P 方法的可靠性结果表现一致。而扩展 R-F 方法虽经过 6 次迭代即收敛，但得到的可靠度指标 β 为−3.24896，MPP 为(13.4849，13.4849)，其可靠度结果与前两种方法存在差距。这说明能够正确考虑相关系数变换的增强 R-F 方法同样能像 N-P 方法一样得到可信的一次可靠性指标和 MPP，克服了扩展 R-F 方法中相关性不变假设的缺点。

另外，从求解的迭代过程中也可以证实 R-F 方法存在的"扰动"属性。例如，表 4-2 中增强 R-F 方法的第 1 迭代得到的新迭代点(Y_1'，Y_2')为(−0.25418，−2.06069)，在第 2 迭代步中使用的迭代点(Y_1，Y_2)已变为(−0.26714，−3.59709)，并且这一扰动随着迭代步增大越来越弱；但表 4-3 中的 N-P 方法数据就不存在这样的"扰动"。从本算例来看，这一扰动属性可能加速了问题收敛性，因为增强 R-F 方法和 N-P 方法分别用了 7 次和 8 次完成迭代。不过本算例是采用随机变量的均值点作为迭代初始点的，如果选取初始迭代点为(14，15)(该迭代点的特点是：距离真实 MPP 比较接近，且迭代点处的等概率边缘映射变换函数的曲率也相对比较大)，经过计算发现增强 R-F 方法和 N-P 方法分别用了 6 次和 4 次达到收敛。这说明"扰动"属性是加速还是降低收敛效率方面往往依赖于具体问题和初始条件。此外，对比表 4-2 和表 4-3 中 $G(\boldsymbol{X})$ 一列的迭代数据，可以看到 R-F 方法在经过第 1 次迭代后就已经等于零了，即迭代点落在了失效面上，而 N-P 方法则是逐步的趋于零，这验证了之前的论述。不过由于收敛准则还需连同 epsilon 的值共同决定，故 R-F 方法并不能因此而立刻收敛。

4.5.2　算例 2　钢制梁截面模型

图 4-11 所示为受纯弯矩的钢制梁截面模型，其安全裕度函数可写成

$$g(\boldsymbol{X})=YZ-M$$

式中，Y 是钢的屈服强度；Z 是梁的截面模量；M 是施加在截面上的弯矩。这个模型涉及 3 个随机变量，它们的分布类型和参数见表 4-4。其中，Y 和 Z 的相关系数为 $\rho_{YZ}=0.4$。经式(4-31)估算出 Y 空间中变换后的相关系数为 0.4013。相比在 X 空间中的相关系数 0.4，相关系数变化比较小，但这并不影响对结果的讨论。同样，采用增强 R-F 方法和 N-P 方法结合 H-L 一次可靠度方法计算可靠度指标，结果列写在表 4-5 中，其中 Ang 和 Tang 的结果取自文献[168]。另外，安全裕度函数在各迭代步中的值被列写在表 4-6 中。从表中数据可知，与算例 1 相同的规律也同样存在于本算例中，主要有：①基于扩展 R-F 方法的结果与 Ang 和 Tang 的结果是一致的，验证了程序的正确性；②增强 R-F 方法因为正确考虑了相关性的变化，其与 N-P 方法的结果是一致的；③R-F 方法和 N-P 方法的计算量和初始条件是有关的；④R-F 方法的迭代点会使安全裕度函数的值更快地接近零(即靠近失效面)，尤其是在刚开始的迭代步中。

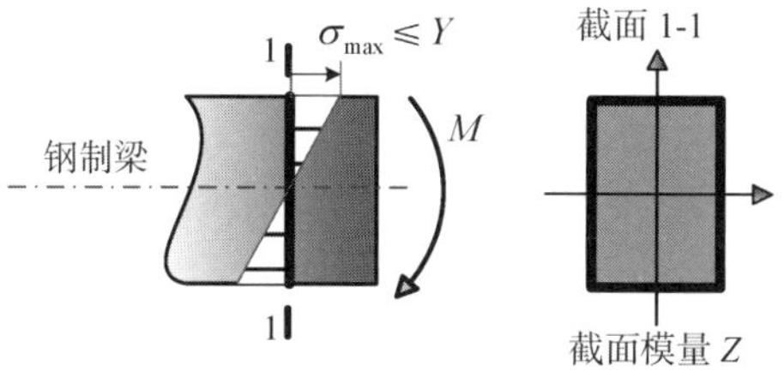

图 4-11　受纯弯矩的矩形截面钢制梁

表 4-4　钢制梁截面模型的随机变量信息

名　称	变　量	分布类型	均　值	标准差	线性相关系数矩阵		
屈服强度	Y	对数分布(Lognormal)	40	5	1	0.4	0
截面模量	Z	对数分布(Lognormal)	50	2.5	0.4	1	0
施加弯矩	M	类型 Ⅰ 的极大值分布(Gumbel)	1000	200	0	0	1

表 4-5　不同方法计算的可靠性结果

方　法	初始迭代点	迭代次数	可靠性指标	最终 MPP
Ang 和 Tang 的结果*	(40, 50, 1000)	—	2.6646	(33.785, 47.757, 1613.5)
扩展 R-F 方法	(40, 50, 1000)	5	2.66462	(33.785, 47.7573, 1613.48)
增强 R-F 方法	(40, 50, 1000)	6	2.66438	(33.7834, 47.7542, 1613.3)
N-P 方法	(40, 50, 1000)	5	2.66438	(33.7834, 47.7542, 1613.3)

续表

方　法	初始迭代点	迭代次数	可靠性指标	最终 MPP
增强 R-F 方法	(35, 50, 1600)	4	2.66437	(33.7833, 47.7542, 1613.29)
N-P 方法	(35, 50, 1600)	4	2.66438	(33.7833, 47.7542, 1613.3)

注:“Ang 和 Tang 的结果*”是 Ang 和 Tang 基于 EXCEL 的 sheet 开发的一次可靠度计算程序得到,其结果未考虑相关系数的变化。

表 4-6　各迭代步中安全裕度函数值的变化情况

迭代步	1	2	3	4	5	6
增强 R-F 方法*	1000	46.8687	6.1736	0.3219	2.5758e−03	8.9884e−06
N-P 方法*	1000	47.9513	−21.0608	0.3365	4.8983e−05	—
增强 R-F 方法**	150	3.8898	6.2327e−02	3.7815e−04	—	—
N-P 方法**	150	7.4570	−0.1678	−1.9145e−05	—	—

注:“*”代表方法的初始迭代点取(40, 50, 1000);“**”代表方法的初始迭代点取(35, 50, 1600)。

4.6　本章小结

本章针对高速动平衡机随机因素中存在的非正态性和相关性特点,研究了考虑相关性的 Rackwitz-Fiessler 随机空间变换方法,详细探讨了 Rackwitz-Fiessler 方法中的相关性变化规律,并提出了增强 R-F 方法,主要包括:

(1)在简单引入传统 R-F 方法之后,从提出的等效 R-F 条件和数学推导两个角度,证实了 R-F 方法中由物理 X 空间到标准正态 Y 空间的正变换过程与 N-P 方法中的等概率边缘映射变换一致。这一结论可以克服原先从当量正态化变换处着手分析 R-F 方法相关性变化关系时函数关系不连续的缺点。事实上,这个结论不仅是分析 R-F 方法相关系数变化的基础,也是后续改进 R-F 方法和广义 R-F 方法的前提。

(2)在等效 R-F 条件和数学角度证实的基础上,清晰阐述了 R-F 方法中相关性变化的情况,并提出了正确考虑相关性变化的增强 R-F 方法,指出其相关性变化公式同样是由 Der Kiureghian 和 Liu 的公式表示。算例表明,增强 R-F 方法的计算结果与 N-P 方法的计算结果一致。

(3)对增强 R-F 方法与 N-P 方法的计算量和计算效率做了分析,可以发现:在单个迭代步中,优化 N-P 方法和 R-F 方法的计算量几乎是一致的,更新了传统应用中认为单个迭代步中 N-P 方法要比 R-F 方法计算量大的观点。R-F 方法由于具有“扰动”属性,其收敛效率会依赖于初始点的选取和具体问题。另外,由于 R-F 方法在对安全裕度函数的变换中表现得更像线性变换,会使得可靠度计算方法中的迭代点更快速地靠近失效面。相应的算例结果也验证了这些结论。

第 5 章 基于 Copula 理论的 Rackwitz-Fiessler 方法的改进

5.1 引　言

高速动平衡机属于小样本高可靠性的机械装备，通常很难获得包含随机因素全部概率信息的联合累积分布函数。不过，一般情况下，基于有限样本和专家经验是可以获得随机因素的边缘分布函数和相关系数等部分概率信息的。第 4 章探讨的考虑相关性的 R-F 随机空间变换方法就是基于这些有限的信息进行处理的。可以想象，在缺乏完备概率信息的情况下，基于有限的概率信息来完成随机空间变换必然会引入一些假设和缺陷。在第 4 章的基础上，本章将基于 Copula 理论对传统 R-F 方法进行再剖析，同时基于这一新的理论和现实使用时存在的问题，进一步对传统 R-F 方法进行改进和广义化[198-199]，以期从当前有限的概率信息中模拟出更接近实际概率情况的结果，提供高速动平衡机随机可靠性分析结果的可信性。附录 D 介绍了 Copula 函数定义和性质、常用的 Copula 函数和相关性测度。

5.2 传统 R-F 方法中的 Gaussian Copula 假设

随机向量的 Copula 依赖结构有一个重要的性质，即所谓的不变性，将其以定理的形式描述如下：

不变性定理：设随机向量 $\boldsymbol{X}=[X_1,\ \cdots,\ X_n]^{\mathrm{T}}$ 的 Copula 依赖结构为 C_X，且存在 n 个严格递增的、分别定义在区间 Range(X_i)上的变换函数 T_i，$i=1,\ \cdots,n$，那么随机向量 $[T_1(X_1),\ \cdots,\ T_n(X_n)]^{\mathrm{T}}$ 的 Copula 依赖结构也是 C_X。

第 4 章已经论证了 R-F 方法中向量 $\boldsymbol{X}$ 到向量 $\boldsymbol{Y}$ 的正变换过程是按照等概率边缘映射变换进行的。而等概率边缘映射的正变换式(4-16)就是一个严格递增的函数。于是，依据不变性定理，向量 $\boldsymbol{X}$ 和向量 $\boldsymbol{Y}$ 必然具有相同的 Copula 依赖结构。另外，在 R-F 方法中，当将具有任意边缘分布类型的原始物理向量 $\boldsymbol{X}$ 等价为正态向量 $\boldsymbol{Z}$ 后，$\boldsymbol{Z}$ 便作为正态随机向量参与后续计算，即：先利用标准化变换得到标准正态向量 $\boldsymbol{Y}$，再对 $\boldsymbol{Y}$ 做正交变换得到独立标准正态向量 $\boldsymbol{U}$。而正态随机向量的 Copula 依赖结构就是 Gaussian Copula。综合上述分析可知，在 R-F 方法中原始物理随机向量 $\boldsymbol{X}$ 的 Copula 依赖结构被隐含地假设为了 Gaussian Copula 类型，即 R-F 方法中存在 Gaussian Copula 假设。

关于这一假设对R-F方法的应用限制将在后续的广义R-F方法中讨论，下面将首先基于这一隐含的Gaussian Copula事实，用Spearman和Kendall这两种仅与Copula有关的秩相关系数(即Copula-only相关系数)对传统基于Pearson线性相关系数的R-F方法进行改进。

5.3 基于Copula-only相关系数的改进R-F方法

5.3.1 Pearson、Spearman和Kendall相关系数

Pearson线性相关系数在描述变量相关性方面的不足和理解误区在许多文献中都有论述[36-37]，总结起来主要有：①两随机变量必须存在有限方差，否则其相关性将无法用线性相关系数表示。如自由度$v\leqslant 2$的Student t分布，其方差就是无穷大。②线性相关系数等于零并不意味变量独立。如当$X_1\sim N(0,\ 1)$且满足$X_2=X_1^2$时，X_2是能够完全由X_1确定的，但由于$\mathrm{Cov}(X_1,\ X_2)=0$，其线性相关系数却为零。事实上，也仅当向量为多维正态分布时，线性相关系数为零才意味独立。即使是其他类型的多维球分布，也只是意味着变量不相关而不能保证独立。③当变量进行非线性严格递增变换时，相应的线性相关系数将发生改变，即通常$r_{\mathrm{P}}[T_1(X_1),\ T_2(X_2)]\neq r_{\mathrm{P}}[X_1,\ X_2]$。如两个正态随机变量$X_1,\ X_2\sim N(0,\ \sigma^2)$且具有线性相关系数$\rho_{X_1X_2}$，那么经指数函数变换后得到的对数正态变量$Y_i=\exp(X_i),\ i=1,\ 2$间的线性相关系数存在如下公式：

$$\rho_{Y_1Y_2}=\frac{\mathrm{e}^{\sigma^2\rho_{X_1X_2}}-1}{\sqrt{\mathrm{e}^{\sigma^2}-1}\sqrt{\mathrm{e}^{\sigma^2}-1}} \tag{5-1}$$

从式中可以看到，非线性变换后的随机变量的线性相关性不仅与之前的相关系数有关，还依赖于原随机变量的参数和变换函数等。

这里，进一步将$\rho_{Y_1Y_2}$随$\rho_{X_1X_2}$和σ变化的关系绘制在图5-1中。可以看到，Y_1和Y_2间相关系数的下界$\rho_{Y_1Y_2}^{\min}$总是大于-1且随σ的增大而趋近于0。例如，当$\sigma=1$时，有$1\geqslant\rho_{Y_1Y_2}\geqslant-0.368$；当$\sigma=2$时，有$1\geqslant\rho_{Y_1Y_2}\geqslant-0.018$。事实上，这一现象可由下面的边界定理[38]解释：

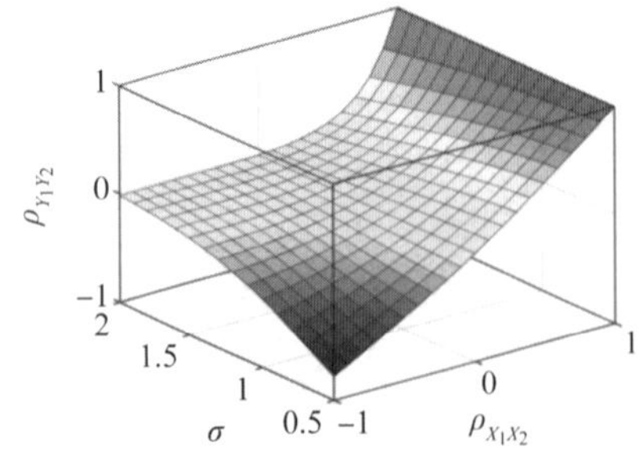

图5-1 对数正态随机变量间线性相关系数的变化情况

Frechet-Hoeffding边界定理：设随机变量X_1和X_2的边缘累积分布函数分别为F_1

和 F_2，且具有有限二阶矩，那么 X_1 和 X_2 的线性相关系数 ρ_{12} 的取值区间为$[\rho_{12}^{\min},\ \rho_{12}^{\max}]$ 且$[\rho_{12}^{\min},\ \rho_{12}^{\max}] \in [-1,\ 1]$。其中，区间上下界取决于 F_1 和 F_2，且当 X_1 和 X_2 严格递减单调时取 $\rho_{12}^{\min}$，严格递增单调时取 $\rho_{12}^{\max}$。

这个定理反映了线性相关系数的又一特性：④对于某些边缘分布函数类型，无论两个随机变量取何种 Copula 类型，其线性相关系数总是无法取遍$[-1,\ 1]$区间中的所有值。换句话说，选取的线性相关系数值可能与选取的边缘分布函数不相容。这一情况多发生在由专家基于经验判断线性相关系数取值，但没综合考虑变量边缘分布函数类型时。

前面对 R-F 方法中变量相关性的表示都是基于 Pearson 线性相关系数的。事实上，Pearson 相关系数只能用于度量随机变量间的线性依赖性（linear dependence），而且自身也有许多不足之处。目前，Copula 理论是一种能够完整描述变量依赖结构（dependence structure）的数学工具之一。其中，存在一些仅与 Copula 函数有关的依赖性测度（measure of dependence）系数，如 Spearman 秩相关系数和 Kendall 秩相关系数，能够克服 Pearson 相关系数存在的一些缺点。本节将基于这类 Copula-only 相关系数对基于 Pearson 线性相关系数的传统 R-F 方法进行改进。

前述①～④个特性极大地限制了 Pearson 线性相关系数在非正态变量相关性表征中的应用。不过，一些秩相关系数，如 Spearman 和 Kendall 相关系数，由于仅依赖于变量间的 Copula 类型，却能够有效地克服或减弱 Pearson 线性相关系数中的某些不足。

设连续随机变量 X_i 和 X_j 的边缘分布函数分别为 F_i 和 F_j，联合分布函数为 F，那么 X_i 和 X_j 的 Spearman 秩相关系数被定义为

$$r_{\mathrm{S},ij} = r_{\mathrm{S}}(X_i,\ X_j) = r_{\mathrm{P}}[F_i(X_i),\ F_j(X_j)] \tag{5-2}$$

式中，$r_{\mathrm{P}}[\cdot]$为线性相关系数运算符。设$(X_i,\ X_j)$和$(X_i',\ X_j')$是两个独立同分布的随机变量对，即它们的联合累计分布函数都是 F，那么 X_i 和 X_j 的 Kendall 秩相关系数被定义为

$$r_{\mathrm{K},ij} = r_{\mathrm{K}}(X_i,\ X_j) = \mathbb{P}[(X_i - X_i')(X_j - X_j') > 0] - \mathbb{P}[(X_i - X_i')(X_j - X_j') < 0] \tag{5-3}$$

式中，$\mathbb{P}[\cdot]$为概率运算符。

与 Pearson 相关系数只能度量变量间的线性依赖程度（degree of linear dependence）不同，Spearman 和 Kendall 相关系数均能很好地度量单调依赖程度（degree of monotonic dependence）。例如，在 Pearson 线性相关系数的特性③中讨论的例子，由于 X_1 和 X_2 间是单调递增关系，若采用 Spearman 和 Kendall 相关系数表示的话，将有 $r_{\mathrm{S},12} = r_{\mathrm{K},12} = 1$，较好地表示了两变量间的递增单调关系。

另外，Spearman 和 Kendall 相关系数与两个随机变量的边缘分布函数无关，仅依赖于变量间的 Copula 类型，这样就有效地克服了 Pearson 线性相关系数特性④中存在的取值陷阱。这里直接给出基于二维 Copula 依赖结构求取两随机变量 Spearman 和 Kendall 相关系数的计算公式：

$$r_{\mathrm{S},ij} = 12\int_0^1\int_0^1 C_\theta(u_i,\ u_j)\mathrm{d}u_i\mathrm{d}u_j - 3 \tag{5-4}$$

$$r_{K,ij}=4\int_0^1\int_0^1 C_\theta(u_i,\ u_j)\mathrm{d}C_\theta(u_i,\ u_j)-1 \tag{5-5}$$

式中，$C_\theta(u_i,\ u_j)$是两随机变量的 Copula 函数。结合上述两式，并考虑到 Copula 依赖结构的不变性定理，可知相关系数 r_S 和 r_K 在严格递增变换下会保持不变的结论。这样 Pearson 线性相关系数特性③的不足也被克服了。

具体到所研究的 R-F 方法，若采用 r_S 和 r_K 表征物理向量 $\boldsymbol{X}$ 的相关性，那么根据它们的不变性特性，向量 $\boldsymbol{Z}$ 和向量 $\boldsymbol{Y}$ 也应该具有相同的 r_S 和 r_K 相关系数。进一步，考虑到 R-F 方法中的 Gaussian Copula 假设，将式(5-4)和式(5-5)中的 Copula 依赖结构取为 Gaussian Copula 时，两式可简化为如下解析式：

$$r_{S,ij}^X=\frac{6}{\pi}\arcsin\frac{r_{P,ij}^0}{2} \tag{5-6}$$

$$r_{K,ij}^X=\frac{2}{\pi}\arcsin r_{P,ij}^0 \tag{5-7}$$

式中，$r_{P,ij}^0$ 为 Gaussian Copula 参数，不过在标准正态空间下该参数还等于变量的 Pearson 线性相关系数。可见，若用 r_S 和 r_K 表征随机变量相关性的话，R-F 方法在标准正态 Y 空间中的线性相关系数矩阵就可通过式(5-6)和式(5-7)直接求出，而不像采用线性相关系数时需要通过数值方法求解式(4-31)才能得到。这里，基于 Copula 理论重写式(4-31)，有

$$r_{P,ij}^X=\frac{1}{\sigma_{X_i}\sigma_{X_j}}\iint_{[0,1]^2}[F_{X_i}^{-1}(u_i)-\mu_{X_i}][F_{X_j}^{-1}(u_j)-\mu_{X_j}]\mathrm{d}C_{ij,\ r_{P,ij}^0}^{GA}(u_i,\ u_j) \tag{5-8}$$

式中，$C_{ij,\ r_{P,ij}^0}^{GA}$ 是二维 Gaussian Copula 函数；$r_{P,ij}^0$ 为 Gaussian Copula 参数。在 R-F 方法中参数 $r_{P,ij}^0$ 代表随机变量变换到 Y 空间后的 Pearson 线性相关系数 $r_{P,ij}^Y$。从式中可以看到，$r_{P,ij}^0$ 的计算同时依赖随机向量$(X_i,\ X_j)$的边缘分布和 Gaussian copula。此外，该式还可用于求解任意 Copula 类型时随机向量$(X_i,\ X_j)$的 Pearson 相关系数，只需将 $C_{ij,\ r_{P,ij}^0}^{GA}$ 用相应的 Copula 函数替代即可。

5.3.2 改进 R-F 方法

本节直接给出改进 R-F 方法，即：将基于式(4-7)～式(4-12)实现随机空间变换，基于式(5-6)或式(5-7)以及式(4-30)处理相关性变化的 R-F 方法称为改进 R-F 方法[198]。与增强 R-F 方法的根本区别在于：改进 R-F 方法采用仅与 Copula 函数有关的秩相关系数 r_S 和 r_K 替代线性相关系数 r_P 来表示物理向量 $\boldsymbol{X}$ 各元素的相关关系，可以有效克服线性相关系数取值与边缘分布函数不相容问题，并具有严格单调递增变换不变性和正确表征单调依赖性的优势。

表 5-1 给出了几种常见的二维 Copula 函数。

表 5-1 常见的二维 Copula 函数

Copula 类型	$C_{12}(u_1, u_2; \theta)$ 函数	Copula 参数 θ 范围
独立情况	$u_1 u_2$	—
Gaussian	$\int_{-\infty}^{\Phi^{-1}(u_1)} \int_{-\infty}^{\Phi^{-1}(u_2)} \frac{1}{2\pi\sqrt{1-\rho^2}} \exp\left[-\frac{s^2-2\rho st+t^2}{2(1-\rho^2)}\right] ds\,dt$	$\rho \in (-1, 1)$
Student t	$\int_{-\infty}^{T_v^{-1}(u_1)} \int_{-\infty}^{T_v^{-1}(u_2)} \frac{1}{2\pi\sqrt{1-\rho^2}} \left[1+\frac{s^2-2\rho st+t^2}{v(1-\rho^2)}\right]^{-(v+2)/2} ds\,dt$	$\rho \in (-1, 1)$，v 是自由度数，$v=1$ 时亦称 Cauchy Copula
Clayton	$(u_1^{-\theta}+u_2^{-\theta}-1)^{-1/\theta}$	$\theta \in [-1, \infty)\backslash\{0\}$
Frank	$-\frac{1}{\theta}\ln\left[1+\frac{(e^{-\theta u_1}-1)(e^{-\theta u_2}-1)}{e^{-\theta}-1}\right]$	$\theta \in (-\infty, \infty)\backslash\{0\}$
Gumbel	$\exp(-\{[-\ln(u_1)]^{\theta}+[-\ln(u_2)]^{\theta}\}^{1/\theta})$	$1 \leqslant \theta < \infty$

5.3.3 算例分析

1. 算例 1 由样本数据统计相关系数

本例中，事先生成一组边缘分布服从对数正态分布 X_1，$X_2 \sim LN(0, 1)$、依赖结构服从参数为 7.9269 的 Frank Copula 的二维样本数据(图 5-2 为 10000 个样本时的样本分布情况)。然后，估计出样本数据的 Pearson、Spearman 和 Kendall 3 个相关系数，以探讨估算 3 种系数的难易程度。其中，3 种相关系数的精确解分别为 $r_P=0.4683$，$r_S=0.8010$，$r_K=0.6000$。

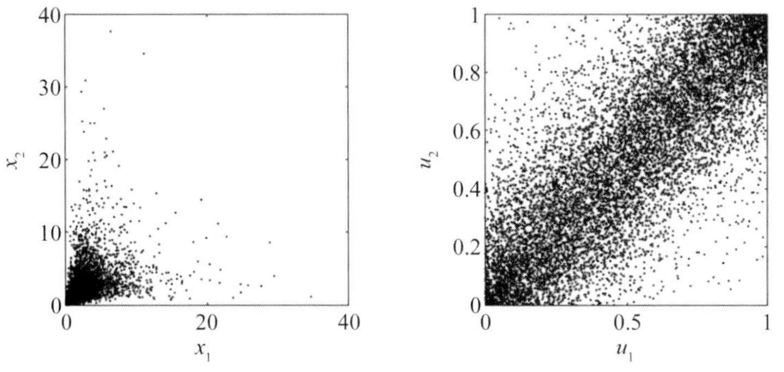

(a) 物理 X 空间的样本　　(b) 相应的Frank Copula样本

图 5-2 10000 个样本时的样本分布情形

从表 5-2 中可以看到，Spearman 和 Kendall 相关系数可以在相对较少的样本情况下得到接近精确解的估计值，而 Pearson 相关系数在同样样本数目下的误差要大很多。另外，从系数估计算法所需的运算时间来说，Pearson 相关系数最快，Spearman 次之，而 Kendall 的估算时间最长，并远超另外两个。综合来说，Spearman 系数应该最佳。

表 5-2　样本数对 3 种相关系数估计精度的影响

样本数	Pearson r_P(0.4683)		Spearman r_S(0.8010)		Kendall r_K(0.6000)	
	估计值 $\tilde{r}_P$	误差/%	估计值 $\tilde{r}_S$	误差/%	估计值 $\tilde{r}_K$	误差/%
1000	0.3573	−11.1	0.7946	−0.64	0.5925	−0.75
10000	0.4895	2.12	0.8044	0.34	0.6038	0.38
100000	0.4735	0.52	0.8011	0.01	0.6001	0.01
1000000	0.4668	−0.15	0.8009	−0.01	—	—
10000000	0.4691	0.08	0.8009	−0.01	—	—
40000000	0.4684	0.01	0.8010	0	—	—

注:“—”代表系数估计时间太长而放弃估算,但结果已与精确解一致。

2. 算例 2　Copula-only 相关系数的有效性验证

取二维随机向量 $\boldsymbol{X}=[X_1, X_2]^{\mathrm{T}}$,元素 X_1、X_2 的边缘分布可以是正态分布 $N(0, 1)$、对数正态分布 LN(0, 1)和 Gumbel 分布 GM(0, 1)3 种,Copula 类型可以是 Gaussian、自由度为 3 的 Student t、Clayton、Frank、Gumbel 这 5 种。探讨当已知两变量的某一相关系数时,向量 $\boldsymbol{X}$ 的边缘分布函数、Copula 类型对 R-F 方法相关系数计算的影响,以验证 Pearson 相关系数与边缘分布函数的关系及它们的不相容性问题等,并展示 Spearman 和 Kendall 相关系数用于 R-F 方法的可行性和有效性。

情况 1:已知两随机变量的 Kendall 相关系数 $r_K=0.6$。

根据 r_K 可以先求出不同 Copula 类型时的类型参数 θ;然后再根据式(5-4)求得 Spearman 相关系数 r_S,根据式(5-8)求得 Pearson 相关系数 r_P。表 5-3 给出了 $r_K=0.6$ 时各 Copula 的类型参数 θ、Spearman 相关系数 r_S、Pearson 线性相关系数 r_P 的值,其中两变量边缘分布函数组合情况有 4 种:①均为标准正态分布 $N(0, 1)$;②均为对数正态分布 LN(0, 1);③均为 Gumbel 分布 GM(0, 1);④一个为对数正态 $X_1=\mathrm{LN}(0, 1)$,另一个为 Gumbel 分布 $X_2=\mathrm{GM}(0, 1)$,分别记为 GA-GA、LN-LN、GM-GM 和 LN-GM。从表中可以看到:①在相同 r_K 取值下,两变量的 r_S 值受到 Copula 类型的影响,但总体上变化不大(以 Gaussian Copula 时的结果为基准进行比较);②在相同的 r_K 取值下,两变量的 r_P 值受 Copula 类型的影响较大,尤其是在 Frank 和 Gumbel 类型时;(3)当 Copula 类型相同时,两变量的 r_P 值受到边缘分布函数影响,若以 GA-GA 为基准,LN-LN 情况时的 r_P 变化更为显著。

表 5-3　$\boldsymbol{X}$ 空间内的相关系数受 Copula 类型和边缘分布函数的影响情况(已知 $r_K=0.6$)

类　型	类型参数	r_S	r_K	$r_{P,\mathrm{GA\text{-}GA}}$	$r_{P,\mathrm{LN\text{-}LN}}$	$r_{P,\mathrm{GM\text{-}GM}}$	$r_{P,\mathrm{LN\text{-}GM}}$
Gaussian	$\rho=0.809$	0.7953	0.6	0.8090	0.7248	0.7981	0.6920
Student t 3	$\rho=0.809$	0.7768	0.6	0.7977	0.7968	0.7985	0.7097
Clayton	$\theta=3$	0.7866	0.6	0.7752	0.3474	0.6459	0.4591

续表

类型	类型参数	r_S	r_K	$r_{P,\ GA\text{-}GA}$	$r_{P,\ LN\text{-}LN}$	$r_{P,\ GM\text{-}GM}$	$r_{P,\ LN\text{-}GM}$
Frank	θ=7.9296	0.801	0.6	0.7607	0.4683	0.7259	0.5615
Gumbel	θ=2.5	0.7881	0.6	0.8006	0.8814	0.8408	0.7692

因传统 R-F 方法隐含有 Gaussian Copula 假设，故进一步可以由式(5-6)、式(5-7)以及式(5-8)从表 5-3 数据中反求出参数 $r_{P,ij}^0$。该参数就是变换为 Y 空间变量的 Pearson 线性相关系数，将数据列写在表 5-4。综合表 5-3 和表 5-4，可以看到：①由 r_S 得到的 Y 空间中的相关系数 θ_S^{GA} 在数值上与 r_S 相差不大，而由 r_K 得到的 θ_K^{GA} 则在数值上与 r_K 相差较大；这一点可以从图 5-3 中的对应曲线得到解释。②由 r_S 和 r_K 得到的 Y 空间下的变量线性相关系数 θ_S^{GA} 和 θ_K^{GA} 比较接近，这表明用 Spearman 和 Kendall 表征的变量相关性，能够比较稳定地反映 Y 空间内变量的相关程度。③而对于 Pearson 相关系数表征的相关关系，由于 Copula 类型和边缘分布函数的影响，所得到的 Y 空间下的相关系数差别较大。

表 5-4 Y 空间下的 Pearson 线性相关系数受 Copula 类型与边缘分布函数的影响

类型	类型参数	θ_S^{GA}	θ_K^{GA}	$\theta_{P,\ GA\text{-}GA}^{GA}$	$\theta_{P,\ LN\text{-}LN}^{GA}$	$\theta_{P,\ GM\text{-}GM}^{GA}$	$\theta_{P,\ LN\text{-}GM}^{GA}$
Gaussian	ρ=0.809	0.8090	0.8090	0.8090	0.8090	0.8090	0.8090
Student t 3	ρ=0.809	0.7912	0.8090	0.7977	0.8627	0.8094	0.8271
Clayton	θ=3	0.8007	0.8090	0.7752	0.4681	0.6616	0.5614
Frank	θ=7.9296	0.8144	0.8090	0.7607	0.5904	0.7394	0.6728
Gumbel	θ=2.5	0.8021	0.8090	0.8006	0.9222	0.8498	0.8869

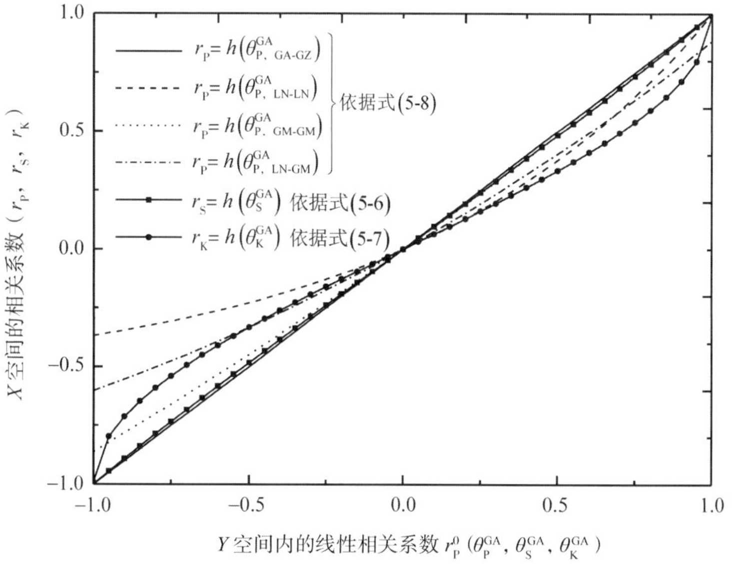

图 5-3 R-F 方法中 X 空间与 Y 空间内的相关系数的对应关系曲线

图 5-3 显式地展示了 R-F 方法由式(5-6)、式(5-7)和式(5-8)表示的 X 空间与 Y 空间内相关系数的对应关系曲线。从图中可以发现：①X 空间中的随机变量无论是正相关还是负相关，经 R-F 方法变换后，在 Y 空间内得到的变量相关性系数的绝对值均变大。这一点可以从表 5-3 和表 5-4 中数据得到验证。②基于 r_S 和 r_K 相关系数的改进 R-F 方法在求解 θ^{GA} 时，其值的大小与随机变量的边缘分布函数无关；而基于 r_P 的增强 R-F 方法计算 θ^{GA} 时，其值则会受到边缘分布函数的影响，且这一影响在负相关情况时更为显著。③图中还可以清楚地看到随机变量的边缘分布函数对 r_P 相关系数的取值范围存在限制，验证了 Pearson 线性相关系数与边缘分布函数间会存在不相容问题。例如，图中的 LN-LN 组合情况，系数 r_P 的范围就被限制在了区间(−0.368，+1]内。当 r_P 取值不在这一区间时，增强 R-F 方法就会出现异常而无法继续计算。相比之下，基于 r_S 和 r_K 系数的改进 R-F 方法就不存在不相容问题，因为无论何种边缘分布，r_S 和 r_K 可以取区间[−1，1]内的任意值，这一点对基于专家经验选取相关系数的情况尤为重要。

情况 2：已知两随机变量的 Pearson 线性相关系数。

这里取 $r_{P,GA\text{-}GA}=0.8090$ 和 $r_{P,LN\text{-}LN}=0.7248$ 两种情况，即两随机变量的边缘分布函数分别为 GA-GA 和 LN-LN 两种组合，计算出各 Copula 的类型参数 θ、相应 Copula 下的 Spearman 系数 r_S 和 Kendall 系数 r_K 以及经 R-F 方法变换后的 θ_P^{GA}、θ_S^{GA} 和 θ_K^{GA}。从表 5-5 和表 5-6 可以看到：在相同 Copula 类型下，由基于 r_S 和 r_K 的改进 R-F 方法变换得到的 θ_S^{GA} 和 θ_K^{GA} 在数值上比较接近，而由基于 r_P 的增强 R-F 方法变换得到的 θ_P^{GA} 在数值上与相应的 θ_S^{GA} 和 θ_K^{GA} 可能差异较大，如 Frank Copula 时的结果。这一现象实际上是由 r_S 和 r_K 更能有效表征变量相关性的特点决定的，在后续算例 3 中将对这一特性进行更形象的展示。

表 5-5 边缘分布函数为 GA-GA 且 $r_{P,GA\text{-}GA}=0.8090$ 时相关系数受 Copula 类型的影响

类　型	类型参数	$r_{P,GA\text{-}GA}$	r_S	r_K	$\theta_{P,GA\text{-}GA}^{GA}$	θ_S^{GA}	θ_K^{GA}
Gaussian	$\rho=0.809$	0.8090	0.7953	0.6	0.8090	0.8090	0.8090
Student t 3	$\rho=0.820$	0.8090	0.8068	0.6121	0.8090	0.8200	0.8200
Clayton	$\theta=3.5830$	0.8090	0.8254	0.6418	0.8090	0.8377	0.8458
Frank	$\theta=9.5713$	0.8090	0.8502	0.6539	0.8090	0.8612	0.8558
Gumbel	$\theta=2.5591$	0.8090	0.7970	0.6092	0.8090	0.8106	0.8175

表 5-6 边缘分布函数为 LN-LN 且 $r_{P,LN\text{-}LN}=0.7248$ 时相关系数受 Copula 类型的影响

类　型	类型参数	$r_{P,LN\text{-}LN}$	r_S	r_K	$\theta_{P,LN\text{-}LN}^{GA}$	θ_S^{GA}	θ_K^{GA}
Gaussian	$\rho=0.809$	0.7248	0.7953	0.6	0.8090	0.8090	0.8090
Student t 3	$\rho=0.7358$	0.7248	0.7195	0.5264	0.8090	0.7358	0.7358
Clayton	$\theta=27.6406$	0.7248	0.9929	0.9325	0.8090	0.9936	0.9944
Frank	$\theta=30.1699$	0.7248	0.9804	0.8746	0.8090	0.9822	0.9807
Gumbel	$\theta=1.7185$	0.7248	0.5853	0.4181	0.8090	0.6034	0.6105

3. 算例 3　Copula-only 相关系数在刻画变量相关性上的优势

在不强调相关系数缺点的情况下，当前 R-F 方法可以采用 Pearson、Spearman 以及 Kendall 3 种相关系数中的任意一种表达物理向量 **X** 的相关性。但是从前述算例 2 中可知，对于同一个问题用 3 种不同的系数表示其相关性时，它们在 Y 空间中对应的线性相关系数是不相同的。如算例 2 表 5-6 中的 Frank Copula 时，其精确相关系数分别为 $r_{\mathrm{P,\ LN\text{-}LN}}=0.7248$，$r_{\mathrm{S}}=0.9804$，$r_{\mathrm{K}}=0.8746$，经 R-F 方法变换后，可得在 Y 空间内变量相关系数分别为 $\theta_{\mathrm{P,\ LN\text{-}LN}}^{\mathrm{GA}}=0.8090$，$\theta_{\mathrm{S}}^{\mathrm{GA}}=0.9822$，$\theta_{\mathrm{K}}^{\mathrm{GA}}=0.9807$。从数据上看，由 r_{S} 和 r_{K} 表示的相关性对应的 Y 空间内的线性相关系数已经接近完全相关。那么到底哪种表示情况更符合实际？下面从如下两个角度进行比较。

(1)R-F 方法中近似的 Gaussian Copula 与真实的 Frank Copula 对比。

从图 5-4(a)～(d)和图 5-5(b)～(h)中可以看到，与基于 $r_{\mathrm{P,\ LN\text{-}LN}}$ 的 R-F 方法相比，基于 r_{S} 的和基于 r_{K} 的 R-F 方法得到的近似 Gaussian Copula 在整体上更加接近真实的 Frank Copula。

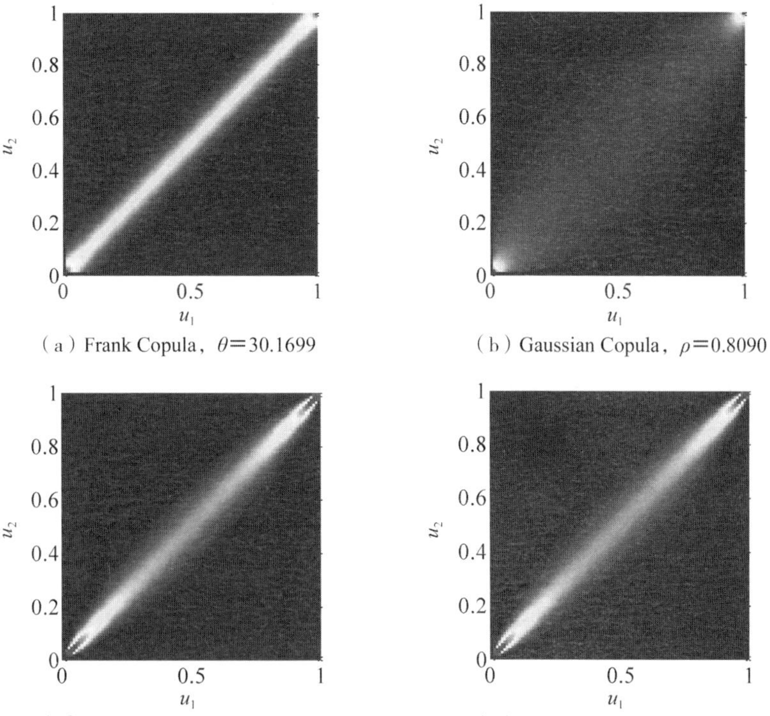

(a) Frank Copula，$\theta=30.1699$　(b) Gaussian Copula，$\rho=0.8090$

(c) Gaussian Copula，$\rho=0.9822$　(d) Gaussian Copula，$\rho=0.9807$

图 5-4　R-F 方法中近似 Gaussian Copula 与真实 Frank Copula 的密度函数值云图

(a) 真实 Frank Copula，类型参数 $\theta=30.1699$；(b)以 $r_{\mathrm{P,\ LN\text{-}LN}}$ 为相关系数时的近似 Gaussian Copula，类型参数 $\rho=0.8090$；(c) 以 r_{S} 为相关系数时的近似 Gaussian Copula，类型参数 $\rho=0.9822$；(d)以 r_{K} 为相关系数时的近似 Gaussian Copula，类型参数 $\rho=0.9807$

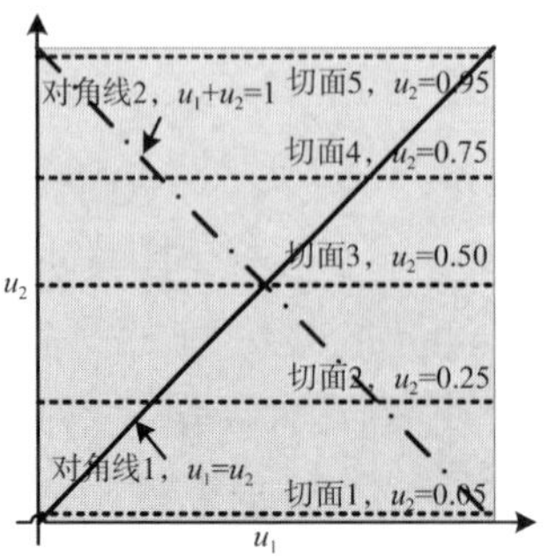

（a）Copula 密度函数剖面位置示意

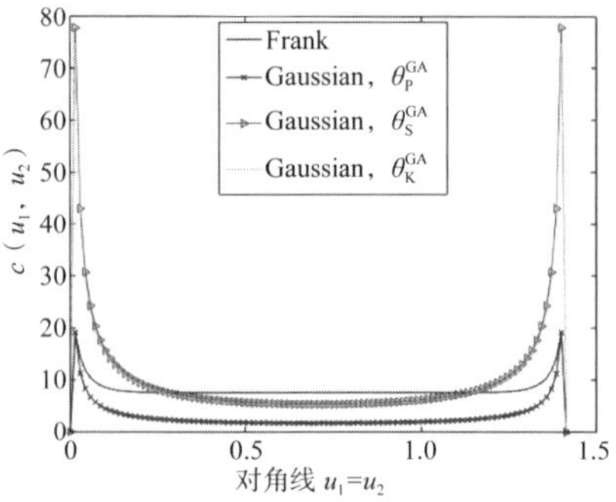

（b）对角线 1 处

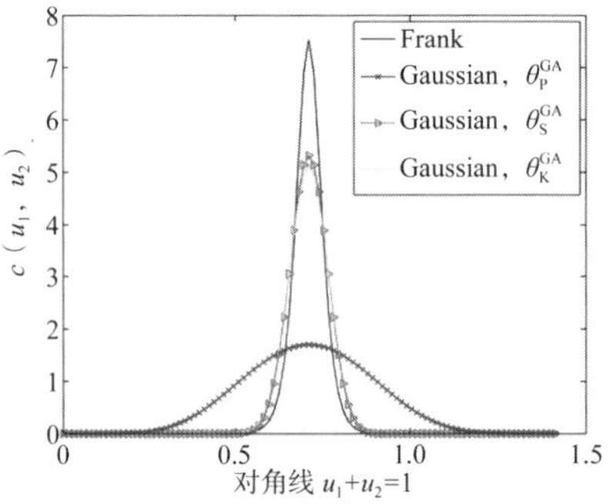

（c）对角线 2 处

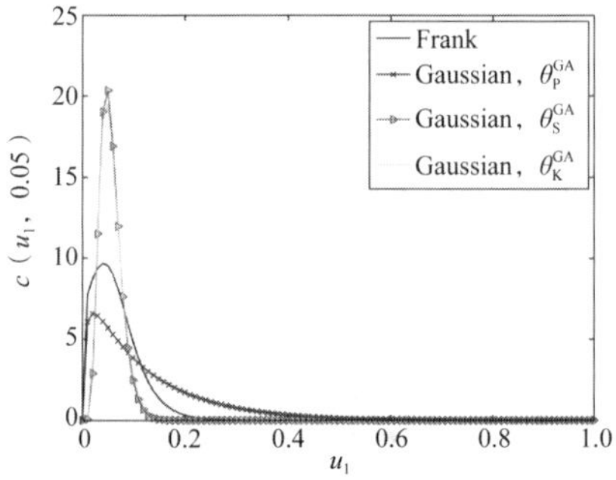

（d）切面 1 处

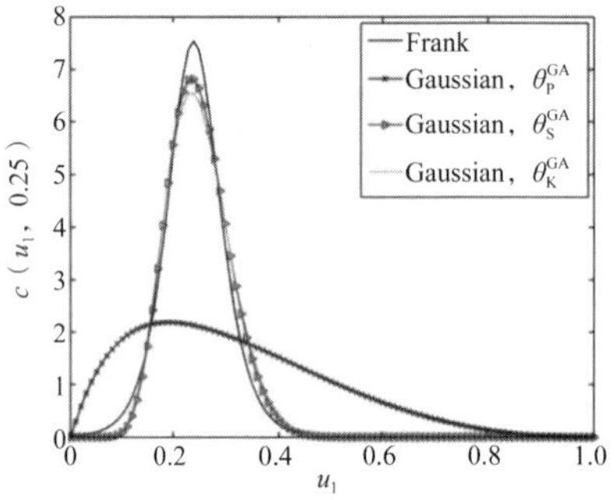

（e）切面 2 处

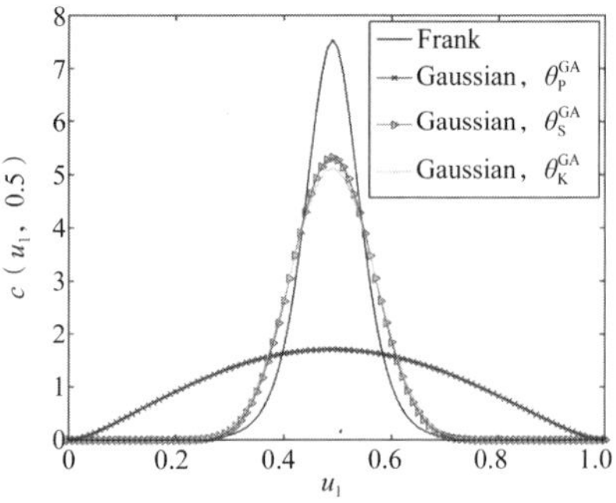

（f）切面 3 处

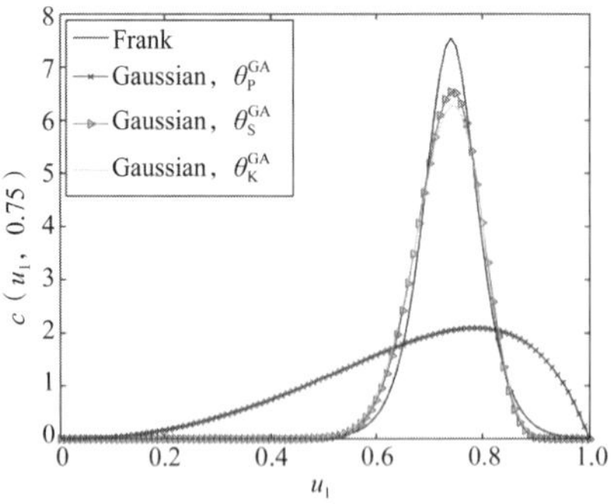

（g）切面 4 处

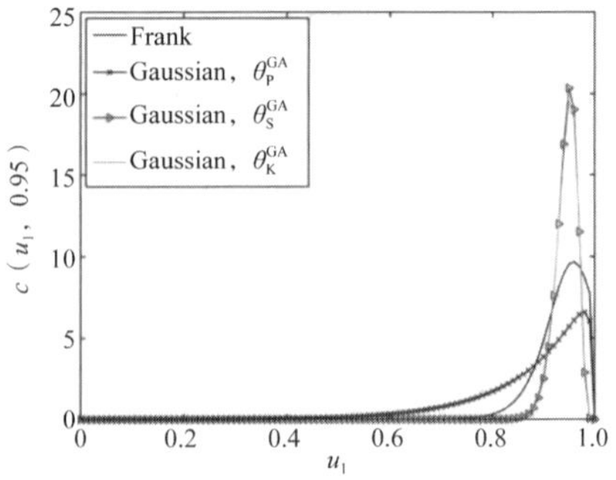

（h）切面 5 处

图 5-5　R-F 方法中近似 Gaussian Copula 与真实 Frank Copula 的密度函数值在指定剖面位置处的对比

(2)R-F 方法中近似 Monte Carlo 仿真样本与真实 Monte Calro 仿真样本的对比。

鉴于 r_S 和 r_K 的情况比较一致，这里仅对比基于 $r_{P,\ LN\text{-}LN}$ 和 r_S 的 R-F 方法。具体对比方法是依据表 5-6 中的数据分别生成以 Gaussian、Student t 3、Clayton、Frank 和 Gumbel 为真实 Copula 类型的真实 Monte Carlo 仿真样本和 R-F 方法中以 Gaussian Copula 为近似 Copula 类型的近似 Monte Carlo 仿真样本(样本数 10000)，并绘制样本点和统计样本的线性相关系数；最后对比在 Y 空间的样本情况和样本线性相关系数，以查看基于哪种相关系数的 R-F 方法在 Y 空间的结果与真实情况在 Y 空间的结果更为接近。

①生成真实 Monte Carlo 仿真样本。

a.首先根据 r_S 生成具体 Copula 类型的随机数，被分别绘制在图 5-6(b)、图 5-7(b)、图 5-8(b)和图-59(b)中，并统计随机数的线性相关系数列于括号内。

b.由 a.中的随机数，结合 X 空间的边缘分布函数，生成 X 空间内的真实 Monte Carlo 仿真样本，被分别绘制在图 5-6(a)、图 5-7(a)、图 5-8(a)和图 5-9(a)中，并统计样本线性相关系数列于括号内。

c.由 a.中的随机数，结合 Y 空间的标准正态边缘分布函数，生成 Y 空间内的真实 Monte Carlo 仿真样本，被分别绘制在图 5-6(c)、图 5-7(c)、图 5-8(c)和图 5-9(c)中，统计样本线性相关系数列于括号内。此相关系数即为真实情况下 Y 空间变量的相关系数。

②生成 R-F 方法中的近似 Monte Carlo 仿真样本。

a.由于 R-F 方法是基于 Gaussian Copula 假设的，因而首先根据 θ_S^{GA} 分别生成符合 Gaussian Copula 的随机数，被分别绘制在图 5-6(e)、图 5-7(e)、图 5-8(e)和图 5-9(e)中，并统计随机数的线性相关系数列于括号内。

b.由 a.中的随机数，结合 X 空间的边缘分布函数，生成 X 空间内的近似 Monte Carlo 仿真样本，被分别绘制在图 5-6(d)、图 5-7(d)、图 5-8(d)和图 5-9(d)中，并统计样本线性相关系数列于括号内。

c.由 a.中的随机数，结合 Y 空间的标准正态边缘分布函数，生成 Y 空间内的近似 Monte Carlo 仿真样本，被分别绘制在图 5-6(f)、图 5-7(f)、图 5-8(f)和图 5-9(f)中，并统计样本线性相关系数列于括号内。

其中，基于 $r_{P,\ LN\text{-}LN}$ 的 R-F 方法的近似 Monte Carlo 仿真样本的生成同②中步骤，只是在本算例中，其对所有 Copula 类型得到的 Y 空间内的线性相关系数 $\theta_{P,\ LN\text{-}LN}^{GA}$ 是相同的，即 $\theta_{P,\ LN\text{-}LN}^{GA}=0.8090$，故所有近似的 Monte Carlo 仿真样本情况均可由图 5-10(a)、(b)和(c)描述。

综合分析和对比表 5-6 以及图 5-6 至图 5-10 中的结果，可以看到：由基于 r_S 的 R-F 方法得到的 Y 空间内变量的线性相关系数与真实情况下 Monte Carlo 仿真得到的 Y 空间内的线性相关系数是比较接近的，而且从可视的样本图中也可以观察到两者趋势比较一致。

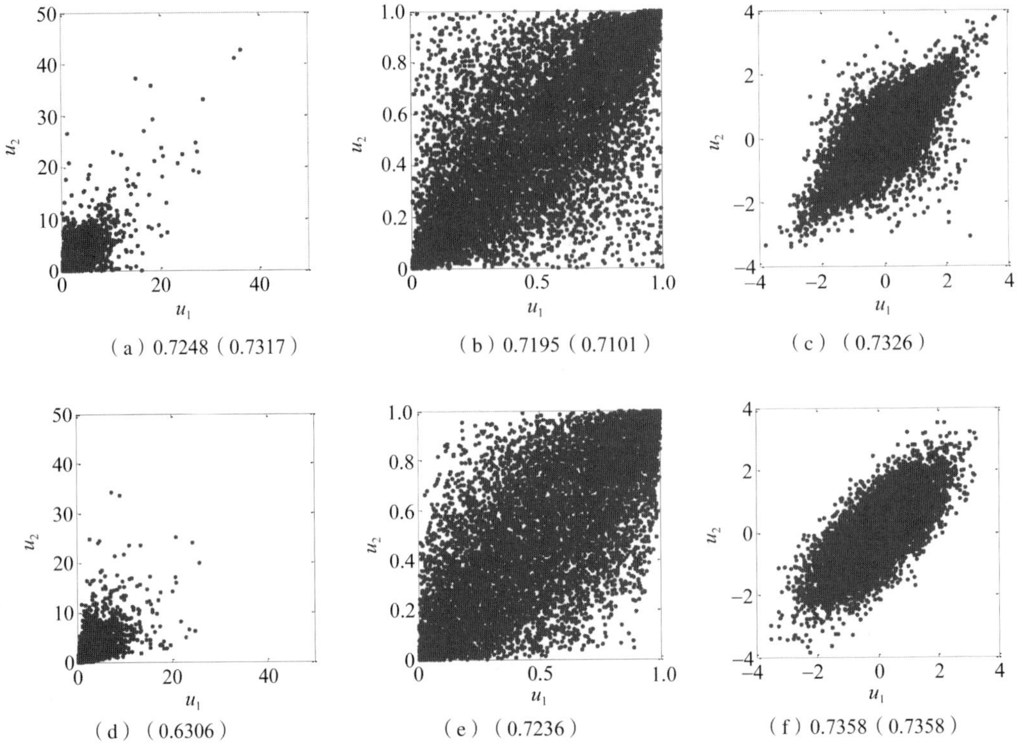

（a）0.7248（0.7317）　（b）0.7195（0.7101）　（c）（0.7326）

（d）（0.6306）　（e）（0.7236）　（f）0.7358（0.7358）

图 5-6　真实 Copula 类型为 Student *t* 3 时的 Monte Carlo 仿真样本

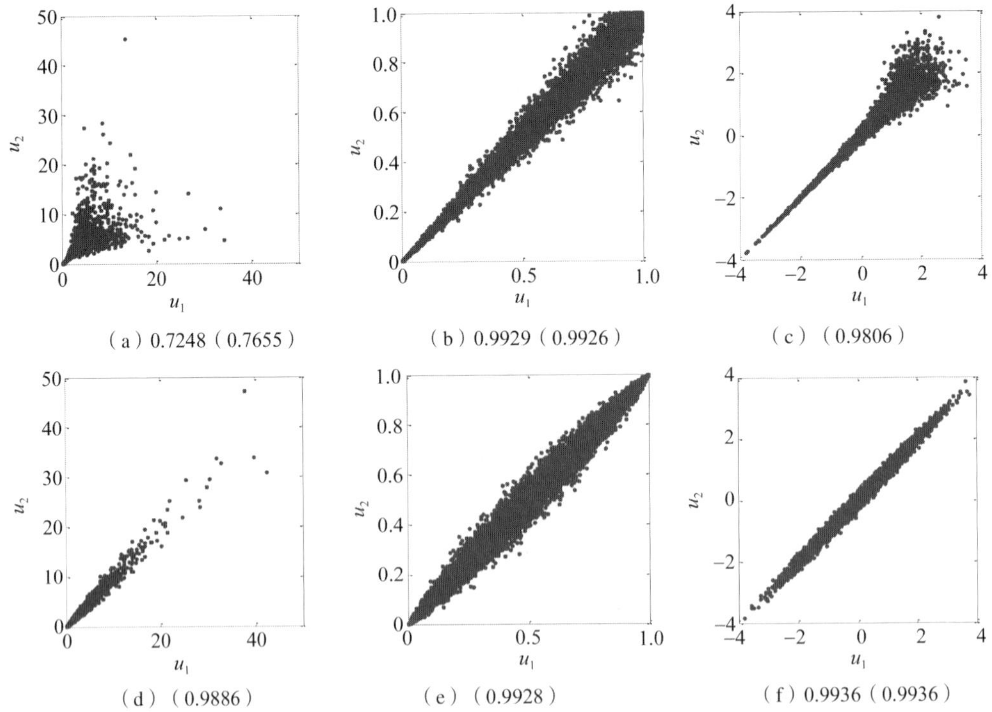

（a）0.7248（0.7655）　（b）0.9929（0.9926）　（c）（0.9806）

（d）（0.9886）　（e）（0.9928）　（f）0.9936（0.9936）

图 5-7　真实 Copula 类型为 Clayton 时的 Monte Carlo 仿真样本

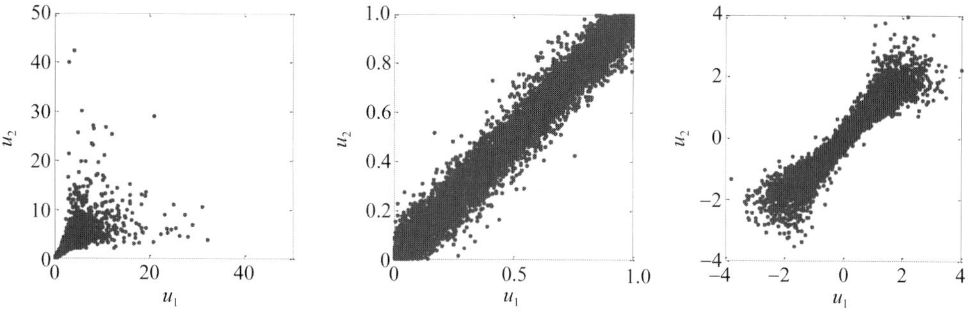

（a）0.7248（0.7076）　（b）0.9804（0.9811）　（c）（0.9574）

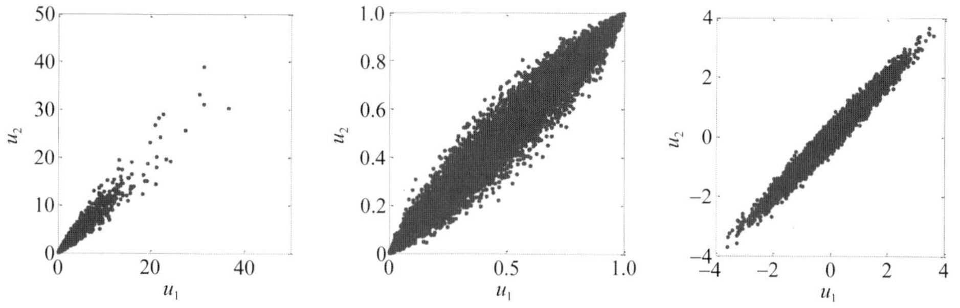

（d）（0.9720）　（e）（0.9804）　（f）0.9822（0.9822）

图 5-8　真实 Copula 类型为 Frank 时的 Monte Carlo 仿真样本

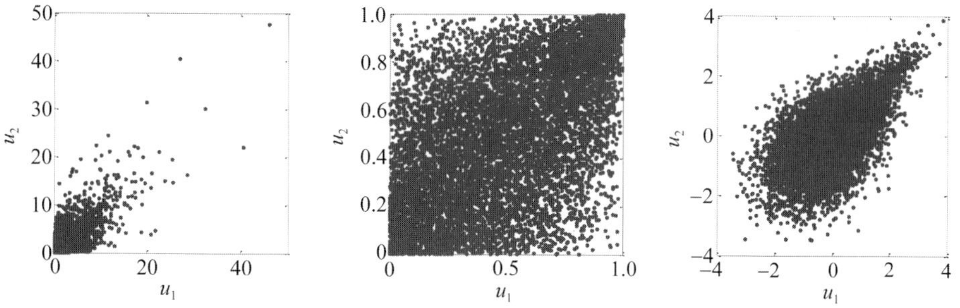

（a）0.7474（0.7454）　（b）0.5853（0.5831）　（c）（0.6071）

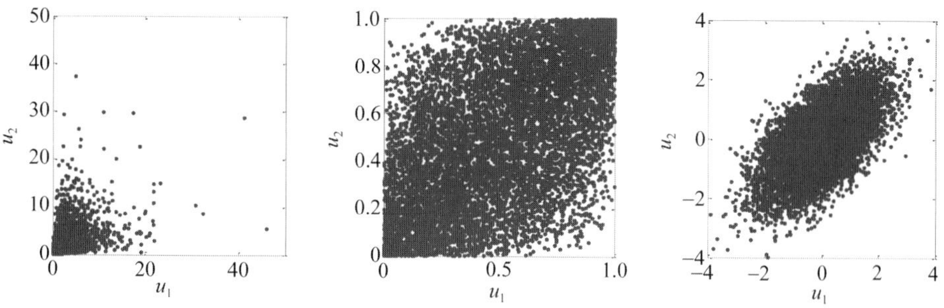

（d）（0.4918）　（e）（0.5920）　（f）0.6034（0.6117）

图 5-9　真实 Copula 类型为 Gumbel 时的 Monte Carlo 仿真样本

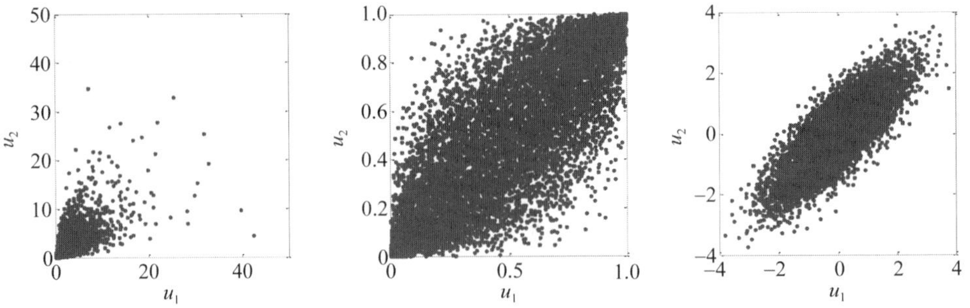

(a) 0.7248 (0.7214)　　(b) 0.7953 (0.7970)　　(c) 0.8090 (0.8107)

图 5-10　真实 Copula 类型为 Gaussian 时的 Monte Carlo 仿真样本

5.4　基于椭圆 Copula 族的广义 Rackwitz-Fiessler 方法

5.2 节中从 Copula 理论角度分析出 R-F 方法中隐含着 Gaussian Copula 假设。换句话说，在提供了随机向量 $\boldsymbol{X}$ 的边缘分布函数 F_{X_i} 以及相关矩阵$\boldsymbol{R}_X$ 信息并采用 R-F 方法处理随机空间变换问题时，已经默认对向量 $\boldsymbol{X}$ 的 Copula 类型做了服从 Gaussian Copula 的假设。而事实上，现实中 $\boldsymbol{X}$ 的 Copula 类型是任意的，如可以是 Student t、Clayton、Frank、Gumbel 等任一类型。显然，这种人为强制且不易被察觉的 Gaussian Copula 类型假设必然会使可靠度计算结果偏离实际，甚至会很离谱。这一点也可以从上一节中真实 Monte Carlo 仿真样本与 R-F 方法的近似 Monte Carlo 仿真样本的差别中体会到。

现实中还常遇到具有尾部依赖性(tail dependence)的随机因素，对于这些随机因素若采用包含 Gaussian Copula 假设的 R-F 方法处理往往会产生较大误差，尤其是在处理高可靠性问题时。因为高可靠性问题的失效概率往往很低，若此时又涉及变量尾部依赖性而 Gaussian Copula 又完全不具备尾部依赖的特性，就有可能会对失效概率的估算有数量级上的差别而且常常是低估。与 Gaussian Copula 不同，Student t Copula 具有上/下尾部依赖性，Gumbel Copula 具有上尾部依赖性，Clayton Copula 具有下尾部依赖性等，而它们则可以用来考虑现实中存在的尾部依赖性。

因而，对于 R-F 方法，一个理想的状态是能够依据实际情况选取与真实情况一致的或最为近似的 Copula 类型。但在工程实际中这种理想状态往往是不现实的，一方面是变量间的相关信息有限，难以估计出准确的 Copula 函数，另一方面，R-F 方法只是一种随机空间变换方法，其变换的结果必须能够被后续可靠度算法所兼容。为此，退而求其次，突破现有 R-F 方法的 Gaussian Copula 假设，引入椭圆 Copula 族假设。事实上，椭圆分布族(elliptical distribution family)是 Gaussian 分布的推广，不但继承了 Gaussian 分布的一些特性，还具有一些特有属性，如 Student t 分布就是一种具有上/下尾部依赖特性的椭圆分布。于是，基于椭圆分布及其椭圆 Copula 族对 R-F 方法进行广义化是非常自然而合理的。

5.4.1　椭圆分布及椭圆 Copula 族

本节仅简单给出与后续提出的广义 R-F 方法有关的椭圆分布和椭圆 Copula 族性

质，详细理论基础请参考文献[37]。

和正态分布与标准正态分布的关系类似，椭圆分布与球分布存在着同样的关系。若记多维椭圆分布为 $\boldsymbol{Y} \sim E_n(\boldsymbol{\mu}, \boldsymbol{\Sigma}, \Psi)$，相应的球分布记为 $\boldsymbol{U} \sim S_n(\Psi)$，其中 $\boldsymbol{\mu}$ 是 $\boldsymbol{Y}$ 的均值向量，$\boldsymbol{\Sigma}$ 是协方差矩阵，Ψ 是该椭圆分布的特征函数，n 是向量维数，那么向量 $\boldsymbol{Y}$ 和 $\boldsymbol{U}$ 之间存在如下仿射变换：

$$T: \mathbb{R}^n \to \mathbb{R}^n,\ \boldsymbol{y} \mapsto \boldsymbol{u} = \boldsymbol{A}\boldsymbol{y} + \boldsymbol{\mu},\ \boldsymbol{A} \in \mathbb{R}^{n \times n},\ \boldsymbol{\mu} \in \mathbb{R}^n \tag{5-9}$$

式中，$\boldsymbol{\Sigma} = \boldsymbol{A}\boldsymbol{A}^{\mathrm{T}} = \boldsymbol{DRD}$；$\boldsymbol{A} = \boldsymbol{DL}$；$\boldsymbol{R} = \boldsymbol{LL}^{\mathrm{T}}$ 是椭圆分布向量 $\boldsymbol{Y}$ 的 Pearson 线性相关系数矩阵；$\boldsymbol{D} = \mathrm{diag}(\sigma_i)$ 是 $\boldsymbol{Y}$ 的标准差对角阵。除了多维正态分布，多维椭圆分布的线性相关系数为零并不意味着变量独立而只是表示变量不相关。因而，多维球分布实际上是一组均值为零、方差为 1 的互不相关的椭圆分布的联合概率分布。

Gaussian、Student t、Exponential power、Laplace、Cauchy 等分布都属于椭圆分布。设 $E_{\boldsymbol{\mu},\boldsymbol{\sigma},\boldsymbol{R},\Psi}$ 或 $E_{\boldsymbol{\mu},\boldsymbol{\Sigma},\Psi}$ 表示椭圆随机向量的联合累积分布函数，$\mathcal{E}_{\boldsymbol{\mu},\boldsymbol{\sigma},\boldsymbol{R},\Psi}$ 或 $\mathcal{E}_{\boldsymbol{\mu},\boldsymbol{\Sigma},\Psi}$ 表示联合概率密度函数，$C^E_{\boldsymbol{R},\Psi}$ 代表相应的椭圆 Copula。如果特征函数 $\boldsymbol{\Psi}$ 事先确定，那么椭圆 Copula 也是唯一由其线性相关系数矩阵 $\boldsymbol{R}$ 确定的。如果 $\mathcal{E}_{\boldsymbol{\mu},\boldsymbol{\sigma},\boldsymbol{R},\Psi}$ 存在的话，则具有如下形式：

$$\mathcal{E}^n_{\boldsymbol{\mu},\boldsymbol{\sigma},\boldsymbol{R},\Psi}(\boldsymbol{x}) = \frac{c_n}{\sqrt{|\boldsymbol{\Sigma}_X|}} g_n[(\boldsymbol{x} - \boldsymbol{\mu}_X)^{\mathrm{T}} \boldsymbol{\Sigma}_X^{-1} (\boldsymbol{x} - \boldsymbol{\mu}_X)] \tag{5-10}$$

式中，n 是维数；g_n 是密度生成函数；c_n 是归一化常数（normalizing constant），$c_n = \dfrac{\Gamma(n/2)}{\pi^{n/2}} D^{-1}$，$D = \int_0^{\infty} x^{\frac{n}{2}-1} g_n(x)\,\mathrm{d}x$。几种常见椭圆分布的密度生成函数和归一化常数列写在表 5-7 中。

表 5-7 几种常见椭圆分布的密度生成函数 g_n 和归一化常数

类　型	密度生成函数	归一化常数
Exponential power	$g_n(u) = \exp\left[-r \cdot \left(\dfrac{u}{2}\right)^s\right],\ r, s > 0$	$c_n = \dfrac{s\Gamma(n/2)}{(2\pi)^{n/2}\Gamma[n/(2s)]} r^{n/(2s)}$
Normal	$g_n(u) = \exp(-u/2)$	$c_n = (2\pi)^{-n/2}$
Laplace	$g_n(u) = \exp(-\lvert u \rvert^{1/2})$	$c_n = \dfrac{\Gamma(n/2)}{\Gamma(n) \cdot 2 \cdot \pi^{n/2}}$
Student t	$g_n(u) = \left(1 + \dfrac{u}{m}\right)^{-(n+m)/2}$，$m > 0$，整数	$c_n = \dfrac{\Gamma[(n+m)/2]}{\Gamma(m/2)} (\pi m)^{-n/2}$
Cauchy	$g_n(u) = (1+u)^{-(n+1)/2}$，$n = 1$ (Student t)	$c_n = \dfrac{\Gamma[(n+1)/2]}{\pi^{(n+1)/2}}$

从式(5-10)，很容易获得椭圆分布的一维概率密度函数：

$$\mathcal{E}_{\mu,\sigma,\Psi}(x) = \frac{c}{\sigma} g_n\left[\left(\frac{x-\mu}{\sigma}\right)^2\right] \tag{5-11}$$

二维联合概率密度函数：

$$\mathcal{E}^2_{\boldsymbol{\mu},\boldsymbol{\sigma},\boldsymbol{R},\Psi}(x_1, x_2) = \frac{c_2}{\sqrt{\sigma_1\sigma_2(1-\rho^2)}} \cdot$$

$$g_n\left\{\frac{1}{(\rho^2-1)}\left[\frac{(x_1-\mu_1)^2}{\sigma_1^2}-\frac{2\rho(x_1-\mu_1)(x_2-\mu_2)}{\sigma_1\sigma_2}+\frac{(x_2-\mu_2)^2}{\sigma_2^2}\right]\right\} \tag{5-12}$$

对应的一维标准概率密度函数和累积分布函数分别为

$$\mathcal{E}_{0,1,\Psi}(x)=cg(x^2) \tag{5-13}$$

$$E_{0,1,\Psi}(x)=c\int_{-\infty}^{x}g(u^2)\mathrm{d}u \tag{5-14}$$

对应的二维标准概率密度函数和累积分布函数分别为

$$\mathcal{E}^2_{0,1,\rho,\Psi}(x_1,x_2)=\frac{c_2}{\sqrt{(1-\rho^2)}}g_n\left[\frac{x_1^2-2\rho x_1x_2+x_2^2}{(1-\rho^2)}\right] \tag{5-15}$$

$$E^2_{0,1,\rho,\Psi}(x_1,x_2)=\int_{-\infty}^{x_2}\int_{-\infty}^{x_1}\frac{c_2}{\sqrt{(1-\rho^2)}}g_n\left[\frac{x_1^2-2\rho x_1x_2+x_2^2}{(1-\rho^2)}\right]\mathrm{d}x_1\mathrm{d}x_2 \tag{5-16}$$

根据 Copula 理论的 Sklar 定理，二维椭圆分布的 Copula 及其密度函数公式：

$$C^E_{ij}(u_1,u_2)=\int_{-\infty}^{E^{-1}_{0,1,\Psi}(u_1)}\int_{-\infty}^{E^{-1}_{0,1,\Psi}(u_2)}\mathcal{E}^2_{0,1,\rho,\Psi}(x_1,x_2)\mathrm{d}x_1\mathrm{d}x_2 \tag{5-17}$$

$$c^E_{ij}(u_1,u_2)=\varphi[E^{-1}_{0,1,\Psi}(u_1),E^{-1}_{0,1,\Psi}(u_2),\rho] \tag{5-18}$$

式中，$\varphi(x_1,x_2,\rho)=\mathcal{E}^2_{0,1,\rho,\Psi}(x_1,x_2)/[\mathcal{E}_{0,1,\Psi}(x_1)\cdot\mathcal{E}_{0,1,\Psi}(x_2)]$为密度权重函数[7]。

5.4.2 广义方法

在前一节基础上，这里直接将传统 R-F 方法推广到广义 R-F 方法[199]。

与传统 R-F 方法类似，广义 R-F 方法同样由两大步组成：①依据广义 R-F 条件将随机向量 $\boldsymbol{X}$ 从原始物理 X 空间变换到椭圆 Z 空间，记为 T_1^{GRF}，即得到多维椭圆随机向量 $\boldsymbol{Z}$；②根据椭圆分布的仿射变换性质将椭圆随机向量 $\boldsymbol{Z}$ 变换到多维标准球 U 空间，记为 T_2^{GRF}，即得到多维标准球随机向量 $\boldsymbol{U}$。在广义 R-F 方法中，随机向量 $\boldsymbol{X}$ 的 Copula 类型被假设为椭圆 Copula 族。

同传统 R-F 条件表示的当量正态化原理类似，广义 R-F 条件将任意类型的随机变量 X_i 在最可能失效点处等效成一个服从椭圆分布的随机变量 Z_i，即两个随机变量的累计分布函数(CDFs)和概率密度函数(PDFs)满足在最可能失效点处分别相等的条件：

$$F_{X_i}(x_i^*)=E_{\mu_{Z_i},\sigma_{Z_i},\Psi}(z_i^*)=E_{0,1,\Psi}\left(\frac{z_i^*-\mu_{Z_i}}{\sigma_{Z_i}}\right)=E_{0,1,\Psi}(y_i^*) \tag{5-19}$$

$$f_{X_i}(x_i^*)=\mathcal{E}_{\mu_{Z_i},\sigma_{Z_i},\Psi}(z_i^*)=\frac{1}{\sigma_{Z_i}}\mathcal{E}_{0,1,\Psi}\left(\frac{z_i^*-\mu_{Z_i}}{\sigma_{Z_i}}\right)=\frac{1}{\sigma_{Z_i}}\mathcal{E}_{0,1,\Psi}(y_i^*) \tag{5-20}$$

式中，$E_{\mu_{Z_i},\sigma_{Z_i},\Psi}(\cdot)$和$\mathcal{E}_{\mu_{Z_i},\sigma_{Z_i},\Psi}(\cdot)$分别是服从位置参数 μ_{Z_i}、尺度参数 σ_{Z_i} 和特征函数 Ψ 的椭圆分布的 CDF 和 PDF；而 $E_{0,1,\Psi}(\cdot)$和$\mathcal{E}_{0,1,\Psi}(\cdot)$则是位置参数为 0、尺度参数为 1 的标准椭圆分布。根据式(5-19)和式(5-20)即可得到等效随机变量 Z_i 的参数 μ_{Z_i} 和 σ_{Z_i}：

$$\mu_{Z_i}=z_i^*-\sigma_{Z_i}E^{-1}_{0,1,\Psi}[F_{X_i}(x_i^*)] \tag{5-21}$$

$$\sigma_{Z_i}=\frac{E_{0,1,\Psi}^{-1}[F_{X_i}(x_i^*)]}{f_{X_i}(x_i^*)} \tag{5-22}$$

在实际使用中，最可能失效点 x_i^* 应由迭代点 $x_i^{(k)}$ 替代，所有等效椭圆随机变量 Z_i 即组成了一组服从多维椭圆分布的随机向量 $\boldsymbol{Z}$。

在广义 R-F 条件的基础上，进一步进行仿射变换，即可变换至标准球 U 空间。不过，仿射变换可以分解为两个连续的变换，分别实现：①由 Z 空间到标准椭圆 Y 空间的变换（记为 $T_{2\text{-}1}^{\mathrm{GRF}}$）和②由 Y 空间到标准球 U 空间的变换（记为 $T_{2\text{-}2}^{\mathrm{GRF}}$）。总结广义 R-F 方法的变换过程，其正变换和逆变换过程的公式为

广义 R-F 方法的正变换过程

T_1^{GRF}：$\mathrm{Range}(X_1, \cdots, X_n)\rightarrow\mathbb{R}^n$，即由 X 空间到 Z 空间

$$\boldsymbol{x}^{(k)}\mapsto\boldsymbol{z}^{(k)}=\boldsymbol{x}^{(k)}\sim E_{\boldsymbol{\mu}_Z^{(k)},\boldsymbol{\sigma}_Z^{(k)},\boldsymbol{R}_0,\Psi} \tag{5-23}$$

T_{2-1}^{GRF}：$\mathbb{R}^n\rightarrow\mathbb{R}^n$，即由 Z 空间到 Y 空间

$$\boldsymbol{z}^{(k)}\mapsto\boldsymbol{y}^{(k)}=(\boldsymbol{D}^{(k)})^{-1}(\boldsymbol{z}^{(k)}-\boldsymbol{\mu}_Z^{(k)})\sim E_{0,1,\boldsymbol{R}_0,\boldsymbol{\Psi}} \tag{5-24}$$

$T_{2\text{-}2}^{\mathrm{GRF}}$：$\mathbb{R}^n\rightarrow\mathbb{R}^n$，即由 Y 空间到 U 空间

$$\boldsymbol{y}^{(k)}\mapsto\boldsymbol{u}^{(k)}=\boldsymbol{\Gamma}\,\boldsymbol{y}^{(k)}\sim S_\Psi \tag{5-25}$$

广义 R-F 方法的逆变换过程

$T_{2\text{-}2}^{-1\mathrm{GRF}}$：$\mathbb{R}^n\rightarrow\mathbb{R}^n$，即由 U 空间到 Y 空间

$$\boldsymbol{u}^{(k+1)}\mapsto\boldsymbol{y}^{(k+1)}=\boldsymbol{\Gamma}^{-1}\,\boldsymbol{u}^{(k+1)}\sim E_{0,1,\boldsymbol{R}_0,\boldsymbol{\Psi}} \tag{5-26}$$

$T_{2\text{-}1}^{-1\mathrm{GRF}}$：$\mathbb{R}^n\rightarrow\mathbb{R}^n$，即由 Y 空间到 Z 空间

$$\boldsymbol{y}^{(k+1)}\mapsto\boldsymbol{z}^{(k+1)}=\boldsymbol{D}^{(k)}\,\boldsymbol{y}^{(k+1)}+\boldsymbol{\mu}_Z^{(k)}\sim E_{\boldsymbol{\mu}_Z^{(k)},\boldsymbol{\sigma}_Z^{(k)},\boldsymbol{R}_0,\boldsymbol{\Psi}} \tag{5-27}$$

$T_{1*}^{-1\mathrm{GRF}}$：$\mathbb{R}^n\rightarrow\mathbb{R}^n$，即由 Z 空间到 X 空间

$$\boldsymbol{z}^{(k+1)}\mapsto\boldsymbol{x}^{(k+1)}=\boldsymbol{z}^{(k+1)}\sim E_{\boldsymbol{\mu}_Z^{(k)},\boldsymbol{\sigma}_Z^{(k)},\boldsymbol{R}_0,\boldsymbol{\Psi}} \tag{5-28}$$

若将式(5-24)和式(5-25)合并，可得仿射变换的正变换过程，即

T_2^{GRF}：$\mathbb{R}^n\rightarrow\mathbb{R}^n$，即由 Z 空间到 U 空间

$$\boldsymbol{z}^{(k)}\mapsto\boldsymbol{u}^{(k)}=\boldsymbol{\Gamma}\,(D^{(k)})^{-1}(\boldsymbol{z}^{(k)}-\boldsymbol{\mu}_Z^{(k)})\sim S_{\boldsymbol{\Psi}} \tag{5-29}$$

将式(5-26)和式(5-27)合并，可得仿射变换的逆变换过程，即

$T_2^{-1\mathrm{GRF}}$：$\mathbb{R}^n\rightarrow\mathbb{R}^n$，即由 U 空间到 Z 空间

$$\boldsymbol{u}^{(k+1)}\mapsto\boldsymbol{z}^{(k+1)}=\boldsymbol{D}^{(k)}\,\boldsymbol{\Gamma}^{-1}\,\boldsymbol{u}^{(k+1)}+\boldsymbol{\mu}_Z^{(k)}\sim E_{\boldsymbol{\mu}_Z^{(k)},\boldsymbol{\sigma}_Z^{(k)},\boldsymbol{R}_0,\boldsymbol{\Psi}} \tag{5-30}$$

式中，Range(·)代表随机变量的区间范围；$\boldsymbol{D}=\mathrm{diag}(\sigma_{Z_i})$是以随机向量 $\boldsymbol{Z}$ 中各变量的尺度参数为对角元素的矩阵；$\boldsymbol{R}_0$ 是随机向量在 Z 空间和 Y 空间中的线性相关系数矩阵，是对称正定的；$\boldsymbol{\Gamma}=\boldsymbol{L}^{-1}$，而 $\boldsymbol{L}$ 是矩阵R_0 的 Cholesky 分解得到的下三角矩阵，即$\boldsymbol{R}_0=\boldsymbol{L}\,\boldsymbol{L}^{\mathrm{T}}$。

在广义方法中，随机向量 $\boldsymbol{X}$ 的相关性表示同传统 R-F 一致，可以使用 Pearson、Spearman、Kendall 等相关系数表示。相应的 $\boldsymbol{R}_0$ 矩阵仍然采用式(5-4)、式(5-5)以及(5-8)反求出来，只需使用相应的椭圆 Copula 函数即可。不过，对于以 Kendall 表示的相关系数，$\boldsymbol{R}_0$ 的求解仍可使用解析的式(5-7)求解，因为对于椭圆分布，这个简洁公式仍然成立。

5.4.3　基于广义 R-F 方法的广义一次可靠度方法

经过广义 R-F 方法后，随机向量 $\boldsymbol{X}$ 由实际物理 X 空间变换至标准球 U 空间。在标准球 U 空间中，若选用的椭圆 Copula 是 Gaussian Copula，那么此时的 U 空间和传统一次可靠度方法中的独立标准正态空间是一致的。若是其他类型的椭圆 Copula，如 Student t Copula，则得到的 U 空间则不再是标准的正态分布空间，即与传统的可靠度方法已不兼容。为了与广义 R-F 方法相适应，传统的一次可靠度方法也需要进行广义化以使之适合 U 空间[199]。故这里将 Hasofer 和 Lind 对最可能失效点在独立标准正态空间中的几何解释进行广义化，即：在不相关的标准球 U 空间中将失效面到 U 空间原点最近的距离作为可靠度指标，如图 5-11 所示，并将之称为广义一次可靠度指标 β_G：

$$\beta_G = \operatorname{sgn}(\boldsymbol{\alpha}^T \boldsymbol{u}^*) \| \boldsymbol{u}^* \| \tag{5-31}$$

式中，$\boldsymbol{u}^*$ 为最可能失效点；$\boldsymbol{\alpha}$ 为安全裕度函数 $G_U(\boldsymbol{u})$ 在 $\boldsymbol{u}^*$ 处的负梯度方向；sgn(·)为符号函数。进一步，利用如下公式可得到一次可靠度概率 P_s 或失效概率 P_f：

$$P_s = 1 - P_f = E_{0,1,\Psi}(\beta_G) \tag{5-32}$$

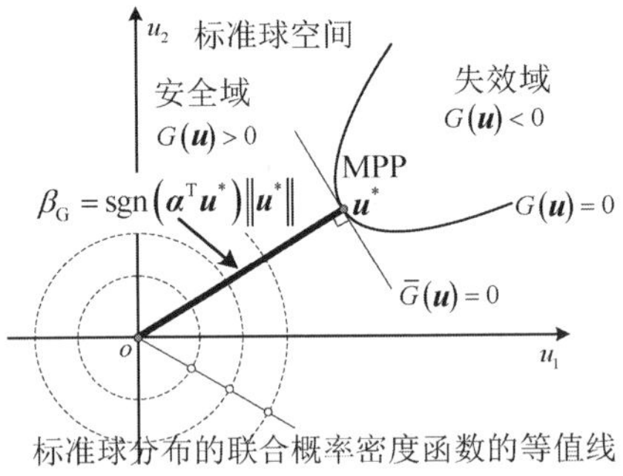

图 5-11　标准球 U 空间下的广义可靠度指标

有关一次可靠度方法和二次可靠度方法与 U 空间之间的兼容问题，在文献[44]中有比较详细的讨论，本节中基于广义 R-F 方法的广义一次可靠度方法即是受前述文献的启发。

5.4.4　算例分析

1. 二维安全裕度函数

本例中，安全裕度函数 $G(x_1, x_2)$ 以及参数 α 和 d 的取值如图 5-12 所示，其中参数 d 控制原点 O 到直线 $G(x_1, x_2)=0$ 的距离，亦即控制着失效概率的大小。下面取 4 种情况进行探讨，并分别用增强的、改进的以及广义的 R-F 方法结合 Hasofer-Lind 一次可靠度方法进行分析，同时计算两种失效概率结果：一种是采用积分方法求得的精确失效概率，简称积分失效概率；另一种是基于传统的和广义的一次可靠度方法求解的一次可靠度指标和一次近似失效概率，简称一次失效概率。

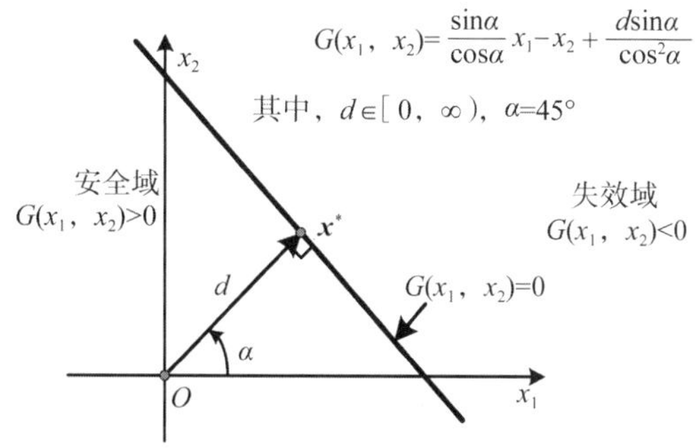

图 5-12　某 2 维安全裕度函数

情况 1：随机变量 x_1 和 x_2 均为标准正态分布，真实依赖结构服从 Gumbel Copula，但两变量间的线性相关系数 r_P 为零

在情况 1 下，根据式(5-8)可首先反求出 Gumbel Copula 的参数 $\theta=1$。而 Gumbel Copula 在 $\theta=1$ 时代表相互独立，故在情况 1 下，x_1 和 x_2 是一对相互独立的随机变量。进而依据式(5-4)和式(5-5)计算的 Spearman 和 Kendall 相关系数也为零，即 $r_S=0$ 和 $r_K=0$。这种情况下，增强 R-F 方法以及改进 R-F 方法的 Gaussian Copula 参数亦为零，即 $\rho=0$，见表 5-8。而 $\rho=0$ 时 Gaussian Copula 同样意味着独立，于是可以预计：在情况 1 下以 Gaussian Copula 为假设的 R-F 方法估算的失效概率将与真实的 Gumbel Copula 结果一致。这一点可以从表 5-9 和图 5-13 中的积分失效概率结果得以验证。

对基于椭圆 Copula 假设的广义 R-F 方法，因真实依赖结构 Gumbel Copula 具有上尾部依赖特性，故本例中广义 R-F 方法采用同样具有上尾部依赖特性的 Student t Copula 依赖结构，并取自由度 3 和 10 两种情况求解。本算例中的其他 3 种情况也是这种选择，后续不再赘述。由 $r_P=r_S=r_K=0$，可求得对应的 Student t Copula 参数，见表 5-8，可以看到参数值非常接近零。不过，对于 Student t Copula 来说，零参数值只代表变量不相关并不意味着独立。

图 5-14 给出了情况 1 中分别令 Gaussian、Student t 3 和 Student t 10 的 Copula 参数为零且取 $d=6$ 时 Y 空间内安全裕度函数表征的失效面曲线。

表 5-8　情况 1 时 R-F 方法中的 Copula 参数值

类　型	Gaussian	Student t 3	Student t 10
$r_P=0$	0	−2.2796e−8	−7.9166e−9
$r_S=0$	0	1.3148e−7	1.2731e−7
$r_K=0$	0	0.0	0.0

表 5-9　情况 1 中 $d=6$ 时不同 R-F 方法得到的可靠性结果

方　法	Copula 假设	Copula 参数 θ	积分失效概率 P_f	一次近似失效概率	可靠度指标 β	最可能失效点 $\boldsymbol{u}^*$
精确解	Gumbel	$\theta=1$	9.8515e−10	—	—	—
传统 R-F	Gaussian	$\rho=0$	9.8515e−10	9.8659e−10	6	4.24264，4.24264
广义 R-F	Student t 3	$\rho=0$	2.4849e−06	3.9084e−06	65.5684	46.3638，46.3638
	Student t 10	$\rho=0$	3.3213e−07	4.9737e−07	10.5225	7.44053，7.44053

注："传统 R-F"代表以 r_P 为相关系数的增强 R-F 法和以 r_S 或 r_K 为相关系数的改进 R-F 方法。

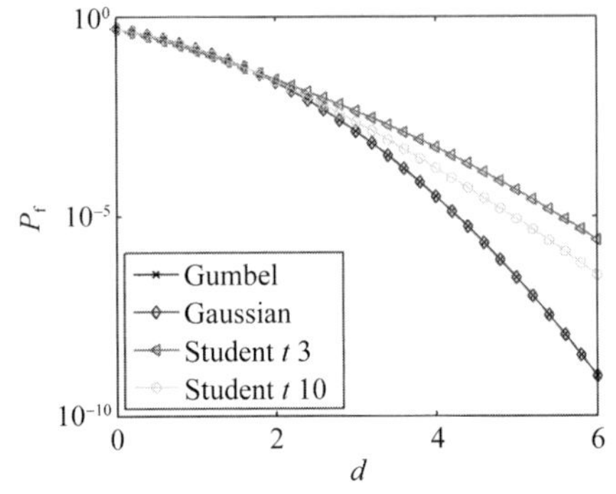

图 5-13　当 $r_P=r_S=r_K=0$ 时，不同 Copula 下计算的积分失效概率随参数 d 的变化情况

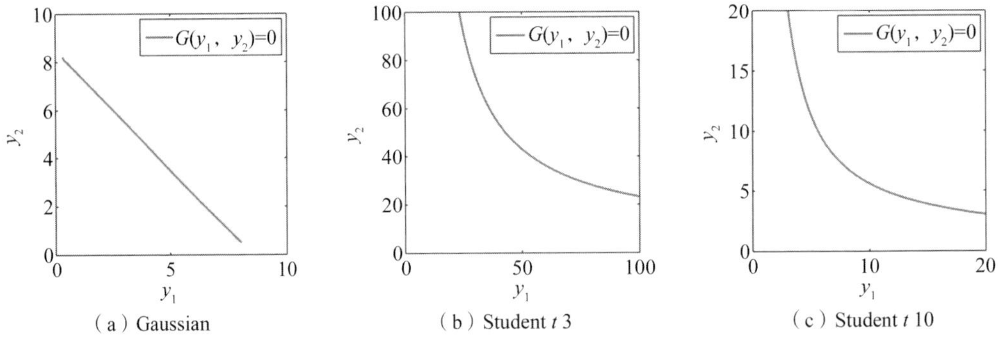

图 5-14　Copula 参数为零和 $d=6$ 时 Y 空间内安全裕度函数表征的失效面曲线

在得到 R-F 方法中的 Copula 参数后，即可对情况 1 时的可靠度进行计算。表 5-9 给出的是在 $d=6$ 时，各 Copula 下计算的积分失效概率和一次失效概率。对表中数据分析如下：

(1)从表中积分失效概率数据可以看到，以 Gaussian Copula 为假设得到积分失效概率与真实 Gumbel Copula 时的精确解是一致的，均为 9.8515e−10，这和之前的预计是一致的。而以 Student t Copula 为假设的积分失效概率与精确解却存在数量级上的差别，这主要与独立时的 Gumbel Copula 已不存在上尾部依赖性而 Student t Copula 却存在引起的。

(2)由于传统 R-F 方法和广义 R-F 方法的标准球 U 空间的不同,一次可靠度指标的结果相差比较大且不具有可比性,但由可靠度指标得到的一次近似失效概率与积分失效概率的规律一致且数值上比较接近,这说明广义方法结果是有效的、可信的。

(3)在数值上,一次近似失效概率比积分失效概率偏大。其原因是:从图 5-14(b)和图 5-14(c)中可以看到安全裕度函数的失效域在 Y 空间中是凸向安全域的,而 Student t Copula 在情况 1 时的 Copula 参数接近零,这样在标准球 U 空间中失效域同样凸向安全域。换句话说,用于计算一次失效概率的失效域面积是大于用于计算积分失效概率的失效域面积的。因而,一次失效概率结果偏大是合理的。另外,图 5-14(a)中以 Gaussian Copula 为假设得到的 Y 空间的极限状态失效面仍然为直线且与 X 空间保持一致,不难推得其一次失效概率理论上应与精确解一致,但由于迭代误差等,表 5-9 中两者结果是略有差异的。

(4)由不同 R-F 方法得到最可能失效点 $\boldsymbol{u}^*$ 虽然不相同,但对本例中的情况来说,其在 X 空间的对应点 $\boldsymbol{x}^*$ 却是固定的,在数值上$\boldsymbol{x}^*=(\sqrt{2}d/2,\ \sqrt{2}d/2)$。如情况 1 和情况 2 时,因 $d=6$,故在 X 空间对应的最可能失效点为(4.24264, 4.24264);而情况 3 和情况 4 时,因 $d=60$,故为(42.4264, 42.4264)。这些结果与具体计算得到的结果是一致的,不再列写至表中和赘述。至于原因,其与一次可靠度方法在 X 空间的几何意义有关,这里不展开论述。

图 5-13 给出了参数 d 在区间[0, 6]内变化时不同 Copula 假设计算的积分失效概率的变化情况。从图中可以看到,Gaussian Copula 结果和真实的 Gumbel Copula 结果此时是完全一致的,得到的两条积分失效概率曲线也完全重合;而 Student t Copula 的结果在参数 d 超过 2 之后就与真实 Gumbel Copula 的结果有明显的差异,且误差逐渐增大,尤其是在 d 较大的情况下(即小失效概率),结果呈现出数量级的差别。这主要是由于在 d 较大时,Student t Copula 的上尾部依赖性对失效概率的计算影响增大而引起的。另外,当自由度增大时,Student t Copula 就会趋向于 Gaussian Copula,这就和 Student t 分布与正态分布的关系类似。因而,对比本例采用的自由度为 3 和 10 的 Student t 3 和 Student t 10 来说,Student t 10 更趋向于 Gaussian Copula,从而在可靠性结果上,基于 Student t 10 的结果将更接近基于 Gaussian Copula 的结果。这一点可以从表 5-9 和图 5-13 中的数据看出。对于后续研究的其余 3 种情况,也是如此,将不再特别强调。

情况 2:随机变量 x_1 和 x_2 均为标准正态分布,真实依赖结构服从参数 $\theta=1.54$ 的 Gumbel Copula

情况 2 中,可以依据边缘累积分布函数和 Gumbel Copula 依赖结构从式(5-8)、式(5-4)和式(5-5)中分别求出 x_1 和 x_2 的 Pearson、Spearman 和 Kendall 相关系数,进而可选用式(5-4)、式(5-6)、式(5-7)或式(5-8)反求出 R-F 方法中对应的 Copula 参数,见表 5-10。可见,情况 2 时 3 种相关系数表示的 R-F 方法得到的 Y 空间内的相关系数相差不大,这和本情况使用了正态分布作为边缘累积分布函数有关。另外,由于式(5-7)对所有椭圆 Copula 类型均满足,故表中基于 Kendall 相关系数的 R-F 方法的 Copula 参数值是相同的。

表 5-10 情况 2 时 R-F 方法中的 Copula 参数值

类 型	Gaussian	Student t 3	Student t 10
$r_P=0.5233$	0.5233	0.5368	0.5247
$r_S=0.4994$	0.5170	0.5363	0.5224
$r_K=0.3506$	0.5233	0.5233	0.5233

表 5-11、表 5-12 和表 5-13 给出了各种情况时的可靠性结果。从表中可以看到，无论积分失效概率还是一次近似概率，在相关情况下广义 R-F 方法得到的结果与精确解更接近，因为 Student t Copula 能够考虑到 Gumbel Copula 的上尾部依赖特性。相比之下，Gaussian Copula 时的结果与精确解差别极大，远远低估了失效发生的概率，在数值上相差了一个数量级。

表 5-11 情况 2 中 $d=6$ 时以 $r_P=0.5233$ 为相关系数的不同 R-F 方法得到的可靠性结果

方 法	Copula 类型	Copula 参数	积分失效概率 P_f	一次近似失效概率	可靠度指标 β	最可能失效点 $\boldsymbol{u}^*$
精确解	Gumbel	$\theta=1.5400$	7.6768e−06	—	—	—
增强 R-F	Gaussian	$\rho=0.5233$	5.8281e−07	5.8289e−07	4.8614	4.24264，2.37337
广义 R-F	Student t 3	$\rho=0.5368$	6.1527e−06	7.4426e−06	52.8915	46.3638，25.4539
	Student t 10	$\rho=0.5247$	2.8568e−06	3.3714e−06	8.5217	7.44053，4.15428

表 5-12 情况 2 中 $d=6$ 时以 $r_S=0.4994$ 为相关系数的不同 R-F 方法得到的可靠性结果

方 法	Copula 类型	Copula 参数	积分失效概率 P_f	一次近似失效概率	可靠度指标 β	最可能失效点 $\boldsymbol{u}^*$
精确解	Gumbel	$\theta=1.5400$	7.6768e−06	—	—	—
改进 R-F	Gaussian	$\rho=0.5170$	5.5383e−07	5.5391e−07	4.8715	4.24264，2.39396
广义 R-F	Student t 3	$\rho=0.5363$	6.1484e−06	7.4310e−06	52.9001	46.3638，25.4718
	Student t 10	$\rho=0.5224$	2.8352e−06	3.3488e−06	8.5281	7.44053，4.16746

表 5-13 情况 2 中 $d=6$ 时以 $r_K=0.3506$ 为相关系数的不同 R-F 方法得到的可靠性结果

方 法	Copula 类型	Copula 参数	积分失效概率 P_f	一次近似失效概率	可靠度指标 β	最可能失效点 $\boldsymbol{u}^*$
精确解	Gumbel	$\theta=1.5400$	7.6768e−06	—	—	—
改进 R-F	Gaussian	$\rho=0.5233$	5.8281e−07	5.8289e−07	4.8614	4.24264，2.37337
广义 R-F	Student t 3	$\rho=0.5233$	6.0369e−06	7.3448e−06	53.1253	46.3638，25.9364
	Student t 10	$\rho=0.5233$	2.8436e−06	3.3576e−06	8.5256	7.44053，4.1623

图 5-15 中给出了各种情况时的积分失效概率及其相对精确解的相对误差随参数 d

在区间[0，6]间的变化情况。从图中可以看到，在 3 种 Copula 中，以 Student t 3 时的结果与精确解最为接近，说明其与真实情况的 Gumbel Copula $\theta=1.54$ 的上尾部依赖特性最接近。而 Gaussian Copula 时的结果与精确解相差最大，相对误差在 $d=6$ 时达到了 -90%以上。值得提及的是：本例是通过试算发现 Student t 3 时与精确解最接近，而在实际中对 Student t Copula 自由度的选取可以通过预先估算出变量的尾部相关系数，然后选取自由度的方式实现。不过，这超出了我们讨论的范围，故不再深入。

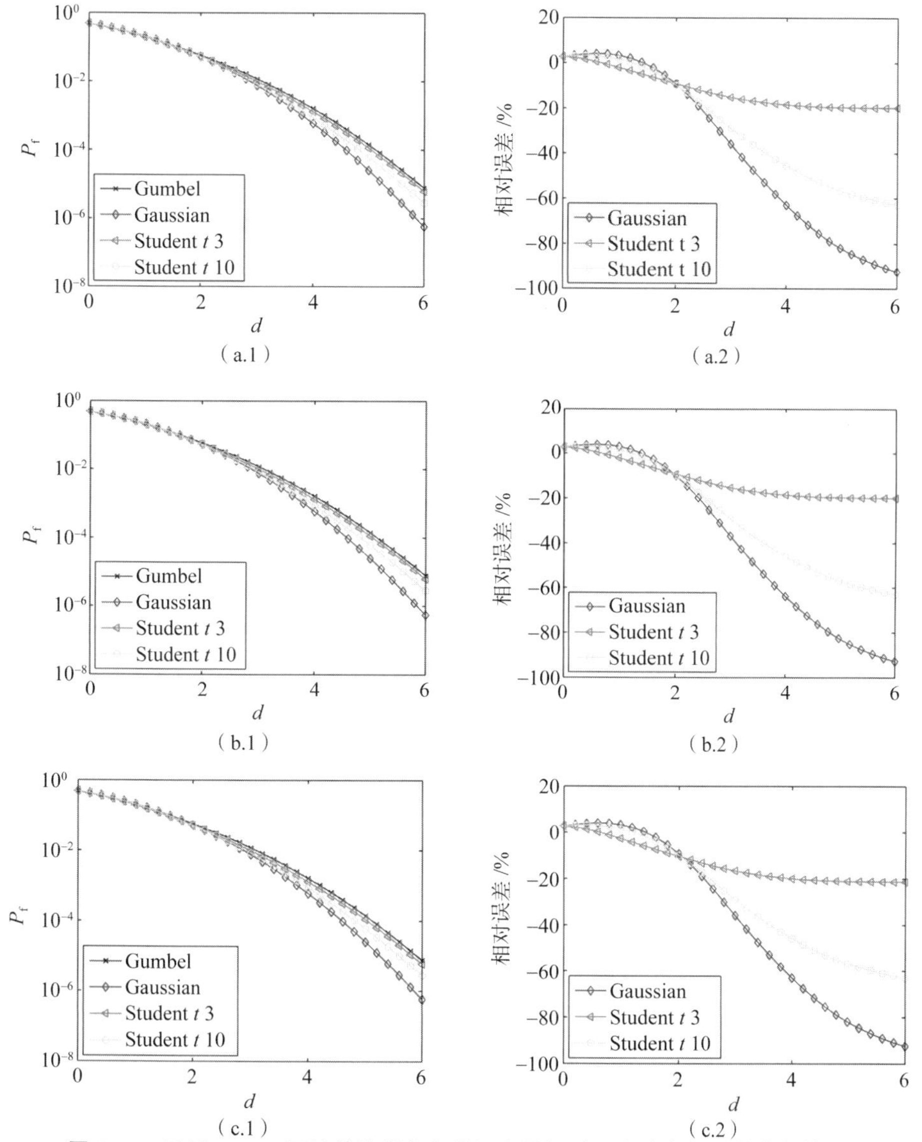

图 5-15　不同 Copula 下计算的积分失效概率及相对误差随参数 d 的变化情况

(a.1，a.2)以 $r_P=0.5233$ 为相关系数；(b.1，b.2)以 $r_S=0.4994$ 为相关系数；(c.1，c.2)以 $r_K=0.3506$ 为相关系数

情况 3：随机变量 x_1 和 x_2 均为参数为 0，1 的对数正态分布，真实依赖结构服从 Gumbel Copula，但两变量间的线性相关系数 r_P 为零

情况 3 与情况 1 的唯一区别在于其使用了参数为 0，1 的对数正态分布作为边缘分布函数。类似地，可求得情况 3 中的 Gumbel Copula 参数 $\theta=1$，而变量 x_1 和 x_2 的 $r_S=0$ 和 $r_K=0$，相应的 R-F 方法中的 Copula 参数也可求出，见表 5-14。从表中可以看到，在对数正态分布时，以 $r_P=0$ 为相关系数的改进 R-F 方法中的 Student t Copula 参数不再十分接近零，在分析中需要计及。

图 5-16 给出了情况 3 中分别令 Gaussian、Student t 3 和 Student t 10 的 Copula 参数为零且取 $d=60$ 时 Y 空间内安全裕度函数表征的失效面曲线。

表 5-14 情况 3 时 R-F 方法中的 Copula 参数值

类型	Gaussian	Student t 3	Student t 10
$r_P=0$	0	−1.9229e−1	−5.6320e−2
$r_S=0$	0	1.3148e−7	1.2731e−7
$r_K=0$	0	0	0

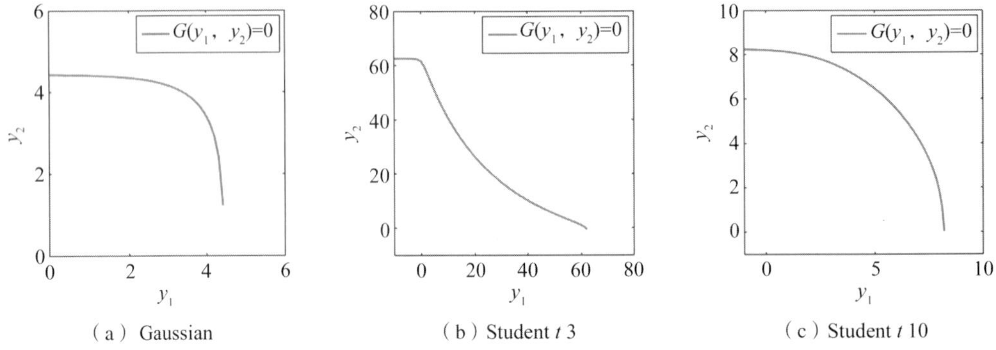

图 5-16 Copula 参数为零和 $d=60$ 时 Y 空间内安全裕度函数表征的失效面曲线

表 5-15 和表 5-16 给出了各种情况时的可靠性结果。从表中可以看到，同情况 1 一样，情况 3 中 Gaussian Copula 假设和真实 Gumbel Copula 均为独立情况，因而两者所得的积分失效概率结果是一致的。而 Student t Copula 假设在此时受到上尾部依赖特性的影响所得积分失效概率与精确解相差较大。另外，从图 5-16 中可以看到，图 5-16(a)和图 5-16(c)的安全域凸向失效域，而图 5-16(b)是失效域凸向安全域，于是可以断定以 Gaussian Copula 为假设的增强 R-F 方法和以 Student t 10 Copula 为假设的广义 R-F 方法所得的一次失效概率将低于相应的精确解（即积分失效概率）；而以 Student t 3 Copula 为假设的广义 R-F 方法所得的一次失效概率却高于相应的精确解。从表 5-15 和表 5-16 中的相应数据可以看到这一推断是正确的。

表 5-15　情况 3 中 d=60 时以 r_P=0 为相关系数的不同 R-F 方法得到的可靠性结果

方　法	Copula 假设	Copula 参数	积分失效概率 P_f	一次近似失效概率	可靠度指标 β	最可能失效点 u^*
精确解	Gumbel	θ=1	9.2930e−06	—	—	—
增强 R-F	Gaussian	ρ=0	9.2930e−06	5.7854e−08	5.3002	3.74777，3.74777
广义 R-F	Student t 3	ρ=−1.9229e−1	1.7160e−05	2.2987e−05	36.3016	23.0695，28.0286
	Student t 10	ρ=−5.6320e−2	1.1885e−05	3.7883e−06	8.4105	5.77721，6.11228

表 5-16　情况 3 中 d=60 时以 r_S=0 或 r_K=0 为相关系数的不同 R-F 方法得到的可靠性结果

方　法	Copula 假设	Copula 参数	积分失效概率 P_f	一次近似失效概率	可靠度指标 β	最可能失效点 $\mathbf{u}^*$
精确解	Gumbel	θ=1	9.2930e−06	—	—	—
改进 R-F	Gaussian	ρ=0	9.2930e−06	5.7854e−08	5.3002	3.74777，3.74777
广义 R-F	Student t 3	$\rho\approx 0$	2.5395e−05	3.1646e−05	32.6252	23.0695，23.0695
	Student t 10	$\rho\approx 0$	1.2908e−05	4.8937e−06	8.1702	5.77721，5.77721

图 5-17 给出了参数 d 在区间[0，6]内变化时不同 Copula 假设计算的积分失效概率的变化情况。从图中可以看到，同情况 1 一样，Gaussian Copula 结果和真实的 Gumbel Copula 结果此时是完全一致的，得到的两条积分失效概率曲线也完全重合；而 Student t Copula 时的结果则存在差别。另外，从图中可以看到 Student t Copula 时的结果曲线并不完整，即某些 d 值下没有求得相应的积分失效概率结果。这是由积分算法导致的，因为在这些 d 值下算法中的变量变得异常大超出了变量的表示范围以致无法继续运算，只能使用更健壮的算法来解决这一问题。不过，这一问题并不影响本情况的结论。情况 4 时也存在同样问题，将不再着重指出。

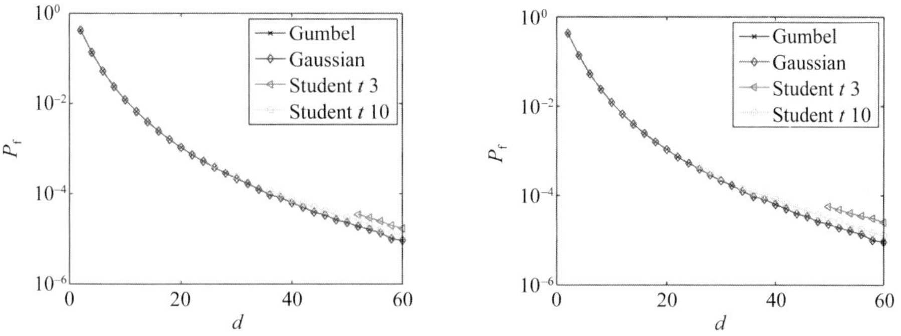

（a）以r_P=0为相关系数　　（b）以r_S=0或r_K=0为相关系数

图 5-17　同 Copula 下计算的积分失效概率随参数 d 的变化情况

情况 4：随机变量 x_1 和 x_2 均为参数为 0,1 的对数正态分布，真实依赖结构服从参数 $\theta=1.54$ 的 Gumbel Copula

情况 4 与情况 2 的唯一区别是，情况 4 是以参数为 0,1 的对数正态分布为边缘累积分布函数的。同情况 2，可得到 R-F 方法中各 Copula 类型时的参数值，见表 5-17。从表中可以看到，受对数正态分布的影响，以 r_P 为相关系数的 R-F 方法所得到的各 Copula 参数与以 r_S 和 r_K 为相关系数的 R-F 方法所得的各 Copula 参数相差较大。这也验证了之前的论述。另外，因 r_S 和 r_K 系数与边缘累积分布函数无关，故表 5-17 的后两行的数据和情况 2 中表 5-10 的后两行数据是一致的。

表 5-17　情况 4 时 R-F 方法中的 Copula 参数值

类　型	Gaussian	Student t 3	Student t 10
$r_P=0.6455$	0.7464	0.6518	0.7101
$r_S=0.4994$	0.5170	0.5363	0.5224
$r_K=0.3506$	0.5233	0.5233	0.5233

表 5-18、表 5-19 和表 5-20 给出了各情况下的可靠性结果。与情况 2 类似，由于相关性的存在，Student t 时的积分失效概率结果与真实 Gumbel 的是比较接近的。而 Gaussian Copula 因不具有上尾部依赖特性，在结果上差别比较大，尤其当 d 值较大时，如图 5-18 所示，在一次可靠度结果上也表现出类似结果。

表 5-18　情况 4 中 $d=60$ 时以 $r_P=0.6455$ 为相关系数的不同 R-F 方法得到的可靠性结果

方　法	Copula 类型	Copula 参数	积分失效概率 P_f	一次近似失效概率	可靠度指标 β	最可能失效点 $\mathbf{u}^*$
精确解	Gumbel	$\theta=1.5400$	6.7281e−05	—	—	—
增强 R-F	Gaussian	$\rho=0.7464$	4.3043e−05	3.0274e−05	4.0107	3.74777，1.42816
广义 R-F	Student t 3	$\rho=0.6518$	6.3360e−05	6.7034e−05	25.3848	23.0695，10.5919
	Student t 10	$\rho=0.7101$	5.2700e−05	4.7667e−05	6.2477	5.77721，2.37865

表 5-19　情况 4 中 $d=60$ 时以 $r_S=0.4994$ 为相关系数的不同 R-F 方法得到的可靠性结果

方　法	Copula 类型	Copula 参数	积分失效概率 P_f	一次近似失效概率	可靠度指标 β	最可能失效点 $\boldsymbol{u}^*$
精确解	Gumbel	$\theta=1.5400$	6.7281e−05	—	—	—
改进 R-F	Gaussian	$\rho=0.5170$	2.2194e−05	8.4160e−06	4.3032	3.74777，2.11472
广义 R-F	Student t 3	$\rho=0.5363$	5.5752e−05	6.0151e−05	26.3218	23.0695，12.6741
	Student t 10	$\rho=0.5224$	3.6408e−05	2.9576e−05	6.6217	5.77721，3.23583

表 5-20 情况 4 中 $d=60$ 时以 $r_K=0.3506$ 为相关系数的不同 R-F 方法得到的可靠性结果

方 法	Copula 类型	Copula 参数	积分失效概率 P_f	一次近似失效概率	可靠度指标 β	最可能失效点 $\boldsymbol{u}^*$
精确解	Gumbel	$\theta=1.5400$	6.7281e−05	—	—	—
改进 R-F	Gaussian	$\rho=0.5233$	2.2596e−05	8.7611e−06	4.2943	3.74777, 2.09654
广义 R-F	Student t 3	$\rho=0.5233$	5.4504e−05	5.9392e−05	26.4338	23.0695, 12.9053
	Student t 10	$\rho=0.5233$	3.6475e−05	2.9648e−05	6.6197	5.77721, 3.23182

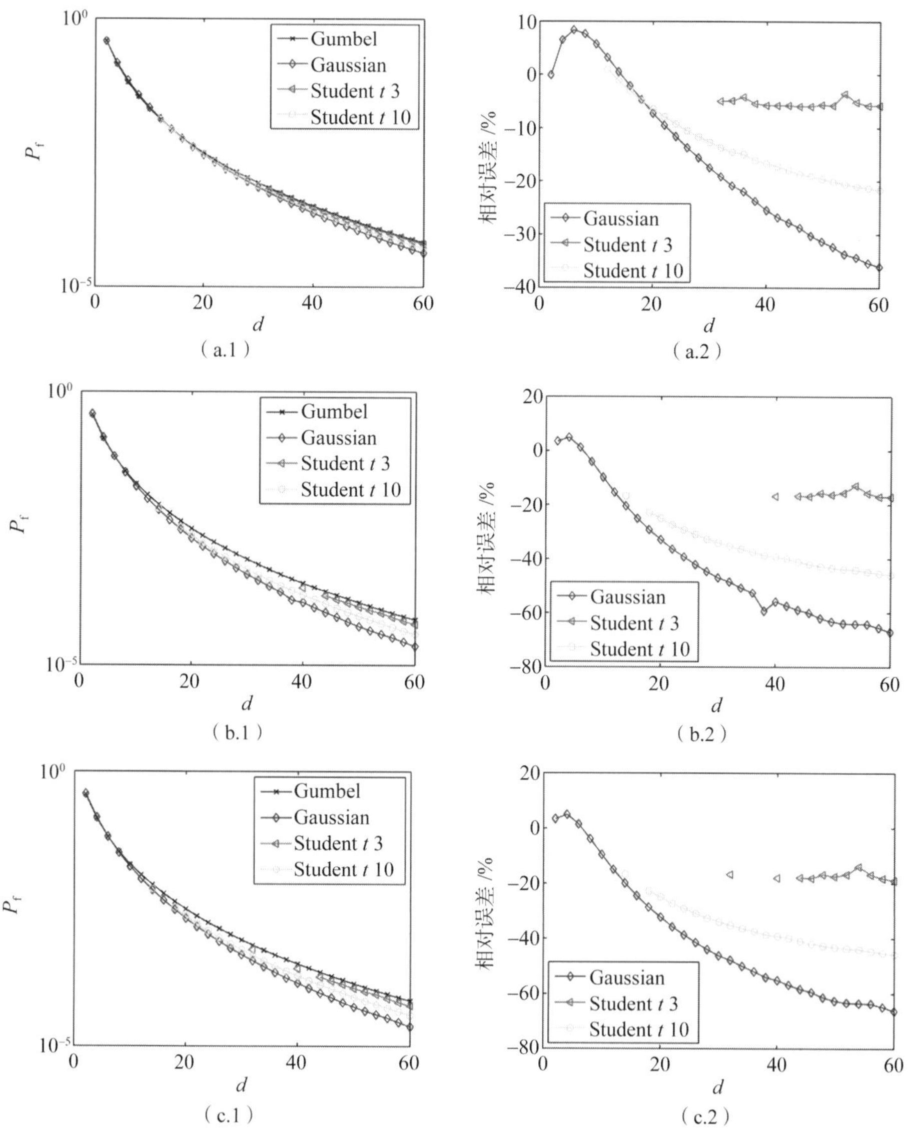

图 5-18 不同 Copula 下计算的积分失效概率及其相对误差随参数 d 的变化情况

(a.1, a.2)以 $r_P=0.6455$ 为相关系数;(b.1, b.2)以 $r_S=0.4994$ 为相关系数;(c.1, c.2)以 $r_K=0.3506$ 为相关系数

5.5 工程算例:摆架主弹性支承具有无限疲劳寿命的可靠性分析

主弹性支承是高速动平衡机摆架系统的主要承载结构。第2章2.6节从确定性的角度分析了主弹性支承上的交变应力和几种典型吨位转子动平衡时的摆架疲劳寿命。不过,依据不确定性传播原理,由于受各种随机因素的影响,如服役期间被平衡转子的质量可用极值分布模拟,那么摆架主弹性支承的疲劳寿命也将呈现出随机性。这里,将分析摆架主弹性支承具有无限疲劳寿命时的可靠性,同时也探讨本章和上一章提出的R-F方法的适用性。

摆架主弹性支承具有无限疲劳寿命的失效模式可以描述为当摆架主弹性支承危险部位的交变应力幅值 S_a 超过主弹性支承的疲劳极限强度 k_fS_e 时,摆架主弹性支承即不再具有无限寿命,此时认为失效。该失效模式用安全裕度函数可表示为

$$g[k_f,\ S_e,\ S_a(\varepsilon,\ M,\ \Omega_{cr},\ \alpha,\ S_{Fa})]=k_fS_e-S_a(\varepsilon,\ M,\ \Omega_{cr},\ \alpha,\ S_{Fa}) \quad (5\text{-}33)$$

式中,S_a 为主弹性支承危险部位的交变应力幅值,由式(2-8)决定。公式中的设计参数和随机变量的设定见表5-21。由于对被平衡转子的质量缺乏统计资料,这里取67 t的转子为均值并按Gumbel分布(即Type Ⅰ的极大值分布)来描述服役期内被平衡转子的质量分布情况。一般来说,转子的不平衡度与转子质量之间是存在正相关关系的,即转子质量越大其可能存在的不平衡度就越大。另外,从第3章图3-6和图3-8中可以看到,转子的临界转速与转子质量存在明显的负相关关系,而不平衡力作用在摆架上的放大系数与转子质量具有明显的正相关关系。因而,考虑到其他一些未计及的随机因素并基于专家经验,将3个变量之间的相关关系在表5-21备注一列中给出。

表5-21 摆架主弹性支承的无限疲劳寿命分析中的设计变量与随机变量参数

属性名称	变量	分布类型	均值	变异系数	备注
修正系数 k_f	X_1	均匀分布	0.6	20	转子质量与不平衡度间的相关系数为 $r_{43}=0.5$,转子质量与临界转速间的相关系数为 $r_{45}=-0.9$,转子质量与放大系数间的相关系数为 $r_{46}=0.9$,进而给出这些变量间的间接相关系数 $r_{35}=-0.5$,$r_{36}=0.5$,$r_{56}=-0.8$
疲劳极限 S_e/MPa	X_2	对数分布	465.5	30	
不平衡度 ε/mm	X_3	Gumbel分布	0.01	10	
转子质量 M/kg	X_4	Gumbel分布	67	20	
临界转速 Ω_{cr}/Hz	X_5	Gumbel分布	20	20	
放大系数 α	X_6	Gumbel分布	260	20	
准应力幅值 S_{Fa}/MPa	X_7	对数分布	3.54	10	
准不平衡力 F/N	—	确定量	35000	—	

针对这一工程算例,分别基于原始R-F方法、扩展R-F方法、增强R-F方法、改进R-

F 方法以及广义 R-F 方法结合 Hasofer-Lind 一次可靠度方法进行分析。

5.5.1　原始 R-F 方法

原始 R-F 方法不考虑变量间的相关性，而是按照各变量间相互独立的情况进行处理。计算结果见表 5-22。

表 5-22　基于原始 R-F 方法的一次可靠度结果

可靠性指标	失效概率	调用函数次数	调用函数梯度次数
0.185055	0.426593	3	3
$x[0]=0.58629$；$x[1]=434.728$；$x[2]=0.00986005$；$x[3]=65.4665$；$x[4]=19.7495$；$x[5]=254.049$；$x[6]=3.53274$			

5.5.2　扩展 R-F 方法

扩展 R-F 方法按照 X 空间与 Z 空间中的相关性保持不变进行处理。计算结果见表 5-23。

表 5-23　基于扩展 R-F 方法的一次可靠度结果

可靠性指标	失效概率	调用函数次数	调用函数梯度次数
0.248095	0.40203	3	3
$x[0]=0.575138$；$x[1]=426.04$；$x[2]=0.00988052$；$x[3]=65.2281$；$x[4]=19.3567$；$x[5]=254.056$；$x[6]=3.54098$			

5.5.3　增强 R-F 方法与改进 R-F 方法

表 5-21 中的转子质量、不平衡量、临界转速和放大系数间的相关系数是由专家经验给出的。事实上，这些相关系数在增强 R-F 方法中就被认为是 Pearson 线性相关系数 r_P，而在改进 R-F 方法中则被认为是相应的 Spearman 相关系数 r_S 或 Kendall 相关系数 r_K。这样在表 5-24 中分别给出由不同相关性变换公式得到的 Y 空间内的线性相关系数。从表中可以看到，依据 Der Kiureghian 和 Liu 的半经验公式(DK-LIU)计算的结果与精确积分结果差别不大，说明了半经验公式的实用性。不过对于 $r_{45}=-0.9$ 的相关系数，由 DK-LIU 和 P 公式计算的相关系数都超出了-1，则实际上是 Pearson 线性相关系数与边缘累积分布函数的不相容导致的。显然 S 公式和 K 公式不存在这一问题。经判断，对于传统 R-F 方法，DK-LIU、P 公式以及 K 公式计算出的线性相关系数矩阵都是非正定的，故无法用基于 r_P 的增强 R-F 方法或基于 r_K 的改进 R-F 方法处理。仅 S 公式计算出的线性相关矩阵才是对称正定矩阵(symmetry positive-definite matrix)，可以进行计算，见表 5-25。说明虽然改进 R-F 方法解决了增强 R-F 方法中的不相容问题，但仍然需要判断得到的线性相关系数矩阵是否为正定。

表 5-24 由不同相关性变化公式得到的 Y 空间内的线性相关系数

专家经验	$r_{43}=0.5$	$r_{45}=-0.9$	$r_{46}=0.9$	$r_{35}=-0.5$	$r_{36}=0.5$	$r_{56}=-0.8$	SPM
DK-LIU	0.51538	−1.01714	0.90536	−0.54988	0.51538	−0.89792	否
P 公式	0.51546	−1.01611	0.90546	−0.54976	0.51546	−0.89773	否
S 公式	0.51764	−0.90798	0.90798	0.51764	0.51764	−0.81347	是
K 公式	0.70711	−0.98769	0.98769	−0.70711	0.70711	−0.95106	否

注:DK-LIU 是按照 Der Kiureghian 和 Liu 给出的半经验公式计算的;P 公式是取 Gaussian Copula 按式(5-8)计算的;S 公式是按式(5-6)计算的;K 公式是按式(5-7)计算的;SPM 指得到的 Y 空间中的线性相关函数矩阵是否为对称正定矩阵。

表 5-25 基于以 r_S 为相关系数的改进 R-F 方法的一次可靠度结果

可靠性指标	失效概率	调用函数次数	调用函数梯度次数
0.249462	0.401502	3	3
$x[0]=0.574862$; $x[1]=425.828$; $x[2]=0.0098811$; $x[3]=65.2352$ $x[4]=19.3456$; $x[5]=254.041$; $x[6]=3.54119$			

5.5.4 广义 R-F 方法

广义 R-F 方法取 Student t 3 Copula 做可靠性分析,按照相同的思路得到 Y 空间中的线性相关系数,见表 5-26。经判断,P 公式和 S 公式情况的线性相关矩阵都是对称正定矩阵,相应的一次可靠性结果见表 5-27 和表 5-28。

表 5-26 由不同相关变化公式得到的广义 R-F 方法中 Y 空间内的线性相关系数

专家经验	$r_{43}=0.5$	$r_{45}=-0.9$	$r_{46}=0.9$	$r_{35}=-0.5$	$r_{36}=0.5$	$r_{56}=-0.8$	SPM
P 公式	0.57303	−0.99999	0.90715	−0.57303	0.50924	−0.90565	是
S 公式	0.53690	−0.91889	0.91889	−0.53690	0.53690	−0.83034	是
K 公式	0.70711	−0.98769	0.98769	−0.70711	0.70711	−0.95106	否

注:P 公式是取 Student t 3 Copula 按式(5-8)计算的;S 公式是取 Student t 3 Copula 按式(5-4)计算的;K 公式是按式(5-7)计算的;SPM 指得到的 Y 空间中的线性相关函数矩阵是否为对称正定矩阵。

表 5-27 基于以 r_P 为相关系数的广义 R-F 方法的一次可靠度结果

可靠性指标	失效概率	调用函数次数	调用函数梯度次数
0.290529	0.395169	4	4
$x[0]=0.571224$; $x[1]=423.051$; $x[2]=0.0098818$; $x[3]=65.09$; $x[4]=19.2573$; $x[5]=253.433$; $x[6]=3.54409$			

表 5-28　基于以 r_S 为相关系数的广义 R-F 方法的一次可靠度结果

可靠性指标	失效概率	调用函数次数	调用函数梯度次数
0.273207	0.401211	3	3
$x[0]=0.574541$；$x[1]=425.592$；$x[2]=0.00988209$；$x[3]=65.2431$；$x[4]=19.332$；$x[5]=254.032$；$x[6]=3.54157$			

综合分析一次可靠度结果可以看到，不考虑相关性的原始 R-F 方法得到的失效概率约为 0.426593，与考虑相关性的 R-F 方法结果（约 0.40）相差还是比较大的。而对于本工程算例来说，广义 R-F 方法与考虑相关性的 R-F 方法所得结果差别并不大。这实际上与算例的失效概率比较大有关，使得 Student t 3 Copula 尾部依赖性对失效概率的影响还没凸显出来。此外，这个工程算例还反映出了 Pearson 线性相关系数的不相容问题以及 R-F 方法中需要对 Y 空间内的线性相关系数矩阵做对称正定性检查的问题。

最后，可以看到以 67 t 转子为均值的摆架主弹性支承具有无限疲劳寿命的可靠度约为 60%，说明 67 t 情况下的摆架主弹性支承疲劳寿命的耗损还是比较大的。第 2 章我们曾以确定性分析的方式得出 67 t 转子引起的摆架主弹性支承的交变应力幅值是略低于疲劳强度极限的，此时为了安全一般会将其视为有限疲劳寿命。这种处理方式从确定性角度来看可能会被认为太保守，但从可靠性角度来看是非常合理的，因为可以看到 67 t 时为有限疲劳寿命的可能性还是很大的（约 40%）。而事实上，本型号的高速动平衡机在实际操作中一般会限定被平衡转子的质量在 60 t 以内。

5.6　本章小结

本章基于 Copula 理论对 R-F 方法进行了改进和广义化推广，分别提出了改进 R-F 方法和广义 R-F 方法，主要包括：

（1）由于 Pearson 线性相关系数只能描述变量间的线性依赖性且可能出现与边缘分布函数不相容的缺点，提出采用仅与 Copula 有关的 Spearman 和 Kendall 秩相关系数替代线性相关系数的改进 R-F 方法。在理论上，Spearman 和 Kendall 能够很好地度量单调依赖性，而且还仅与 Copula 类型有关，不存在与边缘分布函数不相容的缺陷且具有严格单调递增变换保持不变的性质。在算例结果上，两种相关系数也更能接近两变量在标准正态 Y 空间内的真实相关性。

（2）无论是增强 R-F 方法还是改进 R-F 方法，这些传统的 R-F 方法都是基于 Gaussian Copula 假设的。为此，基于椭圆 Copula 族提出了广义 R-F 方法，而传统 R-F 方法则成了以 Gaussian Copula 为假设的广义 R-F 方法的特例。算例表明，通过在广义 R-F 方法中选择恰当的椭圆 Copula 族函数会使可靠度结果更接近实际情况的真实解。另外，广义 R-F 方法是将原物理 X 空间变换至了更一般的不相关的标准球 U 空间中，但 Hasofer-Lind 一次可靠度算法是基于独立标准正态空间的，故在不相关的标准球 U 空间中提出了广义一次可靠度指标和广义一次可靠度方法使之与广义 R-F 方法相适应。

（3）以工程算例的形式分析了摆架主弹性支承具有无限疲劳寿命的可靠性。算例展示了原始 R-F 方法、扩展 R-F 方法、增强 R-F 方法、改进 R-F 方法和广义 R-F 方法在工程中的应用，验证了基于 Pearson 线性相关系数的 R-F 方法可能存在的不相容问题。同时还可以看到除了相关系数表示方面，由专家经验等得到的相关系数矩阵可能还存在不正定的问题，因而在使用 R-F 方法时必须先检查相关系数矩阵的正定性。

第 6 章

高速动平衡机的最可能失效点及其快速搜索方法

6.1 引 言

前两章讨论的 R-F 随机空间变换方法，实现了对具有任意随机分布类型的可靠度计算问题。但对于高速动平衡机这类具有结构复杂、计算量大、模型函数非线性高等特点的机械装备来说，可靠度算法的鲁棒性和高效性是另一个非常关键的问题。因为与一般的优化算法相类似，可靠度算法的鲁棒性和快速收敛性决定了其调用模型函数和导数信息的次数与收敛结果的可信性。而在可靠度算法中，搜索最可能失效点（MPP）通常是其中的一个重要算法步骤。像一次可靠度方法（FORM）、二次可靠度方法（SORM）以及一些变体 Monte Carlo 仿真法、响应面法和时变可靠度性方法等都需要借助模型的 MPP 信息进行可靠度计算或用于提高算法的精度和效率。这使得最可能失效点搜索算法的鲁棒性和高效性在很大程度上决定了可靠度算法的健壮性和高效性。而本章即是在一次可靠度算法中，探讨适应高速动平衡机模型特点的最可能失效点搜索算法。

在结构可靠性分析中，最可能失效点是指对结构失效概率贡献最大的点，也常被称为设计点（design point）或验算点（check point）。最早是在 Hasofer 和 Lind 给出的一次可靠度算法中提到。依据 Hasofer-Lind 一次可靠度算法，最可能失效点是位于失效面上的、距离独立标准正态空间原点最近的点，而这个点到空间原点的距离则被定义为一次可靠度指标，常用符号 β 表示，如图 6-1 所示。

一旦得到高速动平衡机失效模式的最可能失效点，就能够直接求出该失效模式的一次可靠度指标和一次失效概率。如在第 4 章探讨 R-F 方法时就是基于下式计算的一次失效概率：

$$P_f = 1 - P_s = 1 - \Phi(\beta_{FORM}) = 1 - \Phi[\mathrm{sgn}(\boldsymbol{\alpha}^T \boldsymbol{u}^*) \cdot \| \boldsymbol{u}^* \|] \tag{6-1}$$

式中，P_f 和 P_s 分别为一次失效概率和一次可靠度；β_{FORM} 为一次可靠度指标；$\boldsymbol{\alpha}$ 为安全裕度函数在 MPP $\boldsymbol{u}^*$ 处的负梯度方向；sgn(·)为符号函数，以计及用距离求得的一次可靠度指标的符号；Φ(·)为标准正态分布的累积分布函数。同样，第 5 章式(5-31)和式(5-32)描述的广义一次可靠度指标和广义一次可靠度，就是 MPP 在标准球空间中的推广。

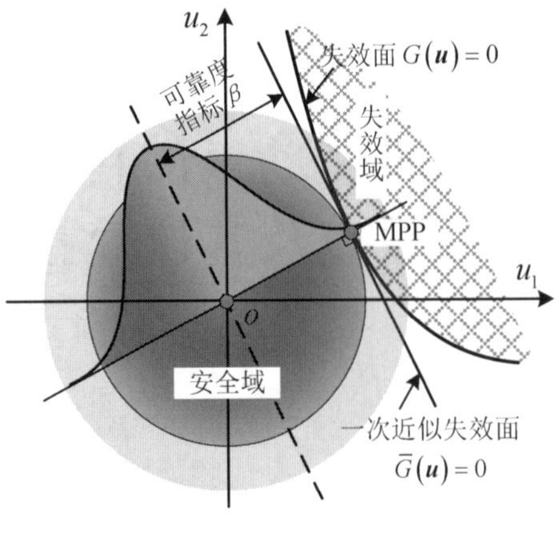

图 6-1　最可能失效点在独立标准正态 U 空间中的几何意义

在绪论中，已经回顾了一些用于搜索 MPP 的迭代算法或优化算法，其中一类是基于 HLRF 的迭代算法。这类算法是在原始 HLRF 算法的基础上通过改进迭代步长的选取方法得到的。这些算法的对比结果是：原始 HLRF 方法仅在具有低非线性的安全裕度函数时才有较高的搜索效率，并且多数情况下还会遇到不收敛情况，即原始 HLRF 法不具有全局收敛性；相比之下，iHLRF 和 nHLRF 等一些改进的算法是能够保证全局收敛性的。不过，对于一些具有高非线性安全裕度函数的可靠性问题这些改进的算法也往往需要很多次迭代才能收敛。另外，像 iHLRF、nHLRF 等已有的算法还往往需要用户人为提供多个算法参数。实践证明，这些参数的取值对计算量的影响极大，而最优的算法参数取值也往往依赖于具体实例。

考虑到高速动平衡机的安全裕度函数可能具有的模型复杂、计算量大、高非线性、高维等特点，同时也为了弥补已有的基于 HLRF 的 MPP 搜索方法的缺点并确保算法的效率和全局收敛性，本章给出了一种新的改进方案，包括采用一种新的一维搜索准则，利用已有的迭代信息估计相应算法参数等措施，以实现 MPP 的自适应快速搜索[200]。

6.2　几种典型的基于 HLRF 的 MPP 搜索方法

原始 HLRF 法是 Rackwitz 和 Fiessler 在 Hasofer-Lind 一次可靠度方法基础上进一步考虑非正态随机分布的一次可靠度迭代算法。在独立标准正态 U 空间中，该方法搜索 MPP 的迭代公式为

$$\boldsymbol{u}^{(k+1)}=\boldsymbol{u}^{(k)}+\boldsymbol{d}^{(k)},\ k=0,\ 1,\ 2,\ \cdots \tag{6-2}$$

式中，$\boldsymbol{d}^{(k)}$ 是 HLRF 搜索方向，被定义为

$$\boldsymbol{d}^{(k)}=\left(\frac{g(\boldsymbol{u}^{(k)})}{\|\nabla g(\boldsymbol{u}^{(k)})\|}+\boldsymbol{\alpha}_k^{\mathrm{T}}\boldsymbol{u}^{(k)}\right)\boldsymbol{\alpha}_k^{\mathrm{T}}-\boldsymbol{u}^{(k)} \tag{6-3}$$

式中，$g(\boldsymbol{u}^{(k)})$ 和 $\nabla g(\boldsymbol{u}^{(k)})$ 分别是 U 空间中的安全裕度函数和函数梯度向量；$\boldsymbol{\alpha}_k$ 是安全裕度函数在迭代点 $\boldsymbol{u}^{(k)}$ 处的负梯度方向，即

$$\boldsymbol{\alpha}_k = -\nabla g(\boldsymbol{u}^{(k)}) / \| \nabla g(\boldsymbol{u}^{(k)}) \| \tag{6-4}$$

以二维情况为例，从 $\boldsymbol{u}^{(k)}$ 迭代到 $\boldsymbol{u}^{(k+1)}$ 的过程如图 6-2 所示。其中①标注的箭头即为 HLRF 搜索方向 $\boldsymbol{d}^{(k)}$。在原始 HLRF 方法中，$\boldsymbol{d}^{(k)}$ 也是 $\boldsymbol{u}^{(k+1)}$ 与 $\boldsymbol{u}^{(k)}$ 的矢量差。常用的迭代收敛准则有如下 3 个：

$$\| \boldsymbol{u}^{(k+1)} - \boldsymbol{u}^{(k)} \| \leqslant \varepsilon_1, \left| g(\boldsymbol{u}^{(k+1)}) \right| \leqslant \varepsilon_2, \| \boldsymbol{u}^{(k+1)} - (\boldsymbol{\alpha}_k)^{\mathrm{T}} \boldsymbol{u}^{(k)} \boldsymbol{\alpha}_k \| \leqslant \varepsilon_3 \tag{6-5}$$

式中，ε_1、ε_2、ε_3 为收敛精度系数。可以看到，第一个准则控制两个连续迭代点的 Euclidean 距离，第二个准则控制最可能失效点距离失效面的程度，而第三个准则是图 6-2 中箭头②代表的 Euclidean 距离。本章采用前两个准则判断算法的收敛性。多次迭代后将生成迭代序列 $\{\boldsymbol{u}^{(0)}, \boldsymbol{u}^{(1)}, \cdots\}$。若经过有限次迭代后结果收敛，则最终迭代点 $\boldsymbol{u}^{(k+1)}$ 即为所求的最可能失效点 $\boldsymbol{u}^*$。

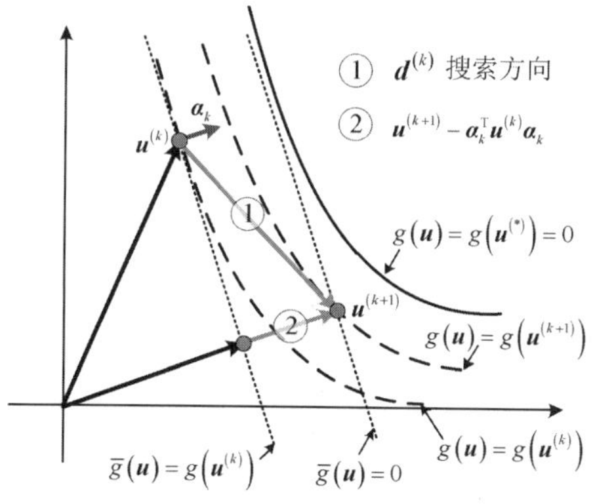

图 6-2　原始 HLRF 算法的迭代过程

原始 HLRF 方法实施起来比较简单，而且对低非线性安全裕度函数有很高的收敛效率，但遗憾的是它并不能保证问题的收敛性，尤其是在高非线性问题中。不过，在经过多次改进后，最终由 Zhang 和 Der Kiureghian 给出的一种改进方法——iHLRF 方法，在迭代效率和收敛性方面得到了认可并被广泛应用。在 iHLRF 方法中，其搜索 MPP 的迭代公式显式地增加了迭代步长参数 $\lambda^{(k)}$，即

$$\boldsymbol{u}^{(k+1)} = \boldsymbol{u}^{(k)} + \lambda^{(k)} \boldsymbol{d}^{(k)} \tag{6-6}$$

相比于原始 HLRF 方法中直接设定 $\lambda^{(k)} = 1$，iHLRF 方法则是利用一维不精确搜索准则——Armijo 准则确定的，即

$$m_k(\boldsymbol{u}^{(k)} + \lambda_i^{(k)} \boldsymbol{d}^{(k)}) - m_k(\boldsymbol{u}^{(k)}) < a\lambda_i^{(k)} [\nabla m_k(\boldsymbol{u}^{(k)})^{\mathrm{T}} \boldsymbol{d}^{(k)}] \tag{6-7}$$

式中，$\lambda_i^{(k)} = \lambda_0 b^i$，$i = 0, 1, \cdots$，$\lambda_0 > 0$ 为初始步长，$0 < b < 1$ 为缩减系数；$a > 0$，通常 $0 < a \leqslant 0.5$。按照 Armijo 准则，$\lambda^{(k)}$ 取满足式(6-7)的最小的 i 所对应的 $\lambda_i^{(k)}$。$m_k(u)$ 是 merit 函数，被取为

$$m_k(\boldsymbol{u}) = \frac{1}{2} \| \boldsymbol{u} \|^2 + c_k \left| g(\boldsymbol{u}) \right| \tag{6-8}$$

这里简称 ZDK-merit 函数，相应的梯度可表示为

$$\nabla m_k(\boldsymbol{u}) = \| \boldsymbol{u} \| + c_k \cdot \mathrm{sgn}[g(\boldsymbol{u})] \nabla g(\boldsymbol{u}) \tag{6-9}$$

Zhang 和 Der Kiureghian 指出：当满足 $c_k > \|\boldsymbol{u}\| / \|\nabla g(\boldsymbol{u})\|$ 时，$\boldsymbol{d}^{(k)}$ 一定是 $m_k(\boldsymbol{u})$ 的下降方向，并且在最可能失效点处达到最小值。这一特性确保了 iHLRF 方法的收敛性。在具体实施时，一般取

$$c_k = \text{multi} \cdot \frac{\|\boldsymbol{u}\|}{\|\nabla g(\boldsymbol{u})\|} + \text{add} \tag{6-10}$$

式中，multi 和 add 是两个系数，推荐取 multi=2，add=10。

除了 iHLRF 方法，Santos、Matioli 和 Beck 给出的 nHLRF 改进算法是基于 Wolfe 准则估算迭代步长的，并且也给出了收敛条件。不过，在计算量上，基于 Wolfe 准则的 nHLRF 方法往往需要调用更多次的安全裕度函数梯度向量值。另外，相比 iHLRF 中的 merit 函数(6-8)在失效面上是不可微的，nHLRF 中采用了一种可微的 merit 函数：

$$m_k(\boldsymbol{u}) = \frac{1}{2}\|\boldsymbol{u}\|^2 + c_k g^2(\boldsymbol{u}) \tag{6-11}$$

简称 SMB-merit 函数，其梯度矢量为

$$\nabla m_k(\boldsymbol{u}) = \|\boldsymbol{u}\| - 2c_k g(\boldsymbol{u}) \nabla g(\boldsymbol{u}) \tag{6-12}$$

图 6-3 示意了一些基于 HLRF 的改进方法的迭代原理。从图中可以看到，每个迭代步在得到 merit 函数 $m_k(\boldsymbol{u})$后，剩余的任务就是在搜索方向 $\boldsymbol{d}^{(k)}$ 上寻找使得 $m_k(\boldsymbol{u})$最小的点 $\lambda_{\min}$。但由于搜索精确的 $\lambda_{\min}$ 往往需要很大的计算量，而且一般情况下在迭代算法中精确估算 $\lambda_{\min}$ 也并不能明显提高收敛速度，故这些改进方法中采用的都是不精确的一维搜索方案，如 iHLRF 法中的 Armijo 准则、nHLRF 法中的 Wolfe 准则等。这种通过一维不精确搜索得到的迭代步长 $\lambda^{(k)}$，虽然比直接将 $\lambda^{(k)}$ 取为 1 的原始 HLRF 方法在单个迭代步中花费更多的计算量，但能够极大地提高收敛效率和收敛性，减少整体计算量。这对于高非线性安全裕度函数非常重要，因为原始 HLRF 方法在这种情况下常常不能保证收敛。

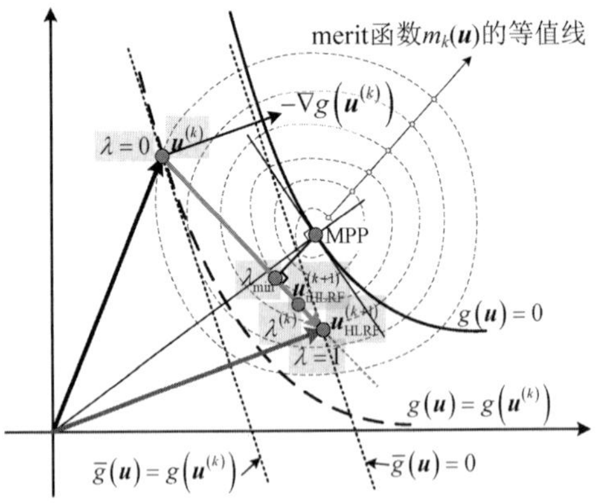

图 6-3 基于 HLRF 的改进方法原理

6.3 一种新的基于 HLRF 的改进方法——aHLRF

从上一节中可以看到，已有的基于 HLRF 的 MPP 搜索方法主要集中在对一维搜索

准则的改进，同时确保算法的收敛性和效率。然而，现有这些方法的收敛效率对于高非线性安全裕度函数来说仍然不高，并且存在一个共同缺点，即方法中的控制参数是人为给定的且在整个迭代过程中均保持不变，缺乏参数的自适应估算，如 iHLRF 中的初始步长 λ_0、缩减系数 b 等。而当前事实是，已有的几种基于 HLRF 的改进方法就是在原始 HLRF 方法中显式地引入迭代步长参数后，才显著地改善了方法对高非线性安全裕度函数情况时的收敛效率和收敛性。因而，在改善方法搜索步长的同时，若能进一步根据已有迭代信息对某些关键算法控制参数进行自适应的估算，势必对迭代算法的计算效率和健壮性有较大的提升。为此，下面提出一种新的基于 HLRF 的改进方法[200]。

图 6-4 给出了这种新的基于 HLRF 的改进方法流程图。由于该方法可自适应地估算迭代步中的某些关键控制参数，故将该方法简称为自适应的 HLRF 方法，记为 aHLRF。可以看到，若除去虚框中的流程部分，则是最原始的 HLRF 算法流程。而对于 iHLRF算法，只需将流程中的初始步长和缩减系数取为定值，并使用 Armijo 一维搜索准则即可。可见，新提出的 aHLRF 算法与 iHLRF 算法的不同之处主要集中在基于一维搜索准则的迭代步长估算方面，即图 6-4 虚框所示部分。具体改进措施包括如下几方面：

改进 1：采用了一种新的非精确一维搜索准则，是由 Shi 和 Shen 提出的一种修改的 Armijo 准则，这里记为 Shi-Shen 准则[169]：

$$m_k(\boldsymbol{u}^{(k)}+\lambda_i^{(k)}\boldsymbol{d}^{(k)})-m_k(\boldsymbol{u}^{(k)})\leqslant a\lambda_i^{(k)}\left(\nabla m_k(\boldsymbol{u}^{(k)})^{\mathrm{T}}\boldsymbol{d}^{(k)}+\frac{1}{2}\lambda_i^{(k)}\mu L_k\left\|\boldsymbol{d}^{(k)}\right\|^2\right) \tag{6-13}$$

式中，$0\leqslant\mu<2$；$L_k>0$ 为 $\nabla m_k(u)$ 的 Lipschitz 常数。相比于 Armijo 准则，Shi-Shen 准则右端项多了一个常数项，因而在相同的条件下往往可以得到较大的步长，以实现对迭代点的较大变动。图 6-5 所示是 Shi-Shen 准则与 Armijo 准则的几何表示。从图中可以看到，Shi-Shen 准则的可能步长范围要大于 Armijo 准则的，因为 $\lambda_1<\lambda'_1$ 总是成立的。当 $\mu=0$ 时，该准则退化为 Armijo 准则，因而该准则也被称为修改的 Armijo 准则。

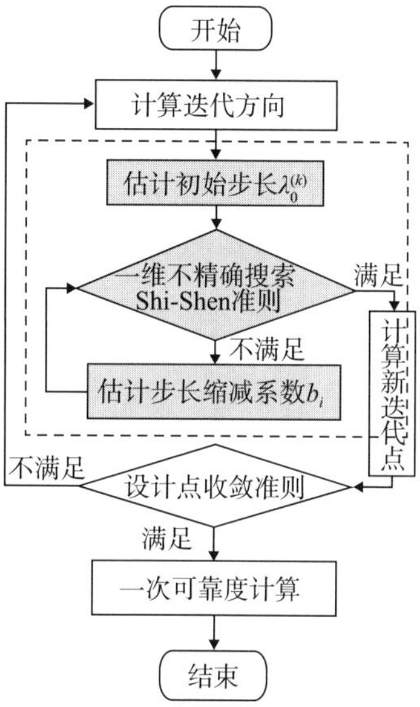

图 6-4　aHLRF 方法的流程图

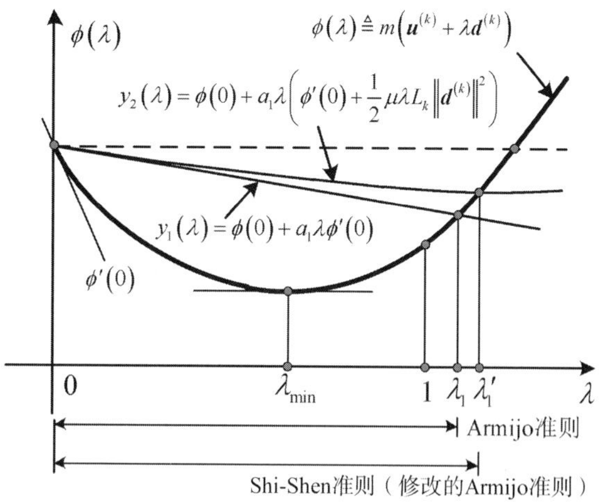

图 6-5　Armijo 准则与 Shi-Shen 准则的几何对比

改进 2：Shi-Shen 一维搜索准则中的初始步长 λ_0 在整个迭代过程中不再取恒值，而是根据已有迭代信息估算，即

$$\lambda_0 = \lambda_0^{(k)} = -\frac{\nabla m_k(\boldsymbol{u}^{(k)})^{\mathrm{T}}\boldsymbol{d}^{(k)}}{L_k \|\boldsymbol{d}^{(k)}\|^2} \tag{6-14}$$

相比于固定的初始步长取值，该步长估算公式考虑了已有的迭代信息，可有效避免不当的初始步长选择。合适的步长将显著地降低计算量。

改进 3：Shi-Shen 一维搜索准则中的缩减系数 b 不再取定值，而是按照插值法估算缩减系数[170]。

通常，无论是人为指定，还是由式(6-14)估算，初始步长 $\lambda_0^{(k)}$ 并不能一次就满足一维搜索准则，因而对 $\lambda_0^{(k)}$ 的进一步缩减是必须的。在 iHLRF 方法中，Armijo 准则采用的步长缩减方案为

$$\lambda_i^{(k)} = \lambda_{i-1}^{(k)} b \tag{6-15}$$

式中，$i=1, 2, \cdots$是步长缩减次数；参数 $\lambda_0^{(k)}$ 和 b 分别是第 k 次外迭代循环时的初始步长和内迭代循环时的步长缩减系数。两个参数在 iHLRF 法的整个迭代过程中保持不变。很显然，若缩减方案中的参数 b 取值不当，将显著地增加内迭代循环的次数和计算量。因而，为了避免这个问题就不能像 iHLRF 中那样对 b 取恒量。为此，在 aHLRF 中利用已有的迭代信息对每一迭代步的参数 b 进行自适应估算。换句话说，aHLRF 方法中的参数 b 是一个变化量。虽然公式(6-15)仍然适用于表达 aHLRF 方法的步长缩减方案，但另一种形式的更为合适，即

$$\lambda_i^{(k)} = \underset{\lambda^{(k)}>0}{\operatorname{argmin}}\{\hat{\phi}(\lambda^{(k)})\},\ i=1, 2, 3, \cdots \tag{6-16}$$

式中，$\hat{\phi}(\lambda^{(k)})$是 $\phi(\lambda^{(k)})$的插值近似函数。而 $\phi(\lambda^{(k)})$被定义为

$$\phi(\lambda^{(k)}) \triangleq m(\boldsymbol{u}^{(k)} + \lambda^{(k)}\boldsymbol{d}^{(k)}) \tag{6-17}$$

可见，在 aHLRF 方法中新步长选定为插值近似函数 $\hat{\phi}(\lambda^{(k)})$的局部极小值。

事实上，相比 iHLRF 方法的实施过程，上面提出的 3 个改进之处并不增加额外工作量(即无须额外计算安全裕度函数及其梯度向量)，只需要利用已有的迭代步信息即可实现初始步长、步长缩减系数等对计算效率影响较大的算法参数的自适应估算，避免了因人为指定算法参数不当而造成计算量大增的情况。具体的实施步骤在 6.4 节给出。

另外，aHLRF 方法的收敛性同样可以像 iHLRF 方法一样得到保证。下面先简单给出 aHLRF 方法的描述，然后证明该方法的收敛性。

6.3.1 aHLRF 方法的主要步骤

步骤 1：设定初始迭代点$\boldsymbol{u}^{(0)}$及其他算法参数，并设 $k:=0$。

步骤 2：令 $\boldsymbol{u}^{(k+1)}=\boldsymbol{u}^{(k)}+\lambda^{(k)}\boldsymbol{d}^{(k)}$，其中 $\boldsymbol{d}^{(k)}$ 取 HLRF 搜索方向，由式(6-3)计算；$\lambda^{(k)}$ 按 Shi-Shen 准则[即式(6-13)]估算，同时准则中的初始步长按式(6-14)估算，步长缩减系数按式(6-16)实施。

步骤 3：如果迭代点$\boldsymbol{u}^{(k+1)}$使收敛准则式(6-5)满足，则取 $\boldsymbol{u}^*=\boldsymbol{u}^{(k+1)}$ 且算法停止；否则令 $k:=k+1$ 并转至步骤 2。

6.3.2　aHLRF 方法的收敛性

aHLRF 方法的收敛性服从如下定理：

收敛性定理：

(C1) merit 函数 $m(\boldsymbol{u})$在区域 $D_0=\{u\in\mathbb{R}^n \mid m(\boldsymbol{u})<m(\boldsymbol{u}_0)\}$上有下界，其中 $\boldsymbol{u}_0$ 已知。

(C2)merit 函数 $m(\boldsymbol{u})$的梯度向量$\nabla m(\boldsymbol{u})$在开凸集 B 上 Lipschitz 连续，其中开凸集 B 包含区域 D_0，即存在常数 L，满足：

$$\|\nabla m(\boldsymbol{u})-\nabla m(\boldsymbol{v})\| \leqslant L\|\boldsymbol{u}-\boldsymbol{v}\|,\ \forall \boldsymbol{u},\ \boldsymbol{v}\in B \tag{6-18}$$

(C3) HLRF 搜索方向$\boldsymbol{d}^{(k)}$是函数 $m(\boldsymbol{u})$的下降方向，即满足$(\nabla m)^{\mathrm{T}}\boldsymbol{d}^{(k)}<0$。

如果有(C1)、(C2)和(C3)3 个条件均成立，并记为 aHLRF 方法(即 6.3.1 节步骤)生成的迭代点序列为$\{\boldsymbol{u}^{(k)}\}$，且 $0<L_k<Z_kL$，其中 Z_k 是正整数且满足 $Z_k\leqslant M_0<+\infty$，而 M_0 是一个很大的正数，那么将有下式成立：

$$\sum_{k=1}^{\infty}(\nabla m_k^{\mathrm{T}}\boldsymbol{d}_k/\|\boldsymbol{d}_k\|)^2<+\infty \tag{6-19}$$

且迭代点序列$\{\boldsymbol{u}^{(k)}\}$最终将收敛到 merit 函数 $m(\boldsymbol{u})$的稳态点 $\boldsymbol{u}^*$，而 $\boldsymbol{u}^*$ 即是所求的最可能失效点(MPP)。

证明：

由于 aHLRF 方法对 merit 函数 $m(\boldsymbol{u})$和搜索方向$\boldsymbol{d}^{(k)}$并没有做任何修改，而是直接取自现有改进算法，如 iHLRF 和 nHLRF，故定理中的条件(C1)、(C2)和(C3)一定满足。aHLRF 方法的改进主要集中在迭代步长 $\lambda^{(k)}$的估算方案上。按照 6.3.1 节中的 aHLRF 法步骤，$\lambda_i^{(k)}$ 依据式(6-16)得出，但理论分析时可以将其等效为式(6-15)中的缩减形式，只不过其中的缩减系数 b 是不断变化的，即

$$b_i^{(k)}=\lambda_i^{(k)}/\lambda_{i-1}^{(k)} \tag{6-20}$$

式中，$\lambda_i^{(k)}$ 首先由式(6-16)计算；$b_i^{(k)}$ 的取值区间为(0, 1)。采用式(6-15)和式(6-20)这样一种等效的迭代步长缩减公式之后，aHLRF 方法的收敛性定理就可以参照 Shi 和 Shen[169]给出的证明步骤进行，因为 $b_i^{(k)}$ 的变化性并不影响各证明步骤中的结论。这样按照 Shi 和 Shen 的推导步骤，aHLRF 方法可以得到类似的关系：

$$m_{k+1}-m_k\leqslant-\eta_0'(\nabla m_k^{\mathrm{T}}\boldsymbol{d}_k/\|\boldsymbol{d}_k\|)^2,\ \forall k \tag{6-21}$$

式中，$\eta_0'=\min(\eta',\ \eta'')$，而 $\eta'=a[1-(1/2)\mu]/M_0L$，$\eta''=ab_i^{(k)}(1-a)[1-(1/2)\mu]/L$。分析式(6-21)以及条件(C1)和(C3)，可知 aHLRF 方法产生的迭代序列$\{m_k\}$必定是一个有下界的下降序列，即序列$\{m_k\}$有极限。进一步，可推导出式(6-19)成立。

另外，还可将收敛性定理中的条件(C2)由如下的弱条件替换，即

(C2′) merit 函数 $m(u)$的梯度向量$\nabla m(u)$在开凸集 B 上一致连续，其中开凸集 B 包含区域 D_0。

这时，亦有下式成立：

$$\lim_{k\to\infty}(\nabla m_k^{\mathrm{T}}\boldsymbol{d}_k/\|\boldsymbol{d}_k\|)^2=0 \tag{6-22}$$

这说明了迭代点序列$\{\boldsymbol{u}^{(k)}\}$最终将收敛到 merit 函数 $m(\boldsymbol{u})$的一个稳态点$\boldsymbol{u}^*$。

对于 aHLRF 方法的收敛率，同样参照 Shi 和 Shen[169] 给出的类似证明步骤，可以证明：如果$\nabla^2 m(\boldsymbol{u}^*)$是对称正定矩阵且$m(\boldsymbol{u})$在$\boldsymbol{u}^*$的邻域$N_0(\boldsymbol{u}^*, \varepsilon_0)$上是二次连续可微的，那么迭代序列$\{\boldsymbol{u}^{(k)}\}$收敛到最可能失效点$\boldsymbol{u}^*$的速率至少是线性的(at least linearly)。

6.4 aHLRF 方法的实施与算例验证

6.4.1 几个关键问题的处理

1. Lipschitz 常数估算

从式(6-13)和式(6-14)中可以看到，Lipschitz 常数是 Shi-Shen 准则和初始迭代步长估算的核心参数。在理想条件下，L_k 应取为梯度函数$\nabla m_k(\boldsymbol{u})$的 Lipschitz 常数。然而，$\nabla m_k(\boldsymbol{u})$的 Lipschitz 常数通常是未知且难以精确计算的。Shi 和 Shen 在提出 Shi-Shen 一维搜索准则时，提供了几种 Lipschitz 常数估计方法。第一种方法利用了函数满足 Lipschitz 连续的条件，即式(6-18)。根据这个条件，在每个迭代步中，aHLRF 算法中的 Lipschitz 常数 L_k 可取为

$$L_k^1 = \|\Delta\boldsymbol{\delta}_{k-1}\| / \|\Delta\boldsymbol{u}_{k-1}\| \tag{6-23}$$

式中，$\Delta\boldsymbol{\delta}_{k-1} = \nabla m_k - \nabla m_{k-1}$；$\Delta\boldsymbol{u}_{k-1} = \boldsymbol{u}^{(k)} - \boldsymbol{u}^{(k-1)}$。另外两种方法则启发于 Barzilai 和 Borwein 方法[171]。其中，一种是通过求解最小化问题 $\min\limits_{L \in \mathbb{R}^+} \|L\Delta\boldsymbol{u}_{k-1} - \Delta\boldsymbol{\delta}_{k-1}\|$，可得

$$L_k^2 = (\Delta\boldsymbol{\delta}_{k-1}^{\mathrm{T}}\Delta\boldsymbol{u}_{k-1}) / \|\Delta\boldsymbol{u}_{k-1}\|^2 \tag{6-24}$$

另一种是通过求解最小问题 $\min\limits_{L \in \mathbb{R}^+} \|\Delta\boldsymbol{\delta}_{k-1} - (1/L)\Delta\boldsymbol{u}_{k-1}\|$，可得

$$L_k^3 = \|\Delta\boldsymbol{\delta}_{k-1}\|^2 / (\Delta\boldsymbol{\delta}_{k-1}^{\mathrm{T}}\Delta\boldsymbol{u}_{k-1}) \tag{6-25}$$

按照柯西-施瓦兹不等式，对式(6-23)、式(6-24)和式(6-25)估计的 L_k 大小关系有：

$$\frac{\Delta\boldsymbol{\delta}_{k-1}^{\mathrm{T}}\Delta\boldsymbol{u}_{k-1}}{\|\Delta\boldsymbol{u}_{k-1}\|^2} \leqslant \frac{\|\Delta\boldsymbol{\delta}_{k-1}\|}{\|\Delta\boldsymbol{u}_{k-1}\|} \leqslant \frac{\|\Delta\boldsymbol{\delta}_{k-1}\|^2}{\Delta\boldsymbol{\delta}_{k-1}^{\mathrm{T}}\Delta\boldsymbol{u}_{k-1}}，\text{即 } L_k^2 \leqslant L_k^1 \leqslant L_k^3 \tag{6-26}$$

Shi 和 Shen 在其文献中也探讨了这 3 种 L_k 估算方法对算法计算量的影响，不过3 种方法不分伯仲，与具体求解的问题有关。在 aHLRF 方法中，则选取了三者中最小的一个，即 L_k^2。主要是希望尽量使估算的初始步长偏大，以避免由于 L_k 估算误差过大，出现极小步长，进而引起算法假收敛的情况[因为式(6-5)中第一个收敛准则很容易因 $\lambda^{(k)}$ 过小而满足]。

2. 缩减系数估算

从式(6-16)中可以看到估算缩减系数的前提是得到插值近似函数 $\hat{\phi}(\lambda^{(k)})$。为了不增加额外计算量，就需要利用之前的迭代信息。在第 k 个迭代步时，若估算的初始步长 $\lambda_0^{(k)}$ 并不满足 Shi-Shen 准则，就需要对 $\lambda_0^{(k)}$ 执行缩减方案。此时，函数 $\phi(\lambda^{(k)})$存在 3 个已知信息，即在 $\lambda^{(k)}=0$ 时的函数值 $\phi(0)$和导数值 $\phi'(0)$信息以及在 $\lambda^{(k)}=\lambda_0^{(k)}$ 时的函数值 $\phi(\lambda_0^{(k)})$信息，即

$$\phi(0) = m(\boldsymbol{u}^{(k)}) \tag{6-27}$$

$$\phi'(0)=\nabla m\ (\boldsymbol{u}^{(k)})^{\mathrm{T}}\ \boldsymbol{d}^{(k)} \tag{6-28}$$

$$\phi(\lambda_0^{(k)})=m(\boldsymbol{u}^{(k)}+\lambda_0^{(k)}\boldsymbol{d}^{(k)}) \tag{6-29}$$

于是，可以利用二次插值公式来近似函数 $\varphi(\lambda^{(k)})$，相应的公式为：

$$\hat{\phi}(\lambda^{(k)})=\{[\phi(\lambda_0^{(k)})-\phi(0)-\lambda_0^{(k)}\phi'(0)]/(\lambda_0^{(k)})^2\}(\lambda^{(k)})^2+\phi'(0)\lambda^{(k)}+\phi(0) \tag{6-30}$$

这样按式(6-16)估计出 $\hat{\phi}(\lambda^{(k)})$的极小值，即可得到第一次缩减后的最佳迭代步长：

$$\lambda_1^{(k)}=-\frac{\phi'(0)(\lambda_0^{(k)})^2}{2[\phi(\lambda_0^{(k)})-\phi(0)-\lambda_0^{(k)}\phi'(0)]} \tag{6-31}$$

因为 $\phi(\lambda_0^{(k)})-\phi(0)\geqslant a\lambda_0^{(k)}\phi'(0)\geqslant\lambda_0^{(k)}\phi'(0)$，$\phi'(0)<0$，故有如下两个关系式：

$$\hat{\phi}''(\lambda^{(k)})>0,0<\lambda_1^{(k)}<\frac{\lambda_0^{(k)}}{2(1-a)} \tag{6-32}$$

可见，步长 $\lambda_1^{(k)}$ 确实是 $\hat{\phi}(\lambda^{(k)})$的最小值且为正值，因而将 $\lambda_1^{(k)}$ 作为新的迭代步长是非常合理的。事实上，如果 $\phi(\lambda_0^{(k)})\geqslant\phi(0)$，那么有 $\lambda_1^{(k)}\leqslant\lambda_0^{(k)}/2$，这样可得缩减系数的上限 $b_{\mathrm{upper}}=0.5$。另外，如果 $\phi(\lambda_0^{(k)})$比 $\phi(0)$大很多的话，那么 $\lambda_1^{(k)}$ 将会非常小。通常，并不希望 $\lambda^{(k)}$降得太多，而且如果降得太多的话也可能意味着在这个区域中 $\phi(\lambda^{(k)})$并不能被二次函数恰当模拟。因此，在 aHLRF 方法中设定缩减系数的下边界为 $b_{\mathrm{lower}}=0.1$。这意味着在每个迭代步中执行第一次缩减时，如果 $\lambda_1^{(k)}\leqslant 0.1\lambda_0^{(k)}$，则令 $\lambda_1^{(k)}=0.1\lambda_0^{(k)}$。

接下来，如果新得到的 $\lambda_1^{(k)}$ 仍不能满足 Shi-Shen 准则，那么就需再次执行步长缩减方案。虽然这时仍能使用二次插值近似得到新的缩减步长，但在上一次的缩减步骤中函数值 $\phi(\lambda_1^{(k)})$也成为已知信息，故在这次以及后续的缩减方案中就可对函数 $\phi(\lambda^{(k)})$做三次近似，即在每个迭代步中的第 i 次步长缩减时，可通过信息 $\phi(0)$、$\phi'(0)$、$\phi(\lambda_{i-2}^{(k)})$和 $\phi(\lambda_{i-1}^{(k)})$拟合得到三次近似函数 $\hat{\phi}(\lambda^{(k)})$，相应的公式为

$$\hat{\phi}(\lambda^{(k)})=a_1(\lambda^{(k)})^3+a_2(\lambda^{(k)})^2+\phi'(0)\lambda^{(k)}+\phi(0) \tag{6-33}$$

其中，

$$\begin{Bmatrix}a_1\\a_2\end{Bmatrix}=\frac{1}{(\lambda_0^{(k)}\lambda_1^{(k)})^2(\lambda_1^{(k)}-\lambda_0^{(k)})}\begin{bmatrix}\lambda_0^{(k)2} & -\lambda_1^{(k)2}\\-\lambda_0^{(k)3} & \lambda_1^{(k)3}\end{bmatrix}\begin{bmatrix}\phi(\lambda_1^{(k)})-\phi(0)-\phi'(0)\lambda_1^{(k)}\\\phi(\lambda_0^{(k)})-\phi(0)-\phi'(0)\lambda_0^{(k)}\end{bmatrix}$$

于是，基于三次近似函数的最佳迭代步长为

$$\lambda_2^{(k)}=\begin{cases}(-a_2\pm\sqrt{a_2^2-3a_1\phi'(0)})/3a_1, & a_1\neq 0\\-\phi'(0)/(2a_2), & a_1=0\end{cases} \tag{6-34}$$

可以证明，如果 $\phi(\lambda_1^{(k)})\geqslant\phi(0)$，则有 $\lambda_2^{(k)}<(2/3)\lambda_1^{(k)}$。但这个降低程度通常被认为比较小。于是，人为给定一个上界 $b_{\mathrm{upper}}=0.5$，即若 $\lambda_2^{(k)}>(1/2)\lambda_1^{(k)}$，则令 $\lambda_2^{(k)}=(1/2)\lambda_1^{(k)}$。另外，$\lambda_2^{(k)}$ 也有可能非常小，同样给定一个下界 $b_{\mathrm{lower}}=0.1$，即若 $\lambda_2^{(k)}\leqslant 0.1\lambda_1^{(k)}$，则令 $\lambda_2^{(k)}=0.1\lambda_1^{(k)}$。如果 aHLRF 算法中的参数 a 小于 1/4，可以证明式(6-34)将不会出现虚数。

上述的步长缩减过程将一直进行，直到缩减步长 $\lambda_i^{(k)}$ 满足 Shi-Shen 准则时，即认为得到了 aHLRF 在第 k 次迭代时的步长 $\lambda^{(k)}$。

3. 人为限制初始步长的范围

对于原始 HLRF 方法，使用者基本达成了一个共识：原始 HLRF 方法对低非线性安全裕度函数情况下的 MPP 搜索效率非常高，对线性情况的安全裕度函数更是只需一次迭代。而原始 HLRF 方法中迭代步长 $\lambda^{(k)}$ 被隐含地设定为常数 1，即 $\lambda^{(k)}=1$。另外，已有的改进方法，如 iHLRF 和 nHLRF 方法等，对初始步长 $\lambda_0^{(k)}$ 的默认值推荐都是 1，即 $\lambda_0^{(k)}=1$，而且由于迭代中考虑了步长缩减，这些方法也均保持了良好的收敛效率。

对于新提出的 aHLRF 方法，从后续算例中发现：对于一些能被原始 HLRF 方法快速求解的问题，aHLRF 方法的计算量都要超出其他 HLRF 方法许多。换句话说，aHLRF 方法对于低非线性情况的安全裕度函数问题计算效率偏低。而像 iHLRF 这样的改进方法却不存在这个问题。通过深入分析发现：这个问题主要源于 aHLRF 方法对初始步长的估算上面，而直接原因就是对 Lipschitz 常数 L_k 的不准确估算。当采用 aHLRF 方法进行首次迭代时因缺乏上一步迭代信息，故 L_0 是不能用式(6-23)、式(6-24)或式(6-25)估计的，一般会直接取 $L_0=1$ 或其他值。而在 aHLRF 中，考虑到已有方法对步长 1 的推荐，故取了使初始步长 $\lambda_0^{(0)}=1$ 时的 L_0 值。这样，在接下来的迭代步中就可以通过式(6-14)来估算初始步长。不过，这里仍然存在一个问题：通常初始迭代点 $\boldsymbol{u}^{(0)}$ 往往与首次迭代得到的 $\boldsymbol{u}^{(1)}$ 距离比较远，进而使得 L_k 的估算误差较大，从而使得下一步的初始迭代步长 $\lambda_0^{(1)}$ 的误差较大，这样对于 aHLRF 方法来说就需要花费较大的计算量来弥补这个误差。不过，这一问题在 aHLRF 方法中会随着问题的收敛而逐步减小。因而在低非线性问题中，aHLRF 方法远没有原始 HLRF 方法来得直接，同样也落后于默认初始步长取 1 的其他改进方法。

为了弥补这一问题，就需要以牺牲 aHLRF 的自适应性来换取，即增加对初始迭代步长的取值限制，令 $\lambda_0^{(k)}\in[\lambda_0^{\min},\lambda_0^{\max}]$。这里推荐 $\lambda_0^{(k)}\in(0,1]$，即若估算的初始步长超过 1，就取 $\lambda_0^{(k)}=1$。对于增加初始步长限制的 aHLRF 方法，后续均以 aHLRF* 的方式表示。这样的限制实际上是人为地对问题增加了最佳步长范围假设。对于最佳步长在这个范围内的问题，aHLRF* 必然会提高计算效率，反之则会增加计算量。这一点在后续的算例中也可以看到。

6.4.2 aHLRF 方法的具体实施步骤

这里给出 aHLRF 方法搜索最可能失效点和计算一次可靠度方法的详细步骤。

步骤 1：给定最可能失效点的初始点 $\boldsymbol{x}^{(0)}$，并结合随机空间变换方法（如第 4 章中的方法）将问题转化至独立标准正态空间中。

步骤 2：计算第 k 迭代步的输入数据，包括第 k 次迭代点 $\boldsymbol{u}^{(k)}$、安全裕度函数值 $g(\boldsymbol{u}^{(k)})$、梯度向量 $\nabla g(\boldsymbol{u}^{(k)})$ 以及 HLRF 搜索方向 $\boldsymbol{d}^{(k)}$。

步骤 3：若选择 ZDK-merit 函数，则按式(6-10)更新参数 c，并按式(6-8)和式(6-9)分别计算 merit 函数值 $m_k(\boldsymbol{u}^{(k)})$ 与梯度向量值 $\nabla m_k(\boldsymbol{u}^{(k)})$；若选用 SDB-merit 函数，则按式(6-11)和式(6-12)计算 merit 函数值和梯度向量值，同时使用相应的公式更新参数 c。

步骤 4：按式(6-14)估算第 k 迭代步的初始步长 $\lambda_0^{(k)}$，其中需先根据式(6-23)、式(6-24)和式(6-25)估计 Lipschitz 常数 L_k。这里，取 $L_k=\min(L_k^1, L_k^2, L_k^3)$，注意到 L_0 不能

用上述方法得到，需人为指定，这里取使 $\lambda_0^{(0)}=1$ 时的 L_0 值。

步骤 5：判断估算步长 $\lambda_i^{(k)}$ 否满足 Shi-Shen 准则。如果成立，则取 $\lambda^{(k)}=\lambda_i^{(k)}$ 并转至步骤 7，否则进入步骤 6。

步骤 6：估计步长缩减系数 b。若为第一次缩减，则采用二次插值法并基于式(6-31)估算 $\lambda_1^{(k)}$；若为第 i 次($i\geqslant 2$)缩减，则采用三次插值法并基于式(6-34)估算 $\lambda_i^{(k)}$。同时，确保缩减系数处于 $0.1\leqslant b\leqslant 0.5$。转至步骤 5。

步骤 7：按式(6-6)计算新迭代点 $\boldsymbol{u}^{(k+1)}$，并判断是否满足收敛条件式(6-5)。若满足，则令 $\boldsymbol{u}^*=\boldsymbol{u}^{(k+1)}$，并转至步骤 8；否则转至步骤 2。

步骤 8：按式(6-1)计算一次可靠度 P_s 或失效概率 P_f。

表 6-1 给出了本章提到的几种基于 HLRF 的 MPP 搜索方法在迭代步长估算上的对比。鉴于 iHLRF 方法与 nHLRF 方法在计算效率和计算量上不分伯仲[63]，后续算例中，仅做了 HLRF 法、iHLRF 法以及 aHLRF 和 aHLRF* 方法的对比。

表 6-1　基于 HLRF 的 MPP 搜索方法对比

算　法	merit 函数	步长搜索方案		
		一维搜索准则	初始步长 λ_0	步长缩减 b
HLRF	无	无	恒常数($\lambda_0=1$)	无
iHLRF	ZDK	Armijo 准则	恒常数($\lambda_0>0$)	恒缩减系数 ($0<b<1$)
nHLRF	SMB	Wolfe 准则	恒常数($0<\lambda_0\leqslant 1$)	缩减时 0.5；增加时 2
aHLRF	ZDK，SMB	Shi-Shen 准则	公式估算，无限制	安全插值算法估算
aHLRF*	ZDK，SMB	Shi-Shen 准则	公式估算，且限制 $\lambda_0^{(k)}\in(0,1]$	安全插值算法估算

6.4.3　算例分析

本节给出 11 个常用安全裕度函数，并分别使用 HLRF、iHLRF、aHLRF 以及 aHLRF* 求解安全裕度函数的一次可靠性指标 β_{FORM}、在 X 空间内对应的最可能失效点 $\boldsymbol{x}^*$ 以及相应的函数调用次数 NFun 和梯度调用次数 NGrad，以验证 aHLRF 方法的有效性和鲁棒性。下面分别将 11 个安全裕度函数描述如下：

问题 1：吊绳作用与抗力的应力-强度干涉模型。

$$g(\boldsymbol{X})=X_1-X_2$$

其中，$X_1\sim\mathcal{N}(120,\ 18^2)$，$X_2\sim\mathcal{N}(50,\ 12^2)$，且 X_1 和 X_2 相互独立。

问题 2：截面为 W16×31 的 A36 钢制梁受纯弯作用模型(二维情况)。

$$g(\boldsymbol{X})=X_1X_2-1140$$

其中，$X_1\sim\mathcal{N}(38,\ 3.8^2)$，$X_2\sim\mathcal{N}(54,\ 2.7^2)$，且 X_1 和 X_2 相互独立。

问题 3：钢制梁截面受纯弯作用模型(三维情况)。

$$g(\boldsymbol{X})=X_1X_2-X_3$$

其中，$X_1\sim\mathcal{N}(40,\ 5^2)$，$X_2\sim\mathcal{N}(50,\ 2.5^2)$，$X_3\sim\mathcal{N}(1000,\ 200^2)$，且 X_1、X_2 和 X_3 相互独立。

问题 4：预应力混凝土截面受弯矩作用模型。

$$g(\boldsymbol{X})=X_2X_3X_4-\frac{X_5X_3^2X_4^2}{X_6X_7}-X_1$$

其中,各随机变量的分布信息见表 6-2。

表 6-2 各随机变量的分布信息

变 量	分布类型	均 值	标准差	变 量	分布类型	均 值	标准差
X_1	Gumbel	0.01	0.003	X_5	Normal	0.5	0.05
X_2	Normal	0.3	0.015	X_6	Normal	0.12	0.006
X_3	Normal	360	36	X_7	Lognormal	40	6
X_4	Lognormal	226e−6	11.3e−6	$X_1 \sim X_7$ 随机变量间相互独立			

问题 5:二维三阶无交叉项的极限状态函数。

$$g(\boldsymbol{X})=X_1^3+X_2^3-4$$

其中,$X_1 \sim \mathcal{N}(3,\ 1^2)$,$X_2 \sim \mathcal{N}(2.9,\ 1^2)$,且 X_1 和 X_2 相互独立。

问题 6:三阶显式含交叉项的安全裕度函数。

$$g(\boldsymbol{X})=X_1^3+X_1^2X_2+X_2^3-18$$

其中,$X_1 \sim \mathcal{N}(10,\ 5^2)$,$X_2 \sim \mathcal{N}(9.9,\ 5^2)$,且 X_1 和 X_2 相互独立。

问题 7:四阶显式无交叉项安全裕度函数。

$$g(\boldsymbol{X})=X_1^4+2X_2^4-20$$

其中,$X_1 \sim \mathcal{N}(10,\ 5^2)$,$X_2 \sim \mathcal{N}(10,\ 5^2)$,且 X_1 和 X_2 相互独立。

问题 8:参数控制的高非线性安全裕度函数。

$$g(\boldsymbol{X})=(1/p)\ln\{\exp[p(1+X_1-X_2)]+\exp[p(5-5X_1-X_2)]\}$$

其中,$X_1 \sim \mathcal{N}(0,\ 1^2)$,$X_2 \sim \mathcal{N}(0,\ 1^2)$,且 X_1 和 X_2 相互独立。p 为函数参数,控制着函数的非线性。分别取 $p=1$ 和 $p=10$ 两种情况。

问题 9:具有高非线性的复杂管线可靠性问题模型。

$$\begin{aligned}g(\boldsymbol{X})=&1.1-0.00534X_1-0.0705X_2-0.226X_3+0.998X_4-\\&0.00115X_1X_2-0.0149X_1X_3+0.0717X_1X_4+\\&0.0135X_2X_3-0.0611X_2X_4-0.558X_3X_4+\\&0.00117X_1^2+0.00157X_2^2+0.0333X_3^2-1.339X_4^2\end{aligned}$$

其中,X_1 服从均值为 10、标准差为 5 的类型Ⅱ的极大值分布,$X_2 \sim \mathcal{N}(25,\ 5^2)$,$X_3 \sim \mathcal{N}(0.8,\ 0.2^2)$,$X_4$ 是服从均值为 0.0625、标准差为 0.00625 的对数正态分布。各变量间相互独立。

问题 10:塑性框架的六维线性安全裕度函数。

$$g(\boldsymbol{X})=X_1+2X_2+3X_3+X_4-5X_5-5X_6$$

其中,各变量均为对数正态分布且相互独立,相应的均值依次为 120、120、120、120、50、40,标准差依次为 12、12、12、12、15、12。

问题 11:具有多峰的安全裕度函数。

$$g(\boldsymbol{X})=X_1+2X_2+2X_3+X_4-5X_5-5X_6+0.001\sum_{i=1}^{6}\sin(100X_i)$$

其中,各变量均为对数正态分布且相互独立,相应的均值依次为 120、120、120、120、50、40,标准差依次为 12、12、12、12、15、12。

下面针对上述 11 个问题,从计算效率和鲁棒性等方面对 aHLRF 方法的性能进行讨论,并与 HLRF 和 iHLRF 做对比。在具体求解时,iHLRF 方法的 3 个算法参数默认取为 $\lambda_0=1$、$b=0.5$、$a=0.38$,aHLRF 方法两个算法参数默认取为 $a=0.38$、$\mu=1.0$。以式(6-5)中前两个作为收敛准则,相应收敛精度取 $\varepsilon_1=\varepsilon_2=1.0\text{e}-3$。在求解上述 11 个问题前,这里首先对问题 5 和问题 8 进行求解和讨论。问题 5 和问题 8 分别取自文献[66]中的例 4 和例 5。结果表明:aHLRF 方法对两个问题的最可能失效点和可靠性指标的求解结果与文献[66]结果一致,从而整体上验证了 aHLRF 方法结果的可信性和有效性。这一点在算例讨论中不再赘述。

1. 算例 1　参数控制的二维高非线性安全裕度函数(问题 8)

本算例即问题 8。当 p 取不同值时,失效面[即 $g(X)=0$]在独立标准正态空间中的曲线形状如图 6-6 所示。若以最可能失效点处的曲率表征非线性程度,表 6-3 给出了一系列 p 值下的曲率值。可见,随着参数 p 的增大,安全裕度函数在最可能失效点处的非线性程度也逐渐增大。

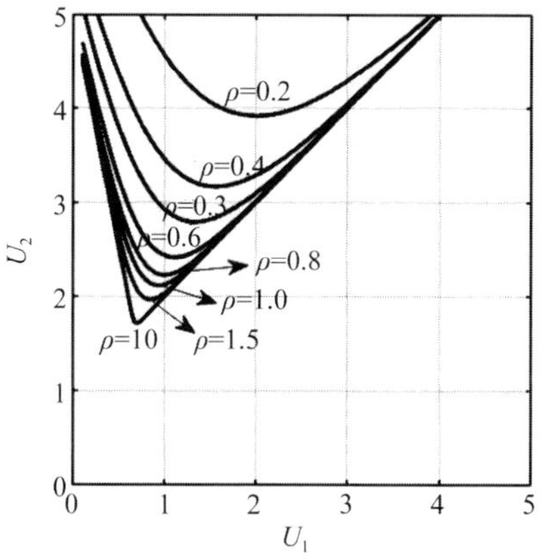

图 6-6　问题 8 在标准空间下时不同 p 值对应的失效面

表 6-3　不同 p 值时 iHLRF 与 aHLRF 计算量对比

p	最可能失效点 u^*	曲　率	NFun		比　值	NGrad	
			iHLRF	aHLRF		iHLRF	aHLRF
0.1	(2.63213, 6.31331)	0.51	52	29	1.79	19	22
0.2	(1.64755, 3.99068)	1.02	153	34	4.5	44	24
0.3	(1.32128, 3.21575)	1.52	122	28	4.36	33	24
0.4	(1.15585, 2.82938)	2.05	72	35	2.06	19	29
0.6	(1.00181, 2.43800)	3.12	46	30	1.53	13	25
0.8	(0.91048, 2.24823)	4.08	285	40	7.13	66	33

续表

p	最可能失效点 u^*	曲　率	NFun		比　值	NGrad	
			iHLRF	aHLRF		iHLRF	aHLRF
1.0	(0.86641, 2.13008)	5.15	230	50	4.6	44	39
1.5	(0.79722, 1.97652)	7.81	98	60	1.6	19	43
3.0	(0.72789, 1.82381)	14.53	312	83	3.76	56	70
5.0	(0.70808, 1.75867)	26.46	419	89	4.71	59	71
8.0	(0.69025, 1.72420)	39.68	400	50	8	59	43
9.0	(0.68849, 1.71790)	46.04	2048	252	8.13	288	207
10	(0.68665, 1.71202)	50.82	2208	253	8.73	300	221

经计算发现，原始 HLRF 方法对本算例很难收敛到最可能失效点，但用 iHLRF 和 aHLRF 可顺利得到一次可靠度结果。图 6-7、图 6-8 和图 6-9 分别给出了 $p=0.1$、1、10 时在标准空间内搜索最可能失效点的迭代路径。表 6-2 还列出了用 iHLRF 和 aHLRF 求解时整个迭代过程中调用的函数次数(NFun)和导数次数(NGrad)。其中，NFun 与算法执行内层循环的总次数一致(即一维搜索准则中的指标 i)，NGrad 与算法执行外层循环的次数一致(即迭代次数指标 k)。

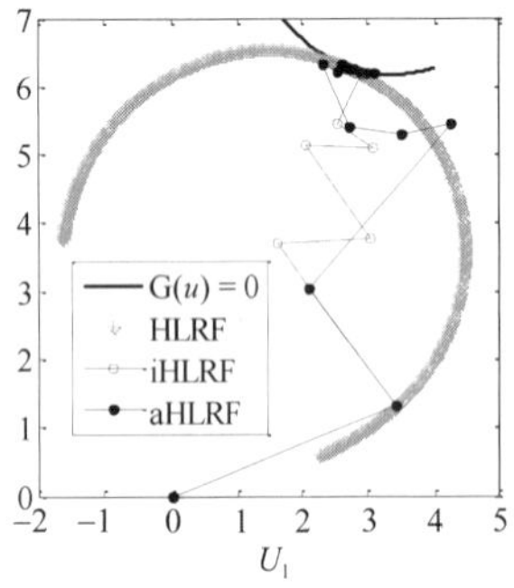

图 6-7　当 $p=0.1$ 时，3 种方法最可能失效点搜索路径

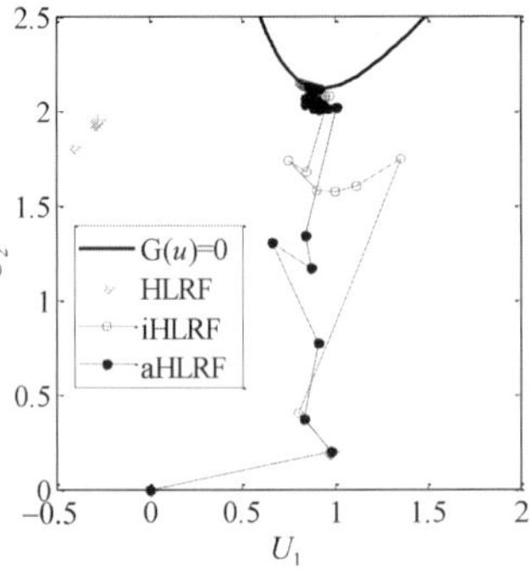

图 6-8　当 $p=1$ 时，3 种方法最可能失效点搜索路径

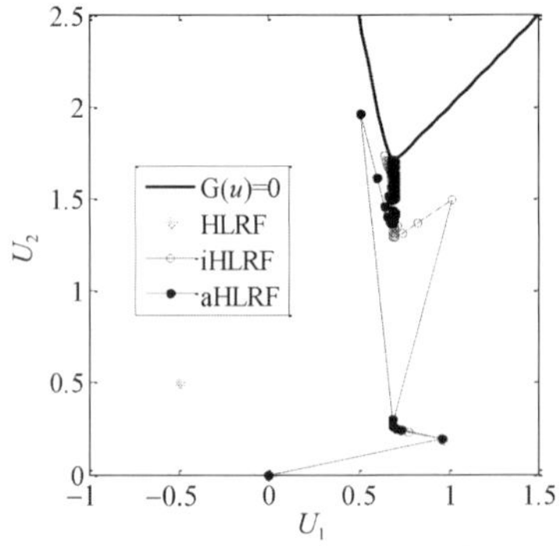

图 6-9　当 $p=10$ 时，3 种方法最可能失效点搜索路径

从图 6-7、图 6-8 和图 6-9 中可以看到，HLRF 算法的迭代点始终在不断跳动而不能收敛到最可能失效点，而 iHLRF 和 aHLRF 在有限的迭代步中都能逐渐收敛。对比它们调用函数和导数的数量(即 NFun 和 NGrad)，从表 6-3 中可以看到，aHLRF 的 NFun 值很明显地小于 iHLRF 的。从总体上看，最可能失效点附近非线性程度越高，这种计算效率越能体现出来。如当 $p=9$、10 时，iHLRF 的 NFun 达到了两千多次，这在实际问题中已经是不可接受的计算量，而采用 aHLRF 法却只需要两百多次，效率提高了 8 倍多，计算量大大减少。但对于 NGrad，iHLRF 和 aHLRF 方法似乎不分伯仲。这一方面是因为 aHLRF 的改进主要集中在内循环部分，即图 6-4 中虚框部分(实现快速地估算外循环的

迭代步长 $\lambda^{(k)}$），从而可以有效地减少内循环调用安全裕度函数的次数 NFun，而对外循环次数 NGrad 的影响则相对有限，另一方面可以从 iHLRF 对算法参数的敏感性角度分析，换句话说，算例中 iHLRF 所采用的默认算法参数可能恰好对该算例比较适合。

从对算法参数的敏感性角度分析表 6-3 中的数据可以看到，对于 aHLRF 方法，无论是 NFun 还是 NGrad，随着非线性程度的增加基本上都是稳步变化的且总体呈增长趋势。这说明，aHLRF 性能比较稳定。而 iHLRF 方法有时表现得很好，如 $p=0.6$、1.5 时不仅 NFun 相对较少而且 NGrad 比 aHLRF 的还要低；有时表现得又很差，如 $p=0.2$、0.3、0.8 时，虽然非线性程度不太高，但所需的 NFun 要比 aHLRF 高很多，比值达到了 4 甚至 7 以上，算法性能非常不稳定。这说明，对给定的一组确定的默认算法参数，iHLRF 算法不能被确保适应全部的待求问题。

进一步，表 6-4、表 6-5、表 6-6 和表 6-7 列出了当 $p=1$ 时算法参数变化对 NFun 和 NGrad 的影响情况。从表中可以看到，iHLRF 的计算量显然与算法参数取值有较大关系，每一个算法参数都有一个较优的取值，如表 6-4 中 $\lambda_0=0.1$，表 6-5 中 $b=0.3$，表 6-6 中 $a=0.2$；而 aHLRF 方法不仅所需选取的算法参数个数较少，而且受算法参数的影响也比较低，使得 aHLRF 具有较高的鲁棒性。这也是对关键算法参数进行自适应估算的真正意义所在。

表 6-4　当 $p=1$ 时，方法 iHLRF 在参数 λ_0 取不同值时的计算量

λ_0	0.05	0.08	0.1	0.2	0.3	0.5	0.7	0.9	1	2	4
NFun	169	105	84	116	100	152	142	343	230	304	352
NGrad	168	104	83	82	55	52	42	78	44	48	48

表 6-5　当 $p=1$ 时，方法 iHLRF 在参数 b 取不同值时的计算量

b	0.1	0.2	0.3	0.4	0.5	0.6	0.65	0.7	0.75	0.8	0.85	0.9
NFun	151	165	105	214	230	119	560	701	149	214	358	1478
NGrad	55	62	26	54	44	22	90	94	17	19	27	67

表 6-6　当 $p=1$ 时，方法 iHLRF 在参数 a 取不同值时的计算量

a	1e−4	0.05	0.1	0.15	0.2	0.25	0.3	0.35	0.38	0.4	0.45	0.5
NFun	214	173	220	203	151	259	286	214	230	270	242	252
NGrad	49	40	49	44	32	51	57	42	44	54	47	47

表 6-7　当 $p=1$ 时，方法 aHLRF 在参数 a 取不同值时的计算量

a	1e−4	0.05	0.1	0.15	0.2	0.25	0.3	0.35	0.38	0.4	0.45	0.5
NFun	56	56	50	50	50	50	50	50	50	61	62	62
NGrad	49	49	39	39	39	39	39	39	39	50	50	50

2. 算例 2　二维三阶无交叉项的安全裕度函数(问题 5)

算例 2 即问题 5。该算例函数在独立标准正态空间中的表达式为

$$g(u_1, u_2) = (3 + u_1)^3 + (2.9 + u_2)^3 - 4$$

仍采用默认算法参数计算本算例。三种方法的迭代路径绘制在图 6-10 中，迭代情况列写在表 6-8 中。

从图 6-10 和表 6-8 中可以看出，HLRF 方法对算例 2 仍然不能收敛，其迭代过程最终陷入在两点间的往复死循环。iHLRF 和 aHLRF 都收敛了，但 aHLRF 要比 iHLRF 的 NFun 低很多，倍数达 2 倍多(最可能失效点处曲率为 1.12)，而 NGrad 相差并不悬殊，但仍使 aHLRF 所需的迭代次数降低了。

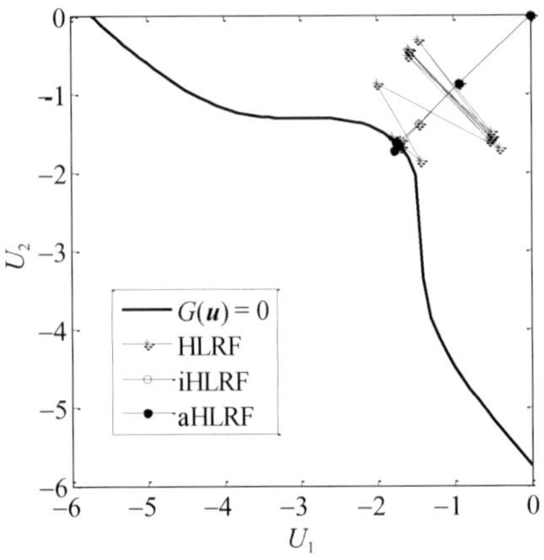

图 6-10　三种方法的迭代路径

表 6-8　三种方法的迭代结果对比

方　法	收敛情况	NFun	NGrad
HLRF	未收敛	—	—
iHLRF	收敛	42	19
aHLRF	收敛	18	14

3. 所有算例结果的对比与讨论

同样用 HLRF、iHLRF 和 aHLRF 三种方法各自采用默认算法参数进行计算。对于 aHLRF 方法，增加算法参数 μ 的讨论，分别取 $\mu=0.0$、1.0、1.5 三种情况，在表 6-9 中以 aHLRF-μ 的形式表示；增加初始步长 $\lambda_0^{(k)}$ 大小限制的讨论，分别取不限制大小和限制大小不超过 1 两种情况，在表 6-9 中，对限制大小不超过 1 的情况加“ * ”号表示，如 aHLRF-1.0*。另外，取问题 8 中 $p=1$、10 两种情况计算，并在表 6-9 中分别用问题 8-1 和 8-2 表示。

表 6-9　不同方法对 11 个安全裕度函数的计算量与可靠性结果

问题	方　法	NFun	NGrad	X 空间内对应的 MPP x^*	β_{FORM}
1	HLRF	2	2	(71.5385，71.5385)	3.23575
	iHLRF	3	2	(71.5385，71.5385)	3.23575
	aHLRF-0.0	11	2	(71.5252，71.5385)	3.23575
	aHLRF-1.0	11	2	(71.5252，71.5385)	3.23575
	aHLRF-1.5	11	2	(71.5252，71.5385)	3.23575
	aHLRF-0.0*	3	2	(71.5385，71.5385)	3.23575
	aHLRF-1.0*	3	2	(71.5385，71.5385)	3.23575
	aHLRF-1.5*	3	2	(71.5385，71.5385)	3.23575
2	HLRF	6	6	(22.5656，50.5194)	4.26135
	iHLRF	7	6	(22.5656，50.5194)	4.26135
	aHLRF-0.0	62	16	(22.5654，50.519)	4.26135
	aHLRF-1.0	62	16	(22.5654，50.519)	4.26135
	aHLRF-1.5	62	16	(22.5654，50.519)	4.26135
	aHLRF-0.0*	8	7	(22.5656，50.5195)	4.26135
	aHLRF-1.0*	8	7	(22.5656，50.5195)	4.26135
	aHLRF-1.5*	8	7	(22.5656，50.5195)	4.26135
3	HLRF	5	5	(28.5504，48.3083，1379.22)	3.04907
	iHLRF	6	5	(28.5504，48.3083，1379.22)	3.04907
	aHLRF-0.0	24	8	(28.551，48.3075，1379.24)	3.04907
	aHLRF-1.0	24	8	(28.551，48.3075，1379.24)	3.04907
	aHLRF-1.5	24	8	(28.551，48.3075，1379.24)	3.04907
	aHLRF-0.0*	6	5	(28.5506，48.3081，1379.23)	3.04908
	aHLRF-1.0*	6	5	(28.5506，48.3081，1379.23)	3.04908
	aHLRF-1.5*	6	5	(28.5506，48.3081，1379.23)	3.04908
4	HLRF	5	5	(0.0208818，0.293772，329.724，0.000221418，0.50107，0.119936，39.3692)	2.74706
	iHLRF	16	7	(0.0208819，0.293772，329.725，0.000221418，0.50107，0.119936，39.3692)	2.74706
	aHLRF-0.0	32	12	(0.0208782，0.293768，329.686，0.000221416，0.50107，0.119936，39.3692)	2.74686

续表

问题	方　法	NFun	NGrad	X 空间内对应的 MPP x^*	β_{FORM}
	aHLRF-1. 0	27	11	(0. 0208798, 0. 29377, 329. 699, 0. 000221417, 0. 50107, 0. 119936, 39. 3692)	2. 74699
	aHLRF-1. 5	27	11	(0. 0208798, 0. 29377, 329. 699, 0. 000221417, 0. 50107, 0. 119936, 39. 3692)	2. 74699
	aHLRF-0. 0*	12	8	(0. 0208824, 0. 293789, 329. 695, 0. 000221432, 0. 501062, 0. 119936, 39. 3705)	2. 74705
	aHLRF-1. 0*	8	6	(0. 0208789, 0. 293795, 329. 622, 0. 000221436, 0. 501057, 0. 119936, 39. 3714)	2. 74706
	aHLRF-1. 5*	8	6	(0. 0208789, 0. 293795, 329. 622, 0. 000221436, 0. 501057, 0. 119936, 39. 3714)	2. 74706
5	HLRF	1000	1000	(2. 47259, 1. 33463)	1. 65058
	iHLRF	42	19	(1. 27304, 1. 24653)	2. 39089
	aHLRF-0. 0	18	14	(1. 2759, 1. 24352)	2. 39091
	aHLRF-1. 0	18	14	(1. 2759, 1. 24352)	2. 39091
	aHLRF-1. 5	18	14	(1. 2759, 1. 24352)	2. 39091
	aHLRF-0. 0*	25	24	(1. 27348, 1. 24606)	2. 39089
	aHLRF-1. 0*	25	24	(1. 27348, 1. 24606)	2. 39089
	aHLRF-1. 5*	25	24	(1. 27348, 1. 24606)	2. 39089
6	HLRF	1000	1000	(7. 15225, 2. 77034)	1. 53695
	iHLRF	172	40	(1. 68168, 1. 97194)	2. 29825
	aHLRF-0. 0	63	57	(1. 6832, 1. 97033)	2. 29825
	aHLRF-1. 0	63	57	(1. 6832, 1. 97033)	2. 29825
	aHLRF-1. 5	63	57	(1. 6832, 1. 97033)	2. 29825
	aHLRF-0. 0*	38	37	(1. 69215, 1. 96096)	2. 29825
	aHLRF-1. 0*	38	37	(1. 69215, 1. 96096)	2. 29825
	aHLRF-1. 5*	38	37	(1. 69215, 1. 96096)	2. 29825
7	HLRF	1000	1000	(5. 40308, 8. 21505)	0. 92673
	iHLRF	270	56	(1. 81573, 1. 46176)	2. 36545
	aHLRF-0. 0	136	124	(1. 8166, 1. 46093)	2. 36545
	aHLRF-1. 0	136	124	(1. 8166, 1. 46093)	2. 36545
	aHLRF-1. 5	136	124	(1. 8166, 1. 46093)	2. 36545

续表

问题	方　法	NFun	NGrad	X 空间内对应的 MPP x^*	β_{FORM}
7	aHLRF-0.0*	64	63	(1.81402, 1.46337)	2.36545
	aHLRF-1.0*	64	63	(1.81402, 1.46337)	2.36545
	aHLRF-1.5*	64	63	(1.81402, 1.46337)	2.36545
8-1	HLRF	1000	1000	(−0.288114, 1.93258)	0.98600
	iHLRF	230	44	(0.86089, 2.13207)	2.29934
	aHLRF-0.0	52	34	(0.864789, 2.13063)	2.29945
	aHLRF-1.0	50	39	(0.866405, 2.13008)	2.29955
	aHLRF-1.5	50	39	(0.866405, 2.13008)	2.29955
	aHLRF-0.0*	23	16	(0.863798, 2.13109)	2.29929
	aHLRF-1.0*	36	28	(0.862144, 2.13175)	2.2995
	aHLRF-1.5*	36	28	(0.862144, 2.13175)	2.2995
8-2	HLRF	1000	1000	(−0.5, 0.5)	0.98058
	iHLRF	2208	300	(0.686652, 1.71202)	1.84458
	aHLRF-0.0	201	148	(0.683959, 1.71359)	1.84513
	aHLRF-1.0	180	146	(0.681573, 1.71586)	1.84636
	aHLRF-1.5	120	98	(0.684582, 1.71393)	1.84567
	aHLRF-0.0*	143	119	(0.68779, 1.71252)	1.8455
	aHLRF-1.0*	124	104	(0.688249, 1.71154)	1.84478
	aHLRF-1.5*	117	100	(0.687881, 1.71245)	1.8455
9	HLRF	1000	1000	(13.0292, 27.3105, 0.853253, 0.0461532)	1.05149
	iHLRF	33	15	(14.905, 25.0686, 0.859562, 0.046055)	1.33035
	aHLRF-0.0	26	15	(14.9054, 25.0656, 0.859523, 0.0460578)	1.33035
	aHLRF-1.0	26	15	(14.9054, 25.0656, 0.859523, 0.0460578)	1.33035
	aHLRF-1.5	26	15	(14.9054, 25.0656, 0.859523, 0.0460578)	1.33035
	aHLRF-0.0*	16	11	(14.9041, 25.0664, 0.859625, 0.0461082)	1.33036
	aHLRF-1.0*	16	11	(14.9041, 25.0664, 0.859625, 0.0461082)	1.33036
	aHLRF-1.5*	16	12	(14.9051, 25.0668, 0.859543, 0.0460619)	1.33035
10	HLRF	10	10	(117.044, 114.817, 112.712, 117.044, 100.928, 59.4432)	3.04239
	iHLRF	11	10	(117.044, 114.817, 112.712, 117.044, 100.928, 59.4432)	3.04239

续表

问题	方　法	NFun	NGrad	X 空间内对应的 MPP x^*	β_{FORM}
10	aHLRF-0.0	24	10	(117.044，114.818，112.712，117.044，100.934，59.4378)	3.04239
	aHLRF-1.0	14	8	(117.044，114.817，112.711，117.044，100.93，59.4414)	3.04239
	aHLRF-1.5	14	8	(117.044，114.817，112.711，117.044，100.93，59.4414)	3.04239
	aHLRF-0.0*	11	10	(117.044，114.817，112.712，117.044，100.928，59.4432)	3.04239
	aHLRF-1.0*	11	10	(117.044，114.817，112.712，117.044，100.928，59.4432)	3.04239
	aHLRF-1.5*	11	10	(117.044，114.817，112.712，117.044，100.928，59.4432)	3.04239
11	HLRF	1000	1000	(117.439，115.426，115.426，117.439,83.577，55.7118)	2.34775
	iHLRF	5461	1000	(117.289，115.275，115.275，117.289,83.5469，55.5861)	2.34809
	aHLRF-0.0	43	40	(117.23，115.283，115.283，117.23,83.7264，55.3914)	2.34815
	aHLRF-1.0	43	40	(117.23，115.283，115.283，117.23,83.7264，55.3914)	2.34815
	aHLRF-1.5	43	40	(117.23，115.283，115.283，117.23,83.7264，55.3914)	2.34815
	aHLRF-0.0*	79	74	(117.168，115.215，115.215，117.168,83.6215，55.4163)	2.34816
	aHLRF-1.0*	79	74	(117.168，115.215，115.215，117.168,83.6215，55.4163)	2.34816
	aHLRF-1.5*	79	74	(117.168，115.215，115.215，117.168,83.6215，55.4163)	2.34816

分析表 6-9 中数据可以发现：

(1)原始 HLRF 方法对问题 5、6、7、8-1、8-2、9、11 的 NFun 和 NGrad 超过了 1000，且在 1000 次迭代强制结束后所得一次可靠度指标也与改进方法相差较大。这说明原始

HLRF 方法对这些问题不能收敛,无法求解。

(2)对于问题 1、2、3、4 以及 10 这类原始 HLRF 方法能够收敛的问题,HLRF 方法的求解效率往往是最高的,iHLRF 方法略差,而不限制步长的 aHLRF 方法却需要更多的 NFun 和 NGrad。这说明不限制步长的 aHLRF 方法对低非线性安全裕度函数的性能并不好。其中原因主要是 aHLRF 方法采用了估算的初始步长。从前面对 aHLRF 方法的实施过程中可以看到,在首次迭代时因缺少先前的迭代数据而人为指定首次迭代的初始步长为 $\lambda_0^{(0)}=1$,而随后迭代的初始步长是估算得来的。这样的设置通常会使最初两次迭代的迭代点相距较大,从而在估算关键参数 L_k 时出现较大误差,进而不能有效估算初始步长。而随着迭代步增加,估算结果会更加贴近实际。这样对于可以被原始 HLRF 求解的低非线性安全裕度函数,aHLRF 方法会在前几次迭代中花费多次的函数值调用来修正初始步长的估算误差,从而导致计算量上升。通常来说,对于低非线性问题,取值为 1 的迭代步是最佳的,而 HLRF 是以迭代步长为 1 的算法,iHLRF 是以初始迭代步长为 1 的算法,因而它们的求解效率高是可以预计的。

(3)相比之下,限制初始步长不超过 1 的 aHLRF* 方法与 iHLRF 方法的 NFun 和 Ngrad 对于上面的低非线性问题比较一致。可以想象,限制初始步长大小后将会消除原 aHLRF 方法所面临的步长估算缺陷。不过,人为地限制初始步长的大小显然会降低 aHLRF 方法的自适应性,使得某些情况下的高非线性安全裕度函数问题的 NFun 和 NGrad 数目增大,如问题 5 和 11。具体情况与安全裕度函数的性质有关。

(4)相比 HLRF 方法,iHLRF 和 aHLRF 总会多调用一次安全域函数值,即 NFun。这是因为在相同的条件下,iHLRF 和 aHLRF 这类改进方法需要增加一次判定迭代步长是否满足一维线性搜索准则的步骤,而这个步骤往往需要计算一次额外的安全裕度函数值。

(5)对于问题 8-2 和 11,虽然 iHLRF 方法最终实现了收敛,但其 NFun 分别高达 2208 次和 5461 次,而 NGrad 也分别有 300 次和 1000 次,在计算效率和计算量上非常糟糕。分析这两个问题的安全裕度函数可知,问题(8-2)在最可能失效点处的曲率非常大,而问题 11 更是存在多个 sin 函数项。对于这类情况,显然所提出的 aHLRF 方法的优势非常明显。

(6)当 $\mu=0$ 时,aHLRF 方法中的 Shi-Shen 准则退化为 Armijo 准则。但与 iHLRF 方法不同的是,此时 aHLRF 方法中的初始步长和步长缩减系数仍然是利用已有迭代信息自适应选取的。从表 6-9 中分析可知,aHLRF 方法的计算量对参数 μ 的变化非常不敏感,只在非线性较大的问题 8-2 中才可明显看出 μ 的增大对计算效率的贡献。而像问题 4、8-1、10,参数 μ 只在有($\mu=1.0$, $\mu=1.5$)和无($\mu=0.0$)的情况下,才显现出能够提高计算效率的作用。这应该是 aHLRF 方法对关键参数 $\lambda_0^{(k)}$ 和 b 的自适应估算引起的,使得参数 μ 像前面探讨的其他参数一样变得不再是影响计算效率的关键参数。从总体上来说,增加 μ 的大小通常会提高计算效率。

综合来说,相比于原始的 HLRF 和改进的 iHLRF 等,已有的 MPP 搜索方法和一次可靠度方法,新提出的 aHLRF 不仅能确保结果的收敛性,而且计算效率很高,使得计算量大大降低,尤其是对安全裕度函数在 MPP 周围非线性较高的情况。因而新方法在大型复杂且具有高非线性的结构系统的 MPP 搜索和可靠度计算中将具有广阔的应用前景。

6.5 工程算例

6.5.1 摆架主弹性支承的应力疲劳寿命可靠性分析

在实际工程中，人们通常关心一台高速动平衡机能够安全可靠地完成 N 根同类型转子的可能性。高速动平衡机摆架主弹性支承最主要的失效类型就是疲劳破坏。本算例从摆架主弹性支承的应力疲劳角度来分析高速动平衡机的动平衡可靠性问题。一般认为，当结构的疲劳累积损伤达到 1 时结构就发生疲劳失效。基于此，直接给出摆架主弹性支承的应力疲劳寿命可靠性分析的安全裕度函数：

$$g(\boldsymbol{X}) = 1 - N_{\text{target}} d(\boldsymbol{X}) \tag{6-35}$$

式中，N_{target} 是目标疲劳寿命，同类被平衡转子的根数；$d(\boldsymbol{X})$ 是一次动平衡的累积损伤，由下式决定：

$$d(\boldsymbol{X}) = \frac{f_{\text{cr}} \cdot \Delta t \cdot n}{N_{S_a}} \tag{6-36}$$

式中，f_{cr} 是临界转速(Hz)；Δt 是过临界转速的时间(s)；n 是一次动平衡的过临界转速的次数；N_{S_a} 是应力幅为 S_a 时主弹性支承的疲劳寿命。考虑 S-N 曲线的随机性，取同一应力水平下的疲劳寿命服从参数为 $\mu_{\ln N}$ 和 $\sigma_{\ln N}$ 的对数分布，并假设 $\sigma_{\ln N}$ 正比于参数 $\mu_{\ln N}$，即 $\sigma_{\ln N} = \delta\mu_{\ln N}$，其中 $\mu_{\ln N}$ 由第 2 章式(2-15)中的第一式确定，那么考虑随机性的 S-N 曲线公式可写为

$$\ln(N) = \ln\left[10^{\frac{1}{A}(B - \lg(S_a/k_f))}\right](1 + \delta\xi) \tag{6-37}$$

式中，S_a 由式(2-8)确定；ξ 是标准正态随机变量，计及疲劳寿命的随机性；δ 是变异系数。算例中涉及的设计参数和随机变量的设定见表 6-10。本算例主要考察的是 67 t 的转子类型。算例中采用了 Monte Carlo 仿真法、HLRF 方法、iHLRF 方法及 aHLRF 方法，相应的结果如图 6-11、表 6-11 和表 6-12 所示。

表 6-10 摆架主弹性支承应力疲劳寿命可靠性分析中的设计参数与随机变量

属性名称	变　量	分布类型	均　值	标准差	备　注
时间 Δt/s	X_1	均匀分布	5	1.5	各变量相互独立
次数 n	—	确定量	10	—	
不平衡度 ε/mm	X_2	均匀分布	0.01	0.001	
修正系数 k_f	X_3	均匀分布	0.6	0.12	
转子质量 M/t	—	确定量	67	—	
临界转速 Ω_{cr}，f_{cr}/Hz	—	确定量	20	—	
放大系数 α	—	确定量	260	—	

续表

属性名称	变　量	分布类型	均　值	标准差	备　注
准应力幅值 S_{F_a}/MPa	X_4	对数分布	3.54	0.354	各变量相互独立
准不平衡力 F/N	—	确定量	35000	—	
系数 A	—	确定量	0.0851	—	
系数 B	—	确定量	3.1785	—	
变异系数 δ	—	确定量	0.1	—	
S-N 随机 ξ	X_5	正态分布	0	1	

从图 6-11 可以看到，当期望完成 10 根 67 t 转子的动平衡时，发生失效的一次失效概率约为 5.20%，Monte Carlo 仿真失效概率为 3.43%，相应的一次可靠度指标 β 约为 1.625。这个失效概率随着期望动平衡的根数 N_{target} 的增大而增大，如在期望动平衡 1000 根时，发生失效的一次失效概率已经达到了约 38.87%，Monte Carlo 仿真失效概率约为 37.97%。

表 6-11 和表 6-12 分别给出了当期望寿命为 1000 根和 1e6 根时各种方法计算的可靠性结果。从表 6-11 中可以看到，当 N_{target} = 1e3 时，几种一次可靠度方法均成功收敛。但不限制初始迭代步长大小的 aHLRF 方法在这种情况下花费了更多的计算量。从表 6-12 中可以看到，当 N_{target} = 1e6 时，原始的 HLRF 方法是无法收敛的。可以看到，在本工程算例中，iHLRF 方法在计算效率和收敛性上更好些，而提出的 aHLRF 方法表现略差，尤其是当不限制初始步长大小时。这和前面算例分析中的结论一致，即在低非线性的安全裕度函数中，aHLRF 方法在性能上可能并没有 iHLRF 方法好。

另外，本算例中得到了基于 Monte Carlo 仿真方法的精确失效概率解（样本数 10000 个）。从结果上看，Monte Carlo 仿真失效概率随期望寿命的变化规律与一次失效概率一致。同时，从数值上看，一次失效概率和仿真失效概率相差不大，尤其是在[1e3，1e4]区间上，这可以从侧面说明本算例的安全裕度函数在独立标准正态 U 空间中应该属于低非线性的。

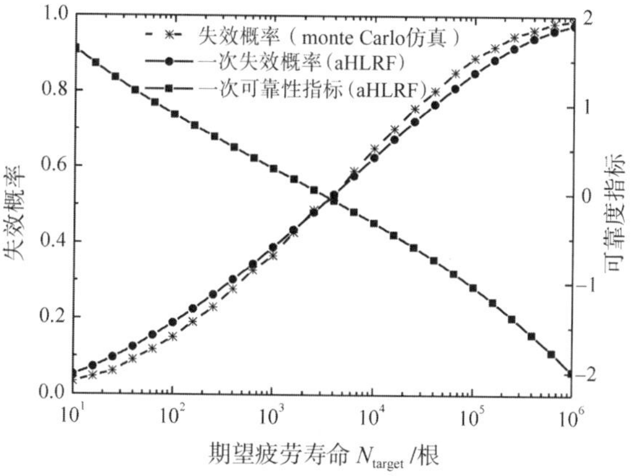

图 6-11　不同期望寿命下的失效概率与一次可靠度指标

表 6-11　期望寿命 $N_{target}=1e3$ 时不同方法的可靠性结果

<table>
<tr><th></th><th>失效概率 P_f</th><th>可靠度指标 β</th><th>NFun</th><th>NGrad</th></tr>
<tr><td rowspan="2">aHLRF</td><td>0.388721</td><td>0.282653</td><td>16</td><td>5</td></tr>
<tr><td colspan="4">$x[0]=5.06096$；$x[1]=0.0101574$；$x[2]=0.560156$；$x[3]=3.55212$；$x[4]=-0.00718213$</td></tr>
<tr><td rowspan="2">aHLRF*</td><td>0.388664</td><td>0.282804</td><td>7</td><td>5</td></tr>
<tr><td colspan="4">$x[0]=5.06099$；$x[1]=0.0101574$；$x[2]=0.560134$；$x[3]=3.55216$；$x[4]=-0.00718678$</td></tr>
<tr><td rowspan="2">iHLRF</td><td>0.388664</td><td>0.282804</td><td>6</td><td>4</td></tr>
<tr><td colspan="4">$x[0]=5.06099$；$x[1]=0.0101574$；$x[2]=0.560134$；$x[3]=3.55216$；$x[4]=-0.00718679$</td></tr>
<tr><td rowspan="2">HLRF</td><td>0.388664</td><td>0.282804</td><td>5</td><td>5</td></tr>
<tr><td colspan="4">$x[0]=5.06099$；$x[1]=0.0101574$；$x[2]=0.560134$；$x[3]=3.55216$；$x[4]=-0.00718676$</td></tr>
<tr><td>MC</td><td>$P_{fMC}=0.3797$</td><td colspan="3">$Var[P_{fMC}]=2.35551e-005$；$Cov[P_{fMC}]=0.0127821$；10000 个样本</td></tr>
</table>

表 6-12　期望寿命 $N_{target}=1e6$ 时不同方法的可靠性结果

<table>
<tr><th></th><th>失效概率 P_f</th><th>可靠度指标 β</th><th>NFun</th><th>NGrad</th></tr>
<tr><td rowspan="2">aHLRF</td><td>0.976623</td><td>−1.98852</td><td>22</td><td>16</td></tr>
<tr><td colspan="4">$x[0]=4.12267$；$x[1]=0.00879266$；$x[2]=0.75997$；$x[3]=3.15008$；$x[4]=0.0955456$</td></tr>
<tr><td rowspan="2">aHLRF*</td><td>0.976623</td><td>−1.98852</td><td>16</td><td>13</td></tr>
<tr><td colspan="4">$x[0]=4.12316$；$x[1]=0.00878869$；$x[2]=0.759687$；$x[3]=3.15029$；$x[4]=0.0954875$</td></tr>
<tr><td rowspan="2">iHLRF</td><td>0.976623</td><td>−1.98853</td><td>13</td><td>11</td></tr>
<tr><td colspan="4">$x[0]=4.1231$；$x[1]=0.00878963$；$x[2]=0.759762$；$x[3]=3.15027$；$x[4]=0.0954945$</td></tr>
<tr><td>HLRF</td><td colspan="4">不收敛，在两点间往复</td></tr>
<tr><td>MC</td><td>$P_{fMC}=0.9876$</td><td colspan="3">$Var[P_{fMC}]=1.22475e-006$；$Cov[P_{fMC}]=0.00112058$；10000 个样本</td></tr>
</table>

6.5.2　转子工作转速下的稳定裕度分析

稳定性分析是转子系统研究的重要内容，其中一种方法是通过转子系统的模态信息研究。第 3 章已经对转子系统的模态分析和响应敏感度进行过分析。一般来说，转子系统的模态频率是一个复数，即

$$r_i=\mathrm{Re}(r_i)+\mathrm{j}\,\mathrm{Im}(r_i),\ i=1,\ 2,\ \cdots,\ n \tag{6-38}$$

式中，$\mathrm{Re}(r_i)$和 $\mathrm{Im}(r_i)$分别为实部与虚部(rad)；$\mathrm{j}=\sqrt{-1}$；n 是系统自由度数。相应的第 i 阶振型的对数衰减率为

$$\delta_i=-2\pi\mathrm{Re}(r_i)/\mathrm{Im}(r_i) \tag{6-39}$$

那么整个系统的稳定裕度就取为

$$\delta_{\min}=\min(\delta_i),\ i=1,\ \cdots,\ n \tag{6-40}$$

$\delta_{\min}$大小反映了整个转子系统的抗干扰能力。为了保证转子系统有足够的稳定裕

度，许多文献都建议系统在工作转速下的各个振型的对数衰减率 δ_i 要足够大，一般会取 $\delta_i \geqslant 0.5$[172]。按照对数衰减率判据，转子系统在工作转速下具有足够稳定裕度的安全裕度函数可以表达为

$$g_i(\boldsymbol{X}) = \delta_i(\boldsymbol{X}) - 0.5,\ i = 1, \cdots, n \tag{6-41}$$

式中，$\delta_i(\boldsymbol{X})$是第 i 阶振型的对数衰减率，其对变量 X_i 的导数可以表达为

$$\frac{\partial \delta_i(\boldsymbol{X})}{\partial X_i} = -\frac{2\pi}{\mathrm{Im}^2[r_i(\boldsymbol{X})]}\left\{\frac{\partial \mathrm{Re}[r_i(\boldsymbol{X})]}{\partial X_i}\mathrm{Im}[r_i(\boldsymbol{X})] - \mathrm{Re}[r_i(\boldsymbol{X})]\frac{\partial \mathrm{Im}[r_i(\boldsymbol{X})]}{\partial X_i}\right\} \tag{6-42}$$

显然，式(6-41)和式(6-42)表达的函数值和导数值可以从第 3 章中对转子系统的模态分析和响应敏感度中得来，这里不再赘述。下面将要分析的是一个单圆盘、单轴承且两端铰支的转子系统，如图 6-12 所示。该转子系统的设计参数和随机变量的设定见表 6-13。从表中可以看到，主要考虑了转轴、圆盘和轴承这 3 个部分上的随机因素影响。在相关性方面，考虑到圆盘一般是由实际转子的叶片和叶轮等效而来的，在对圆盘的外径、厚度、密度等定义参数进行取值时，往往有一定的相关性。另外，同一轴承两个方向上的刚度系数间一般都具有正相关性。相应的相关系数在表中备注一栏给出。

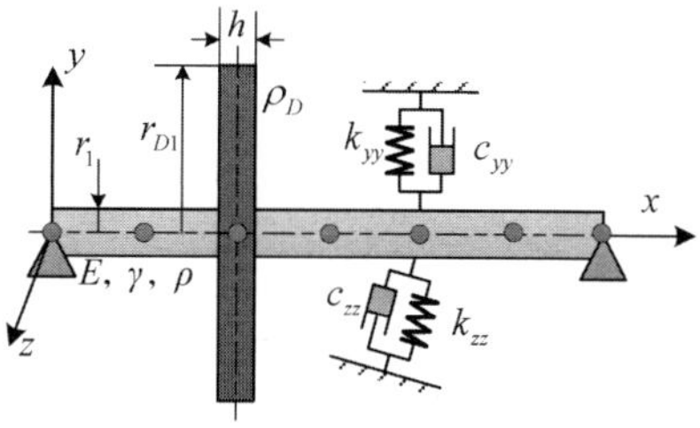

图 6-12　某一单元盘、单轴承且两端铰支的转子系统

表 6-13　单元盘、单轴承且两端铰支的转子系统的设计参数和随机变量

元　件	属性名称	变　量	分布类型	均　值	变异系数	备注
转轴	弹性模量 E	X_1	对数分布	2.0e11	20	转轴内的随机变量不存在相关性
	泊松比 ν	X_2	均匀分布	0.3	15	
	密度 ρ	X_3	对数分布	7800	20	
	外径 r_1	X_4	对数分布	0.01	5	
	长度 L	—	确定量	0.4	—	
圆盘	外径 r_{D1}	X_5	对数分布	0.15	20	取外径与厚度具有正相关 $r_{56} = 0.3$，与密度具有负相关 $r_{57} = -0.8$；密度与厚度具有负相关 $r_{67} = -0.3$
	内径 r_{D2}	—	确定量	0.01	—	
	厚度 h	X_6	均匀分布	0.03	10	
	密度 ρ_D	X_7	对数分布	7800	20	

续表

元　件	属性名称	变　量	分布类型	均　值	变异系数	备注
轴承	刚度系数 k_{yy}	X_8	对数分布	5e5	20	取刚度系数 k_{yy} 和 k_{zz} 具有正相关 $r_{89}=0.8$
	刚度系数 k_{zz}	X_9	对数分布	2e5	20	
	阻尼系数 c_{yy}	X_{10}	对数分布	4000	30	
	阻尼系数 c_{zz}	X_{11}	对数分布	1600	30	

对上述转子系统的建模采用了第 3 章给出的转子梁元有限元建模理论，并最终构建了一个具有 6 个转轴单元、1 个圆盘单元、1 个轴承单元且转轴两端铰支约束的转子动力学模型。进一步，通过求解式(3-16)和式(3-17)以及式(6-39)和式(6-42)可分别得到转子系统的复特征值、复特征值实部和虚部的偏导数以及对数衰减率及其偏导数。表 6-14 和表 6-15 分别给出转子系统在工作转速(3000 r/min)下的第 1、2 阶和 3、4 阶的特征值和对数衰减率的偏导数。从表中可以看到：

(1)第 1、2 阶的对数衰减率都比较大，分别为 0.997 和 1.245。相比于推荐的 0.5，前两阶模态具有较高的稳定裕度；而第 3、4 阶的对数衰减率比较小，稳定裕度不足。

(2)同偏导数据中可以看到，同一参数对各阶特征值和对数衰减率的影响程度也是不一样的。以转轴弹性模量参数 X_1 为例：增大 X_1 会引起第 1、2 和 4 阶模态的对数衰减率降低但会使第 3 阶的升高；从 X_1 变化所引起的对数衰减率的变化程度来说，第 1 和 2 阶的变化程度(−1.640e−12 和−1.813e−12)约比第 3 和 4 阶高一个数量级(1.060e−13 和−3.804e−13)。其他参数也有类似规律。另外，转轴的泊松比参数 X_2 对各阶的影响均为零，这和构建的转子有限元模型并不需要泊松比参数的事实相一致。

表 6-14　第 1 和 2 阶特征值实部、虚部以及对数衰减率对随机变量的偏导数

随机变量	1BW			2FW		
	实部偏导数 (−43.762)	虚部偏导数 (43.878 Hz)	衰减率偏导数 (0.997)	实部偏导数 (−64.685)	虚部偏导数 (51.974 Hz)	衰减率偏导数 (1.245)
X_1	−3.895e−11	1.112e−10	−1.640e−12	−3.225e−11	1.016e−10	−1.813e−12
X_2	0	0	0	0	0	0
X_3	1.504e−4	−7.484e−5	−1.725e−6	1.637e−4	−1.106e−4	−5.004e−7
X_4	−2880.263	8778.816	−133.904	−2324.920	7957.850	−145.827
X_5	534.219	−501.514	−0.775	1339.782	−278.591	−19.107
X_6	1299.775	−877.787	−9.670	2625.266	−766.683	−32.152
X_7	4.982e−3	−3.365e−3	−3.706e−5	1.009e−2	−2.945e−3	−1.236e−4
X_8	2.259e−5	1.318e−6	−5.448e−7	−3.104e−6	8.850e−6	−1.522e−7
X_9	−1.615e−5	1.023e−5	1.356e−7	2.341e−5	7.246e−7	−4.678e−7
X_{10}	−3.272e−3	9.334e−4	5.336e−5	−1.796e−2	−7.338e−4	3.631e−4
X_{11}	−1.701e−2	−1.156e−3	4.140e−4	−3.001e−3	1.170e−3	2.973e−5

表 6-15　第 3 和 4 阶特征值实部、虚部以及对数衰减率对随机变量的偏导数

随机变量	3BW			4FW		
	实部偏导数 (−0.5410)	虚部偏导数 (91.584 Hz)	衰减率偏导数 (5.907e−3)	实部偏导数 (−33.889)	虚部偏导数 (181.715 Hz)	衰减率偏导数 (0.1865)
X_1	−1.140e−11	2.856e−10	1.060e−13	1.759e−11	2.764e−10	−3.804e−13
X_2	0	0	0	0	0	0
X_3	−1.265e−5	−3.871e−5	1.407e−7	−2.397e−4	−1.237e−4	1.446e−6
X_4	−931.362	22791.15	8.700	1030.923	21914.951	−28.164
X_5	157.670	−1338.294	−1.635	822.710	−1500.237	−2.988
X_6	101.541	−1912.705	−0.9853	902.690	−2030.095	−2.884
X_7	3.758e−4	−7.286e−3	−3.634e−6	3.296e−3	−7.392e−3	−1.055e−5
X_8	−3.508e−8	2.629e−8	3.813e−10	3.376e−6	6.490e−7	−1.924e−8
X_9	−2.022e−8	2.626e−8	2.191e−10	1.822e−6	8.912e−7	−1.094e−8
X_{10}	−9.502e−5	−3.227e−6	1.038e−6	−4.771e−3	5.915e−4	2.565e−5
X_{11}	−9.493e−5	−1.866e−6	1.037e−6	−6.455e−3	3.008e−4	3.522e−5

表 6-16 给出了基于 aHLRF 方法求解的工作转速时转子系统前 4 阶模态的稳定裕度的可靠性结果。从表中可以看到，前两阶的失效概率比较低(约为 2% 和 1%)，而后两阶则比较高，基本接近 1。这样的可靠性结果单从确定性结果中也能大致预计出来，不过相比于确定性的结果，可靠性结果会使人们认识到：由于受到各种随机因素的影响，即使某阶模态具有很高的对数衰减率，也同样存在失效的可能性。

表 6-16　工作转速下转子系统前 4 阶模态的稳定裕度的可靠性结果

	1BW	2FW	3BW	4FW
一次失效概率	0.0193068	0.00959422	0.996307	0.989863
可靠度指标	2.06828	2.34185	−2.67894	−2.32125
最可能失效点 (MPP)	x[1]=2.18479e11 x[2]=0.3 x[3]=7676.63 x[4]=0.0102709 x[5]=0.127436 x[6]=0.0295774 x[7]=8714.76 x[8]=501009 x[9]=200841 x[10]=4282.87 x[11]=925.394	x[1]=2.08976e11 x[2]=0.3 x[3]=7652.14 x[4]=0.010151 x[5]=0.203185 x[6]=0.0330085 x[7]=6133.05 x[8]=508255 x[9]=202683 x[10]=2557.34 x[11]=1280.62	x[1]=1.84994e11 x[2]=0.3 x[3]=7802.21 x[4]=0.00986512 x[5]=0.0903261 x[6]=0.0264752 x[7]=11114.5 x[8]=484101 x[9]=193917 x[10]=4283.21 x[11]=1945.18	x[1]=1.92499e11 x[2]=0.3 x[3]=8113.18 x[4]=0.0100156 x[5]=0.0952202 x[6]=0.0266311 x[7]=10616.5 x[8]=482810 x[9]=193421 x[10]=4033.19 x[11]=1777.72

表 6-17 给出了使用不同的一次可靠度方法求解本算例时的计算量，其中包括分别结合 R-F 方法和 N-P 方法两种随机空间变换方法的计算量。从表中可以看到：

(1)原始 HLRF 方法对第 1 和 4 阶都不能收敛，而且当采用 R-F 方法计算时第 3 和 4 阶还会因出现异常而无法继续迭代的情况。这个异常的原因实际上是由第 4 章 4.2 节中提到的 R-F 方法的致命缺陷引起的，即 R-F 方法的逆变换所得到的新迭代点 $\boldsymbol{x}^{(k+1)}$ 可能并不落在向量 $\boldsymbol{X}$ 的定义域内。这一缺点尤其对含有均匀分布类型的可靠性问题尤为突出，而本算例中转轴泊松比 X_2 和圆盘厚度 X_6 均是以均匀分布描述的。

(2)对于 HLRF 可以收敛的第 2 和 3 阶情况，iHLRF 的表现一般要好于 aHLRF 方法，不过通过限制初始步长不超过 1 的 aHLRF* 法会弥补 aHLRF 方法在这种情况下的劣势。对于 HLRF 方法不可以收敛的第 1 和 4 阶情况，iHLRF 这种采用人为指定默认参数的方法的性能就会变差，而本章提出的限制初始步长的 aHLRF 方法完全可以用来替代 iHLRF 方法。但对于本工程算例来说，不限制初始步长的 aHLRF 方法的优势并没有显现出来。

(3)从分别采用 R-F 方法和 N-P 方法时的计算量上可以看到，并不能确认哪种随机空间变换方法更优越，更多的应该与所求解的具体问题和初始条件有关。这一点和第 4 章 4.4 节中的结论一致。

表 6-17　不同一次可靠度方法所需的计算量对比

N-P 方法/R-F 方法	aHLRF*		aHLRF		iHLRF		HLRF	
	NFun	NGrad	NFun	NGrad	NFun	NGrad	NFun	NGrad
1BW	22/25	19/22	30/16	23/12	36/33	15/14	1000/1000	1000/1000
2FW	6/8	5/7	23/43	8/11	8/8	7/7	7/7	7/7
3BW	14/15	12/13	25/35	13/12	13/12	9/9	13/* *	13/* *
4FW	13/11	11/8	24/15	9/7	14/11	9/7	1000/* *	1000/* *

注："/"左侧数据为采用 N-P 方法处理随机空间变换时的计算量，右侧为采用 R-F 方法时的计算量；"* *"代表 R-F 方法变换出现异常；数字"1000"代表一次可靠度方法不收敛。

6.6　本章小结

本章在已有基于 HLRF 的 MPP 搜索方法基础上，提出了一种利用已有迭代信息自适应地估算算法参数的 MPP 快速搜索算法——aHLRF 方法，并给出了收敛性证明以及讨论了影响算法效率的几个关键问题，主要包括：

(1)由于已有基于 HLRF 的 MPP 搜索方法的多个算法参数都需要人为选定，而且不恰当的算法参数会导致计算量大增，于是提出一种利用已有迭代信息自适应地估算算法参数的 MPP 搜索算法——aHLRF。aHLRF 方法的改进之处同样是集中在迭代步长搜索上，包括使用 Shi-Shen 一维不精确搜索准则、一个初始迭代步长估算公式和一个步长缩减系数估算方案。结果证明，aHLRF 方法具有全局收敛性，且收敛率至少是线性的。

(2)讨论了几个影响 aHLRF 方法效率的关键问题，如在 Lipschitz 常数的估算上，选取最小的估算值以避免极小步长的出现；在步长缩减系数的估算上，采用了二次和三次插值近似公式的缩减方案；在初始步长范围的限制上，指出了限制初始步长的优缺点，并推荐使用限制区间 $\lambda_0^{(k)} \in (0, 1]$。

(3)选取 11 个工程算例验证 aHLRF 方法。算例结果表明：相比于 iHLRF 方法，aHLRF 方法对高非线性的安全裕度函数时的收敛效率非常高，而对算法中需人为选定的算法参数(如 a 和 μ)的敏感性大大降低。但对于弱非线性的安全裕度函数情况，aHLRF 通常需要更多的函数估计次数，这主要与 aHLRF 方法在最初几次迭代中对初始迭代步长估算结果不理想有较大关系。不过，当使用限制初始迭代步长的 aHLRF* 方法后即可以弥补原 aHLRF 方法在这种情况时的缺陷。而 aHLRF* 的缺点是降低了 aHLRF 的自适应性。这样在高线性情况时，aHLRF* 的计算效率可能会不如未限制初始步长的 aHLRF 方法。综合考虑，在工程应用中，aHLRF* 方法可以完全替代 iHLRF 方法实施 MPP 搜索。

(4)以工程算例的形式，分析了摆架主弹性支承应力疲劳寿命的可靠性以及转子系统工作转速下稳定裕度的可靠性问题。算例结果表明：aHLRF* 同 iHLRF 在两个工程实例中的计算性能表现一致。而不限制初始步长的 aHLRF 方法，在函数值调用上明显多于 iHLRF 方法。这也说明两个工程算例的安全裕度函数应属于弱非线性的情况。后一个算例还证实了：相比于 N-P 方法，R-F 方法会因出现异常而无法继续迭代的情况。

第7章 基于谱方法的高速动平衡机随机响应分析

7.1 引 言

除了针对重要失效模式的可靠度计算，关键响应的统计特性也是高速动平衡机随机可靠性分析的重要内容。通常，在工程实际中有很多直接针对关键响应量的标准和规范，像某些响应量的均值、方差等统计量是对系统鲁棒性的直接反映，在高速动平衡机的健壮性优化设计中非常有用。另外，从第6章中可以看到，最可能失效点的搜索算法以及可靠度计算方法中都需要不断地计算安全裕度函数的函数值和导数向量。事实上，有些用来定义安全裕度函数的随机变量往往就是由某些复杂模型函数输出的响应量，如高速动平衡机的临界转速或不平衡响应幅值等。如果能够事先计算出这些响应量的概率密度函数，然后直接将响应量作为随机变量定义安全裕度函数的话，势必会极大地减少后续高速动平衡机随机可靠性分析的运算量。

通常，对响应量各阶统计矩和概率密度函数等信息进行求解和分析的过程就是随机响应分析。Monte Carlo 仿真法虽然能够实现系统响应的随机不确定性分析，但对高速动平衡机械装备这类数值模型复杂、计算量大的随机可靠性问题往往因为计算量的限制而在工程实际中无法被广泛使用。而像摄动法这类适合求解前两阶矩信息的方法又因为存在诸如小变异系数的限制也不被广泛接受。后来，Ghanem 和 Spanos 提出了谱随机有限元法，由于其在问题适用性、计算效率、结果精度等方面的优异表现，使得基于谱方法的随机不确定性分析开始逐渐被广泛关注和应用。本章即是基于谱随机有限元原理分析高速动平衡机临界转速和不平衡响应的随机不确定性。

谱方法的本质是将响应量 Y 在 Hilbert 空间中用一组合适的基函数展开：

$$Y = \sum_{j \in \mathbb{N}} y_j \Psi_j(\xi) \tag{7-1}$$

式中，$\Psi_j(\xi P)$，$j \in \mathbb{N}$ 是一组基函数；$\{y_j, j \in \mathbb{N}\}$ 是相应的展开系数，为待求量。当基函数 $\Psi_j(\xi)$ 取为多项式混沌基(polynomial chaos basis)时，随机响应分析的任务就是求解多项式混沌展开系数 $\{y_j, j \in \mathbb{N}\}$，亦称混沌系数。附录E介绍了关于多项式混沌展开的一些基础知识。当前，基于谱方法随机不确定性分析有两类求解方案：①非侵入式的谱方法(non-intrusive method)；②侵入式的谱方法(intrusive method)，即 Ghanem 和 Spanos 提出的基于伽辽金求解方案的谱随机有限元方法。本章将分别采用上述两类方法对高速动平衡转子系统临界转速和不平衡响应进行随机不确定性分析[201-202]。

另外，由于谱方法中多涉及随机场和谱展开等内容，为了达到足够的求解精度往往会使得谱随机有限元模型维度很高。这其中就包含对多项式混沌基函数的各种处理。因而，考虑到当前谱方法在实施中人工干预任务繁重的缺陷，本章不仅会详细给出高速动平衡机的随机不确定性分析过程，而且也会着重给出谱方法中多项式混沌展开的程序自动化实现方法，如生成具有任意阶、任意维的多项式混沌基函数，提出自动改写谱随机有限元方程右端项的递归实现方案等。为了简便，本章对随机过程和随机场两个概念不加区别，除非必要，统一称为随机场。

7.2　谱方法的理论基础

7.2.1　Karhunen-Loeve 展开及其近似误差分析

通常，高速动平衡机械装备系统的某些随机因素往往还依赖于时间或位置参数，此时用单个随机变量来描述这些随机因素是不足够的，需要借助随机过程或随机场等可以考虑时间和空间的随机工具来描述。像被平衡转子的转轴，由于受到各种偶然或认知方面的影响和限制，转轴的弹性模量、截面面积、质量密度分布等材料几何属性会沿着轴向随机变化，此时就需要用随机场来描述这些随机量；还有施加在高速动平衡机上的某些荷载大小或方向也会随着时间的变化而随机地改变，此时也必须用随机过程才能更好地描述这些随机量。从理论上说，随机场是一族（无限多个）随机变量[15]。因而，一个含有随机场的随机系统本质上是一个具有无限维随机变量的随机系统。将这样一个包含随机场的无限维随机系统转化为有限维随机系统的常用方法是对随机场进行近似展开。在随机场近似展开方法中，以 Karhunen-Loeve(K-L) 展开的应用最广泛。

设随机场是由均值和协方差函数完全定义的二阶随机场，那么依据协方差函数的谱分解性质，就可通过 K-L 展开将随机场用一组有限的、不相关的随机变量表示。设随机场用 $H(\boldsymbol{x},\ \omega)$表示，那么 K-L 展开后的近似随机场可以被表示为

$$\hat{H}(\boldsymbol{x},\ \omega)=\overline{H}(\boldsymbol{x})+\sum_{i=1}^{M}\sqrt{\lambda_i}\,\xi_i\phi_i(\boldsymbol{x}),\ \boldsymbol{x}\in\mathbb{R}^n \tag{7-2}$$

式中，$\overline{H}(\boldsymbol{x})$是随机场 $H(\boldsymbol{x},\ \omega)$的均值；$M$ 是 K-L 展开的项数；ξ_i 是一组不相关的标准随机变量；λ_i 和 $\phi_i(\boldsymbol{x})$分别是协方差函数 $C(\boldsymbol{x}_1,\ \boldsymbol{x}_2)$的第 i 阶特征值和特征值函数，由如下第二类 Fredholm 积分方程求得的：

$$\int_D C(\boldsymbol{x}_1,\ \boldsymbol{x}_2)\phi_i(\boldsymbol{x}_1)\mathrm{d}\boldsymbol{x}_1=\lambda_i\phi_i(\boldsymbol{x}_2) \tag{7-3}$$

式中，$C(\boldsymbol{x}_1,\ \boldsymbol{x}_2)$是随机场的自协方差函数，是有界、对称并正定的。下式是常用的一维指数协方差函数：

$$C(x,\ x')=\sigma_H^2\rho(x,\ x')=\sigma_H^2\exp\left(-\frac{|x-x'|}{l}\right),\ x\in[-x_a,\ x_a] \tag{7-4}$$

式中，σ_H 是一维随机场 $H(x,\ \omega)$的标准差；$\rho(x,\ x')$是随机场的自相关函数；l 是相

关长度。

K-L 展开主要有两个关键问题：①标准随机变量 ξ_i 在展开式中的分布类型问题；②如何精确而高效地求解式(7-3)表示的特征值问题。对于问题①，一般来说不同类型随机场的 ξ_i 的概率分布类型也不同，可通过迭代方法近似求得相应的分布类型[30]。对于高斯随机场，ξ_i 是标准正态随机向量。在问题②中，只有少数的协方差函数可以得到解析解[如式(7-4)表示的指数协方差函数]，而大多情况下则需要借助数值方法来求解[24]。对于一维随机场问题来说，Phoon 等[28]提出的哈尔小波-伽辽金数值解法是非常有效的。该方法通过求解如下一个实对称阵的标准特征值问题实现的：

$$\lambda_k \hat{D}^{(k)} = \hat{\boldsymbol{A}} \hat{\boldsymbol{D}}^{(k)} \tag{7-5}$$

式中，λ_k 和 $\hat{\boldsymbol{D}}^{(k)}$ 分别是特征值和特征向量；$\hat{\boldsymbol{A}} = \boldsymbol{H}^{1/2}\bar{\boldsymbol{A}}\boldsymbol{H}^{1/2}$ 是对称阵；$\bar{\boldsymbol{A}}$ 是 $N \times N$ 的矩阵，由 $C(\boldsymbol{x}_1, \boldsymbol{x}_2)$的二维标准小波变换得到：

$$\boldsymbol{H} = \boldsymbol{H}^{1/2}\boldsymbol{H}^{1/2} = \mathrm{diag}[h_i], \tag{7-6}$$

式中，$h_0=1, h_i=2^{-j}, i=2^j+k; k=0, 1, \cdots, 2^j-1; j=0, 1, \cdots, m-1$。进一步根据特征向量，得到对应的特征函数：

$$\phi_k(x) = \boldsymbol{\Psi}^{\mathrm{T}}(x)\boldsymbol{H}^{1/2}\hat{\boldsymbol{D}}^{(k)} \tag{7-7}$$

式中，$\boldsymbol{\Psi}(x)$是 Haar 小波正交基，$x \in [0, 1)$；$N=2^m$，m 是最大的小波分解层数。

本章在处理高斯随机场时采用的就是这一方案。分析随机场 K-L 展开的过程可以发现，高斯随机场近似误差主要来源于两个方面：①数值法求解特征值和特征向量的误差，取决于参数 $N=2^m$；②K-L 展开的截断误差，与 K-L 展开项数 M 有关。

对于误差源①，这里采用基于 Haar 小波-伽辽金方案求解式(7-4)表示的指数协方差函数(取 $x_a=l=\sigma_H=1$)的特征值和特征向量并与精确解对比。表 7-1 和图 7-1 分别给出了不同参数 N 或 m 下的数值解结果和相应的解析解。可以看到，当参数 $m=9$ 和 10 时所得的特征值数值解已经与解析解一致了。在特征函数方面，即使是第 10 阶特征函数，$m=8$ 时得到的数值解曲线也几乎与解析解保持一致了。故在综合考虑计算量和求解精度两方面，取 $m=8$ 的情况已经能够满足协方差函数特征值和特征函数的求解精度要求了。

表 7-1　指数协方差函数的特征值比较

阶　数	Haar 小波-伽辽金数值解($N=2^m$)							精确解
	$N=2^4$	$N=2^5$	$N=2^6$	$N=2^7$	$N=2^8$	$N=2^9$	$N=2^{10}$	
1	1.15272	1.15016	1.14952	1.14936	1.14932	1.14931	1.14931	1.14931
2	0.39424	0.39176	0.39115	0.39099	0.39095	0.39094	0.39094	0.39094
3	0.16003	0.15779	0.15723	0.1571	0.15706	0.15705	0.15705	0.15705
4	0.0824	0.08026	0.07973	0.0796	0.07957	0.07956	0.07956	0.07956
5	0.04993	0.04781	0.0473	0.04717	0.04714	0.04713	0.04713	0.04713
6	0.03375	0.03161	0.0311	0.03097	0.03094	0.03093	0.03093	0.03093
7	0.02464	0.02246	0.02195	0.02183	0.02179	0.02179	0.02179	0.02179

续表

阶　数	Haar 小波-伽辽金数值解($N=2^m$)							精确解
	$N=2^4$	$N=2^5$	$N=2^6$	$N=2^7$	$N=2^8$	$N=2^9$	$N=2^{10}$	
8	0.01906	0.01682	0.01631	0.01618	0.01615	0.01615	0.01614	0.01614
9	0.01543	0.01311	0.0126	0.01247	0.01244	0.01243	0.01243	0.01243
10	0.01296	0.01054	0.01003	0.0099	0.00987	0.00986	0.00986	0.00986

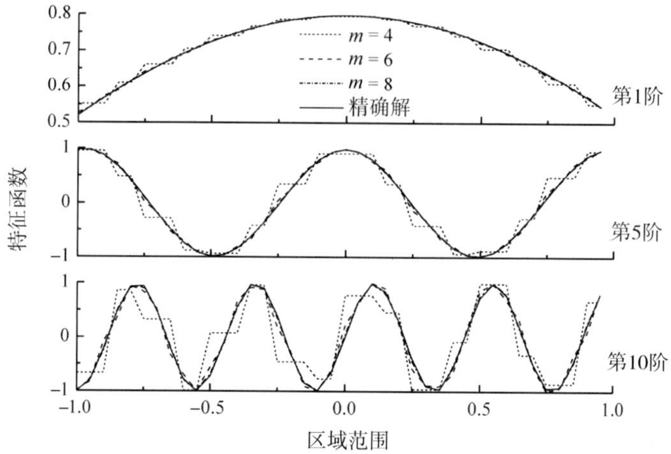

图 7-1　指数协方差函数的特征函数比较

在截断误差方面,以一维高斯随机场为例,基于 K-L 展开的截断误差 7 程度可以通过如下的点估计来衡量[4]:

$$\operatorname{err}(x)=\frac{\operatorname{Var}[H(x,\omega)-\hat{H}(x,\omega)]}{\operatorname{Var}[H(x,\omega)]}=1-\sum_{j=1}^{M}\lambda_j\phi_j^2(x) \tag{7-8}$$

式中,Var[·]是方差运算。依据这个误差估计公式分析 50 MW 汽轮机转子转轴弹性模量的高斯随机场的近似误差随参数 M 的变化情况,如图 7-2 所示。其中,转轴弹性

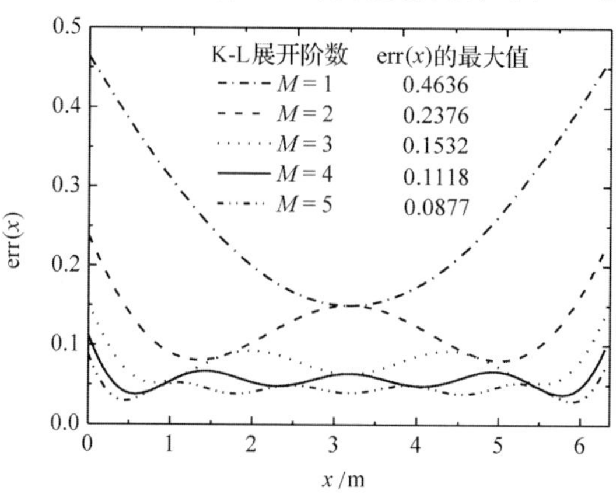

图 7-2　转轴弹性模量的近似高斯随机场的误差估计

模量高斯随机场的设定参数见7.3.4小节。可以看到，随着参数 M 值的增大，$\text{err}(x)$ 也整体逐渐变小，其中以随机场两端的误差值最大，如 $M=4$ 时为0.1118。在后文相应的工程算例中，将至少取 $M=4$ 的截断情况。

在前面的讨论中，我们有意地略过了一个细节，就是基于Haar小波-伽辽金求解方案的K-L展开过程中各个部分所使用的定义域的问题。这一点在已有文献中并没有清晰地给出，但是影响结果正确性的关键。可以看到，一维随机场的定义区间 D_{Rf} 一般定义为 $[x_{\min}, x_{\max}]$，协方差函数的定义区间 D_{Cov} 一般是 $[-x_a, x_a]$，而Haar小波基的定义区间 D_{Haar} 为 $[0, 1)$。在具体运算时，就需要将随机场、协方差函数和小波基三者的定义区间最终映射到一个统一的区间内。这里直接给出相应的映射关系：

(1)随机场定义区间 D_{RF} 映射到协方差函数定义区间 D_{Cov}：

$$D_{\text{Cov}} = D_{\text{Rf}} - x_{\text{shift}} \tag{7-9}$$

(2)由协方差函数定义区间 D_{Cov} 映射到Haar小波基定义区间 D_{Haar}：

$$D_{\text{Haar}} = \frac{D_{\text{Cov}} + x_a}{2x_a} \tag{7-10}$$

(3)由随机场定义区间 D_{RF} 映射到Haar小波基定义区间 D_{Haar}：

$$D_{\text{Haar}} = \frac{D_{\text{Rf}} - x_{\text{shift}} + x_a}{2x_a} \tag{7-11}$$

式中，$x_{\text{shift}} = (x_{\max} + x_{\min})/2$，$x_a = (x_{\max} - x_{\min})/2$。

另外，当在协方差函数的定义区间内求解时，式(7-6)中的 h_i 还需要自乘系数 $2x_a$，即 $h_i \leftarrow 2x_a \cdot h_i$。

7.2.2 Hermite多项式混沌展开及其自动生成方法

随机响应量 Y 的标准截断多项式混沌展开式为

$$Y = \sum_{j=0}^{P-1} y_j \Psi_j(\boldsymbol{\xi}) \tag{7-12}$$

式中，$\Psi_j(\boldsymbol{\xi})$ 为Hermite多项式混沌基，由 M 个独立的标准正态变量 $\boldsymbol{\xi} = [\xi_1, \cdots, \xi_M]^{\text{T}}$ 定义；y_j 是待求混沌系数；P 是总展开项数，大小由 $\boldsymbol{\xi}$ 的维数 M 和基函数 $\Psi_i(\boldsymbol{\xi})$ 的最高阶数 p 决定，由下式求得：

$$P = \sum_{k=0}^{p} \binom{M+k-1}{k} \tag{7-13}$$

实现多项式混沌展开需要重点解决两个基本问题：①推导出具有任意维数和阶数的多项式混沌基函数的表达式；②求解与基函数相对应的混沌系数。对于具有任意维数但阶数小于6的多项式混沌基函数，文献[173]直接给出了具体函数表达，但对于更高阶的多项式混沌基则不易写出解析表达式，而且任务量繁重。这里，采用由Sudret和Der Kiureghian[4]提出的一种可以生成任意维数和阶数基函数的盒子-球填充方案。依据方案的基本思想，给出如下编程策略(注：步骤中的数组下标都是从0开始的)：

首先，生成一组 $M-1+p$ 维的code数组。具体步骤如下：

步骤1：为了生成维数为 M 和阶数为 p 的基函数，首先生成一个前 $M-1$ 个元素为

0，后 p 个元素为 1 的 code 数组，即：$c_0^p=[\underbrace{0,\cdots,0}_{M-1},\underbrace{1,\cdots,1}_{p}]$，并记 $k=0$。

步骤 2：判断 code 数组 c_k^p 的前 p 个元素之和是否等于 p，若相等则结束，否则从 c_k^p 的最右端开始依次向左搜索 code 数组的各元素。若 c_k^p 右端第一个元素为数字 1，转入步骤 4；若右端第一个元素为数字 0，转入步骤 3。

步骤 3：持续向左搜索 code 数组 c_k^p 直至遇到元素 1，并记录 1 元素的下标 i，同时记录搜索的 0 元素的总个数，记为 n。判断元素 $c_k^p[i-1]$是否为 0，若为 0 则进行元素交换，即 $c_k^p[i]\leftrightarrows c_k^p[i-1]$，交换后，即得新的 code 数组 c_{k+1}^p，记 $k=k+1$ 并转至步骤 2；若为 1 则先进行元素交换，即 $c_k^p[i]\leftrightarrows c_k^p[i+n]$，交换后连同 0 元素个数 n 一起转入步骤 5。

步骤 4：持续向左搜索 code 数组 c_k^p 直至遇到元素 0，并记 0 元素的下标 i，停止搜索并进行元素交换，即 $c_k^p[i]\leftrightarrows c_k^p[i+1]$，交换后，即得新的 code 数组 c_{k+1}^p，记 $k=k+1$ 并转至步骤 2。

步骤 5：持续向左搜索 code 数组 c_k^p，若仍为元素 1，则继续进行元素交换，即 $c_k^p[i]\leftrightarrows c_k^p[i+n]$，其中的指标 i 依次递减。直至搜索遇到元素 0，并记 0 元素的下标 i，停止搜索并进行元素交换，即 $c_k^p[i]\leftrightarrows c_k^p[i+1]$，交换后，即得新的 code 数组 c_{k+1}^p，记 $k=k+1$ 并转至步骤 2。

经过上述 5 步，会得到一系列的 code 数组：$c_0^p,\ c_1^p,\ \cdots,c_k^p,\ \cdots$。对于所有的维数为 M 阶数不大于 p 的基函数的 code 数组都可通过上述 5 步得到，即最终会得到一系列的 $c_0^0,c_0^1,\ \cdots,\ c_3^1,\ c_0^2,\ \cdots,\ c_k^2\cdots,\ c_0^p,\ \cdots,\ c_k^p,\ \cdots$，总的 code 数组个数为 P，可由式(7-13)求得。

接下来，将 $M-1+p$ 维的 code 数组转化为 M 维的整数序列 integer_sequence 数组，具体方法是：

步骤 1：定义一个维数为 $M+1$ 的 zero_id 数组，并对其首尾元素赋值，即令 zero_id[0]$=-1$；zero_id[M]$=M-1+p$。

步骤 2：从左至右搜索 code 数组 c_k^p，依次将出现 0 元素的下标存储至数组 zero_id 的中间元素中。

步骤 3：取 zero_id 数组相邻元素的差值(右元素减左元素)并减 1，即可得到对应的 integer_sequence 数组，即 integer_sequence[i]=zero_id[i] - zero_id[$i-1$]-1。

最后，根据 integer_sequence 数组就可推得相应的基函数。因为这个数组的每个元素都对应着一个 Hermite 多项式，而所有多项式的连乘积就是所求的多项式混沌基函数。对应方法是：$h_j(\xi_i)$，其中 i 为 integer_sequence 数组元素的下标，代表随机变量的选取；j 为 integer_sequence 数组元素的大小，代表 Hermite 多项式的阶数。于是，按照 integer_sequence 数组信息获得各 Hermite 多项式的表达式 $h_j(\xi_i)$，并将所有表达式连乘即可得多项式混沌基函数：

$$\Psi_k(\boldsymbol{\xi})=\prod_{i=0}^{M-1}h_j(\xi_i),\ j=\text{integer\_sequence}[i] \tag{7-14}$$

式中，$h_j(\xi)$为单变量 Hermite 多项式，其递归公式为

$$h_0(\xi)=1,\ h_1(\xi)=\xi,\ h_j(\xi)=\xi h_{j-1}(\xi)-(j-1)h_{j-2}(\xi) \tag{7-15}$$

下面是一个例子，用于理解前述各步骤。

举例：在 $M=3$ 维情况下生成具有 $p=2$ 阶的多项式混沌基函数时，需首先生成 code 数组 $c_0^2=[0,\ 0,\ 1,\ 1]$，之后依据前述步骤可得所有基函数对应的 code 数组，如图 7-3 所示。取 code 数组[1，0，0，1]为例，其对应的 zero_id 数组为[－1，1，2，4]（0元素位置），进而相应的 integer_sequence 数组为[1，0，1]。从数组[1，0，1]中元素的下标和大小可推得其对应的多项式混沌基函数为 $\Psi_k(\xi_0,\ \xi_1,\ \xi_2)=h_1(\xi_0)h_0(\xi_1)h_1(\xi_2)=\xi_0\xi_2$。图 7-3 所示是这一例子所有情况的解析结果。

code	zero_id	integer_sequence	多项式混沌基函数
$c_0^2=[0,\ 0,\ 1,\ 1]$	$[-1,\ 0,\ 1,\ 4]$	$[0,\ 0,\ 2]$	$h_0(\xi_0)h_0(\xi_1)h_2(\xi_2)=\xi_2^2-1$
$c_1^2=[0,\ 1,\ 0,\ 1]$	$[-1,\ 0,\ 2,\ 4]$	$[0,\ 1,\ 1]$	$h_0(\xi_0)h_1(\xi_1)h_1(\xi_2)=\xi_1\xi_2$
$c_2^2=[0,\ 1,\ 1,\ 0]$	$[-1,\ 0,\ 3,\ 4]$	$[0,\ 2,\ 0]$	$h_0(\xi_0)h_2(\xi_1)h_0(\xi_2)=\xi_1^2-1$
$c_3^2=[1,\ 0,\ 0,\ 1]$	$[-1,\ 1,\ 2,\ 4]$	$[1,\ 0,\ 1]$	$h_1(\xi_0)h_0(\xi_1)h_1(\xi_2)=\xi_0\xi_2$
$c_4^2=[1,\ 0,\ 1,\ 0]$	$[-1,\ 1,\ 3,\ 4]$	$[1,\ 1,\ 0]$	$h_1(\xi_0)h_1(\xi_1)h_0(\xi_2)=\xi_0\xi_1$
$c_5^2=[1,\ 1,\ 0,\ 0]$	$[-1,\ 2,\ 3,\ 4]$	$[2,\ 0,\ 0]$	$h_2(\xi_0)h_0(\xi_1)h_0(\xi_2)=\xi_0^2-1$

图 7-3　当维数 $M=3$ 时具有阶数 $p=2$ 的多项式混沌基的生成过程

可以看到，前述基于 Sudret 和 Der Kiureghian 的盒子-球填充方案生成多项式混沌基函数对应的 integer_sequence 数组是较为烦琐的，而且不易编程。这里根据 integer_sequence 数组元素的特点，给出一种更为简洁的编程方案。对于一个所有元素值总和等于 k 的 integer_sequence 数组，可以发现其具有如下特点：①数组维数一定等于随机变量维数；②数组元素值是大于等于 0 小于等于 k 的整数；③将从数组第一位置起到当前位置的所有数组元素值的总和记为 q，那么 q 必须小于等于 k；④若在当前位置时，有 $q=k$，那么后续所有位置的元素值均为 0，否则后续位置一定有不大于 $(q-k)$ 的元素值。根据上述特点可以生成一系列元素值总和等于 k 的 integer_sequence 数组，这些 integer_sequence 数组对应着阶数等于 k 的多项式混沌基函数，将它们称为 k 阶 integer_sequence 数组。令 $k=0,\ 1,\ \cdots,\ p$，那么就可以得到所有阶数小于等于阶数 p 的多项式混沌基函数了。

生成 k 阶 integer_sequence 数组是一个递归过程，可以利用简洁的程序实现，详见附录 E.2。

多项式混沌基在式(7-12)中相应的混沌系数 y_i 的求解方法将在后续高速动平衡机转子系统的随机不确定性分析中给出，这里暂不讨论。在确定了系数 y_i 后，就可进一步利用多项式混沌展开的性质，相对容易地获得随机响应量 Y 的各阶统计矩、概率密度函数等信息，并被用于后续可靠性分析。

按照多项式混沌展开的性质，随机响应量 Y 的均值是混沌系数的第一项，即

$$\mu_Y^{\mathrm{PC}} \equiv \mathbb{E}[Y]=y_0 \tag{7-16}$$

方差是：

$$\sigma_Y^{2,\mathrm{PC}} \equiv \mathrm{Var}[Y]=\sum_{j=1}^{P-1}\mathbb{E}[\Psi_j^2]y_j^2 \tag{7-17}$$

概率密度函数则可利用 Monte Carlo 方法从式(7-12)得到 Y 的大量抽样样本，进而统计推断得出。若基于核密度估计(kernal density estimation)近似概率密度函数，则

$$f_Y(y)=\frac{1}{nh_K}\sum_{i=1}^{n}K\left(\frac{y-y^{(i)}}{h_K}\right) \tag{7-18}$$

式中，$K(x)$称为核(kernal)；h_K 是光滑参数，称为带宽(bandwidth)。常用的核函数有 Gaussian 核和 Epanechnikov 核。在大量样本情况下，核密度估计一般是独立于核函数选取的。本章采用 Gaussian 核和针对高斯分布的带宽 h_K 实用估算公式(Silverman 经验法则)，即

$$K(y)=\frac{1}{\sqrt{2\pi}}\mathrm{e}^{-\frac{y^2}{2}} \tag{7-19}$$

$$h_K=\left(\frac{4\hat{\sigma}^5}{3n}\right)^{1/5}\approx 1.06\hat{\sigma}n^{-1/5} \tag{7-20}$$

式中，$\hat{\sigma}$是样本标准差；n 是样本个数。

7.3　转子临界转速的非侵入式谱方法

本节以高速动平衡机摆架—转子系统的临界转速为例，讨论因随机输入引起的高速动平衡机临界转速的随机不确定性问题[201]。考虑的输入随机因素包括转轴的弹性模量、摆架—轴承部分的等效刚度系数以及圆盘的几何和密度参数。采用的方法是基于 Hermite 多项式混沌的非侵入式谱方法。

7.3.1　模型中的随机因素及处理方法

在确定性有限元分析中，转轴单元的弹性模量取为恒值。但通常弹性模量在转轴中并非均衡的而是连续随机波动的。为此，在以梁理论模拟转轴时，将弹性模量看作是沿轴向随机变化的一维随机场。那么，基于一维随机场的 K-L 展开方法，转轴单元内的弹性模量可表示为

$$E(x,\omega)\approx\hat{E}(x,\omega)=\bar{E}(x)+\sum_{i=1}^{L}\xi_i\sqrt{\lambda_i}\phi_i(x),x\in[x_1,x_2] \tag{7-21}$$

式中，$\bar{E}(x)$是弹性模量的均值。从第 3 章中可知，与弹性模量有关的转轴单元矩阵只有 $\boldsymbol{K}_1$ 和 $\boldsymbol{K}_2$ 这两项。作为随机场处理的弹性模量是依赖空间位置的，因而 K_1 和 K_2 的计算式需被改写为

$$\begin{cases}\boldsymbol{K}_1=I\displaystyle\int_0^L E(x_1+x,\omega)\left[\frac{\partial^2\boldsymbol{N}_1^{\mathrm{T}}}{\partial x^2}\frac{\partial^2\boldsymbol{N}_1}{\partial x^2}\right]\mathrm{d}x,\\ \boldsymbol{K}_2=I\displaystyle\int_0^L E(x_1+x,\omega)\left[\frac{\partial^2\boldsymbol{N}_2^{\mathrm{T}}}{\partial x^2}\frac{\partial^2\boldsymbol{N}_2}{\partial x^2}\right]\mathrm{d}x\end{cases} \tag{7-22}$$

式中，$L=x_2-x_1$ 是转轴单元的长度。进一步将式代入式(7-21)并整理有

$$\boldsymbol{K}_1=\bar{\boldsymbol{K}}_1+\sum_{i=1}^{M}\xi_i\boldsymbol{K}_{1i},\ \boldsymbol{K}_2=\bar{\boldsymbol{K}}_2+\sum_{i=1}^{M}\xi_i\boldsymbol{K}_{2i} \tag{7-23}$$

式中，$\boldsymbol{K}_{1i}=I\sqrt{\lambda_i}\int_0^L \phi_i(x_1+x)\frac{\partial^2 \boldsymbol{N}_1^{\mathrm{T}}}{\partial x^2}\frac{\partial^2 \boldsymbol{N}_1}{\partial x^2}\mathrm{d}x$，$\boldsymbol{K}_{2i}=I\sqrt{\lambda_i}\int_0^L \phi_i(x_1+x)\frac{\partial^2 \boldsymbol{N}_2^{\mathrm{T}}}{\partial x^2}\cdot\frac{\partial^2 \boldsymbol{N}_2}{\partial x^2}\mathrm{d}x$，

$$\frac{\partial^2 \boldsymbol{N}}{\partial x^2}=\begin{Bmatrix}\partial^2 \boldsymbol{N}_1/\partial x^2\\ \partial^2 \boldsymbol{N}_2/\partial x^2\end{Bmatrix}$$

$$=\begin{bmatrix}-\frac{6}{L^2}+\frac{12y}{L^3} & 0 & 0 & -\frac{4}{L}+\frac{6y}{L^2} & \frac{6}{L^2}-\frac{12y}{L^3} & 0 & 0 & -\frac{2}{L}+\frac{6y}{L^2}\\ 0 & -\frac{6}{L^2}+\frac{12y}{L^3} & \frac{4}{L}-\frac{6y}{L^2} & 0 & 0 & \frac{6}{L^2}-\frac{12y}{L^3} & \frac{2}{L}-\frac{6y}{L^2} & 0\end{bmatrix}。$$

可见，不像在恒定弹性模量时可以推得解析的转轴刚度单元矩阵，若以随机场模拟弹性模量则需要通过积分来计算单元矩阵。不过，根据转轴单元刚度矩阵的特点，每次计算只需计算其中 3 个元素即可，而其他元素则可由这 3 个元素导出。

根据式(7-23)以及式(3-3)中的刚度项，转轴单元的刚度矩阵总可以写为

$$\boldsymbol{K}_S=\sum_{i=0}^{L}\xi_i\boldsymbol{K}_i \tag{7-24}$$

式中，$\xi_0=1$，$\boldsymbol{K}_0=\bar{\boldsymbol{K}}_1+\bar{\boldsymbol{K}}_2+\boldsymbol{K}_3+\boldsymbol{K}_4$，$\boldsymbol{K}_i=\boldsymbol{K}_{1i}+\boldsymbol{K}_{2i}$，$\{\xi_i\}$是 L 个不相关的标准正态变量。

除了转轴弹性模量，像由叶轮和叶片简化的圆盘参数、摆架—轴承部分的等效刚度阻尼特性系数等也存在随机性，而且往往还存在相关性，如圆盘密度 ρ 和圆盘外径 r_1 可能存在负相关，主刚度系数 $k_{\mathrm{eq}yy}$ 和 $k_{\mathrm{eq}zz}$ 通常具有正相关性等。对于这些随机量可以用随机变量来表示。本书以对数分布描述这些随机因素。

7.3.2 转子临界转速的随机参数化模型方程

在高速动平衡机转子系统临界转速模型中计及被平衡转子的转轴弹性模量、圆盘外径与密度、摆架—轴承部分的等效主刚度系数的随机性后，原来的确定性模型方程就需改写为如下含随机参数的模型方程：

$$\boldsymbol{M}(\boldsymbol{X})\ddot{\boldsymbol{\delta}}(t)+[\boldsymbol{C}+\Omega\boldsymbol{G}(\boldsymbol{X})]\dot{\boldsymbol{\delta}}(t)+\boldsymbol{K}(\boldsymbol{X})\boldsymbol{\delta}(t)=\boldsymbol{F}(t) \tag{7-25}$$

式中，$\boldsymbol{X}$ 是高速动平衡机的随机变量集合；$\boldsymbol{M}(\boldsymbol{X})=\boldsymbol{M}_F+\boldsymbol{M}_D(\boldsymbol{X})+\boldsymbol{M}_S$ 是随机质量矩阵；$\boldsymbol{K}(\boldsymbol{X})=\boldsymbol{K}_F+\boldsymbol{K}_S(\boldsymbol{X})+\boldsymbol{K}_B(\boldsymbol{X})$是随机刚度矩阵；$\boldsymbol{G}(\boldsymbol{X})=\boldsymbol{G}_D(\boldsymbol{X})+\boldsymbol{G}_S$ 是单位转速下的随机陀螺矩阵。当忽略阻尼 $\boldsymbol{C}$ 的影响时，可通过如下随机特征值问题求解临界转速：

$$\boldsymbol{K}(\boldsymbol{X})\boldsymbol{\Delta}=r^2\left[\boldsymbol{M}(\boldsymbol{X})-\frac{\mathrm{i}}{\alpha}\boldsymbol{G}(\boldsymbol{X})\right]\boldsymbol{\Delta} \tag{7-26}$$

式中，r 和 $\boldsymbol{\Delta}$ 分别是待求的特征值和特征向量。当 $\alpha=1$ 时，r 和 $\boldsymbol{\Delta}$ 即为所求的临界转速(rad/s)和相应的振型。显然，在随机因素作用下，r 和 $\boldsymbol{\Delta}$ 都是随机响应量。

7.3.3 临界转速的多项式混沌展开与混沌系数求解

随机响应量的 Hermite 多项式混沌展开要求涉及的输入随机因素必须是不相关的

标准正态随机变量。然而从前面的讨论可以看到，除了转轴弹性模量 Gaussian 随机场经 K-L 展开后得到的是不相关的标准正态随机变量，其他随机因素（如圆盘外径和密度、轴承主刚度系数等）的分布类型可以是任意形式的，而且各因素间可能还存在相关关系。这种情况是无法直接用 Hermite 多项式混沌展开临界转速的，必须首先将临界转速求解方程转换为仅含不相关标准正态随机因素的模型。换句话说，必须先将物理 X 空间内的相关非正态随机因素转化为不相关的标准正态随机变量。显然，这个变换任务可使用第 4 章讨论的随机空间变换方法完成。这样在独立标准正态 U 空间下的临界转速求解方程变为

$$\widetilde{\boldsymbol{K}}(\boldsymbol{\xi})\boldsymbol{\Delta}=\mathrm{r}^{2}\left(\widetilde{\boldsymbol{M}}(\boldsymbol{\xi})-\frac{\mathrm{i}}{\alpha}\widetilde{\boldsymbol{G}}(\boldsymbol{\xi})\right)\boldsymbol{\Delta} \tag{7-27}$$

式中，$\boldsymbol{\xi}=[\xi_1,\ \xi_2,\ \cdots,\ \xi_L,\ \xi_{L+1},\ \cdots,\ \xi_{L+4}]^{\mathrm{T}}$ 是一组不相关的标准正态随机向量。进而，可以将临界转速用 Hermite 多项式混沌展开表示为

$$r=\sum_{j=0}^{P-1}a_j\Psi_j(\boldsymbol{\xi}) \tag{7-28}$$

式中，混沌系数$\{a_j\}$是未知待求的。对于由式(7-27)和式(7-28)表示的转子临界转速随机分析谱方法模型，这里将采用 Berveiller 提出的回归方法[92-93]求解混沌系数。回归方法的基本思路是：首先，以更高一阶的 Hermite 多项式的根组合为输入样本点，共$(p+1)^M$ 个；然后，将样本点按模的大小由小到大排列，并推荐取前$(M-1)p$ 个样本点计算响应；最后，由这$(M-1)p$ 个输入输出样本数据做回归分析，求得系数$\{a_j\}$。不过，正如 Sudret[97]所指出的那样，依据上述回归方法求得的混沌系数$\{a_j\}$精度与维数为 $P\times P$ 的信息矩阵 $\boldsymbol{A}^{\mathrm{T}}\boldsymbol{A}$ 的条件数有关。故在具体算法中，增加了对矩阵 $\boldsymbol{A}^{\mathrm{T}}\boldsymbol{A}$ 秩的判断并确保 $\mathrm{Rank}(\boldsymbol{A}^{\mathrm{T}}\boldsymbol{A})\geqslant P$，以保证求解精度。

7.3.4　50 MW 汽轮机转子动平衡系统的随机临界转速分析

按照前面几节所述方法，分析 50 MW 汽轮机转子(图 3-9)在高速动平衡机上开展动平衡试验时转子动平衡系统临界转速的随机响应特性。取圆盘 10 的密度和外径为随机变量且具有负相关性，取 1 号摆架—轴承支承的主刚度系数为随机变量且具有正相关性，取汽轮机转轴的弹性模量 E 服从高斯随机场，且具有式(7-4)形式的指数协方差函数，见表 7-2。

表 7-2　50 MW 汽轮机转子动平衡系统的随机临界转速分析中的随机量设定

元　件	属性名称	变　量	分布类型	均　值	变异系数	备　注
圆盘 10	外径 r_{D1}	X_1	对数分布	0.575	20	取外径与密度具有负相关 $r_{P,12}=-0.8$
	密度 ρ_D	X_2	对数分布	7850	20	
轴承 #1	刚度系数 k_{eqyy}	X_3	对数分布	4.890e8	20	取刚度系数 k_{eqyy} 和 k_{eqzz} 具有正相关 $r_{P,34}=0.8$
	刚度系数 k_{eqzz}	X_4	对数分布	3.096e8	20	
转轴	弹性模量 E	$H_E(x,\ \omega)$	高斯随机场	2.06e11	20	具有指数协方差函数，相关长度 6.36 m；随机场定义区间[0, 6.36]

按照 7.2.1 节中的讨论将转轴弹性模量 $H_E(x, \omega)$ 的 K-L 展开项数取 4 个，故本算例共有 8 个随机变量，即 $M=8$。取多项式混沌基的最高阶数为 $p=3$，那么临界转速的混沌多项式展开式中待求系数的个数 $P=165$。进一步，按照 Berveiller 的回归方法，由于 4 阶 Hermite 多项式有 4 个根，于是总的可能样本个数为 $4^8=65536$。若按 Berveiller 的推荐样本个数，即 $(M-1)p=1155$，但这 1155 样本最终得到的信息矩阵 $\mathbf{A}^{\mathrm{T}}\mathbf{A}$ 的秩仅为 156，小于矩阵的维数 165。这时一般的线性方程组求解算法是无法求解这个回归问题的，即使是使用奇异值分解算法所得结果也往往误差较大。为此按照 Sudret 提出的迭代法，进一步监测 $\mathbf{A}^{\mathrm{T}}\mathbf{A}$ 的秩，可以发现，当样本数达到 2177 个时，$\mathbf{A}^{\mathrm{T}}\mathbf{A}$ 的秩满足 $\mathrm{Rank}(\mathbf{A}^{\mathrm{T}}\mathbf{A})=165$，一般的算法即可求解。在求出多项式混沌展开的系数后，后处理就可以得到 50 WM 汽轮机动平衡转子系统临界转速的随机不确定信息，包括均值、方差、概率密度函数直方图以及核密度估计等。图 7-4 所示为前 6 阶临界转速的不确定性结果。

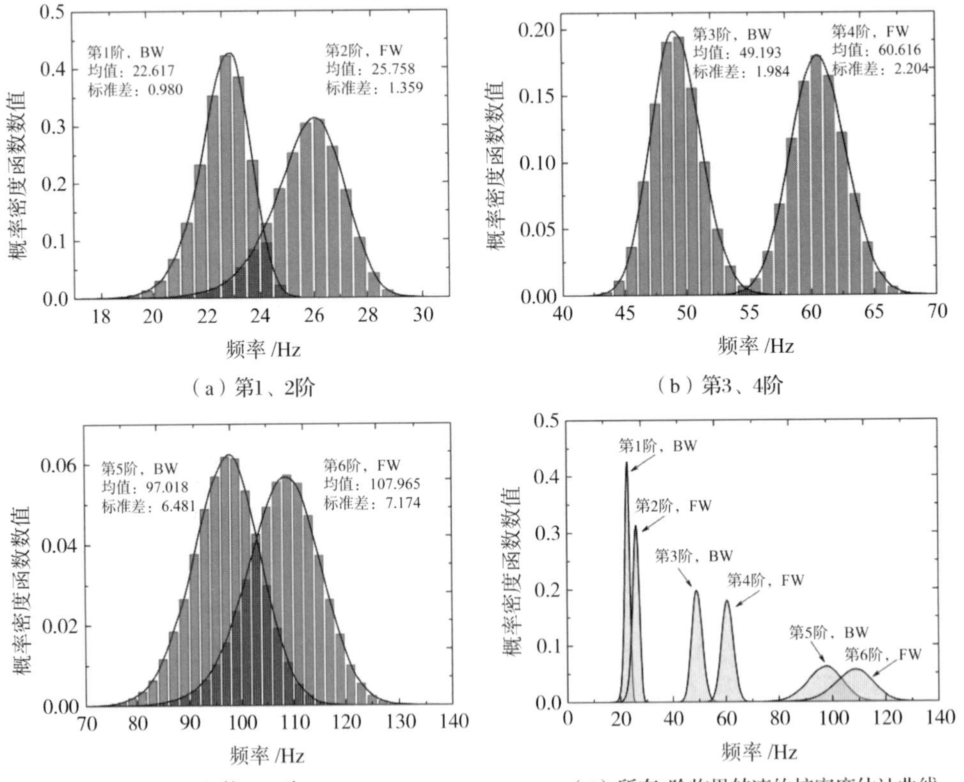

（a）第1、2阶　（b）第3、4阶

（c）第5、6阶　（d）所有6阶临界转速的核密度估计曲线

图 7-4　前 6 阶临界转速的均值、方差、概率密度函数直方图和核密度估计临界转速的核密度估计曲线

从图 7-4 可以看到，求出的临界转速均值与基于确定性方法求解的结果（见表 3-2 中最后一列）也比较接近，这从侧面验证了程序的正确性。另外，临界转速的标准差随着阶数增大也变大，说明高阶临界转速的离散性一般要大于低阶临界转速的。值得提到的是，虽然从图上看相邻两阶临界转速的概率密度函数发生了重叠，不过临界转速间是完全正相关的，因而两者并不存在实际的干涉区。换句话说，这只是一种图形描述方式罢了。最

后，基于临界转速的这些统计信息，就可以进一步分析转子系统的共振可靠性了。

此工程算例中的相关性主要包括：①随机场协方差函数代表的转轴弹性模量随机场的相关性，由相关长度 l 决定；②圆盘 10 的外径和密度的负相关性，由线性相关系数 $r_{P,12}$ 决定；③轴承＃1 的主刚度系数的正相关性，由线性相关系数 $r_{P,34}$ 决定。下面简要对比一下工程算例中的相关性因素对临界转速的影响情况。

情况 1：仅考虑转轴弹性模量的相关长度（$l=6.36$）（表 7-3）。

表 7-3　情况 1 时的前 6 阶临界转速的均值与标准差信息

阶　数	1BW	2FW	3BW	4FW	5BW	6FW
均值	22.591	25.726	49.162	60.620	96.855	108.059
标准差	0.991	1.371	1.950	2.090	6.305	7.109

情况 2：增加圆盘的负相关性（$l=6.36$，$r_{P,12}=-0.8$）（表 7-4）。

表 7-4　情况 2 时的前 6 阶临界转速的均值与标准差信息及与情况 1 时的差值

阶　数	1BW	2FW	3BW	4FW	5BW	6FW
均值	22.617	25.758	49.176	60.625	96.897	108.093
均值差值	0.026	0.032	0.014	0.005	0.042	0.034
标准差	0.980	1.359	1.950	2.092	6.304	7.112
标准差差值	−0.011	−0.012	0.000	0.002	−0.001	0.003

分析情况 1 和情况 2 中数据可知，添加圆盘 10 的外径与密度间的负相关性，会使 50 MW汽轮机转子动平衡系统的前 6 阶临界转速有不同程度的均值增加；而相比于其他阶的标准差变化幅度，会使第 1 和 2 阶的标准差有较大的变化。

情况 3：进一步增加轴承主刚度的正相关性（$l=6.36$，$r_{P,12}=-0.8$，$r_{P,34}=0.8$）（表 7-5）。

表 7-5　情况 3 时的前 6 阶临界转速的均值与标准差信息及与情况 2 时的差值

阶　数	1BW	2FW	3BW	4FW	5BW	6FW
均值	22.617	25.758	49.193	60.616	97.018	107.965
均值差值	0.000	0.000	0.017	−0.009	0.121	−0.128
标准差	0.980	1.359	1.984	2.204	6.481	7.174
标准差差值	0.000	0.000	0.034	0.112	0.177	0.062

对比情况 3 和情况 2 中数据可知，增加轴承主刚度系数的正相关性，对第 1 阶和第 2 阶的均值和方差影响比较小，而对其他 4 阶的影响相对较大；从均值变化趋势上看，该正相关性会增大反涡动临界转速的均值，而降低正涡动临界转速的均值，尤其对第 5 和 6 阶临界转速的影响；在标准差方面，该正相关性会使临界转速的标准差增大。

情况 4：改变转轴弹性模量的相关长度（$l=0.38, r_{P,12}=-0.8, r_{P,34}=0.8$）（表 7-6）。

表 7-6　情况 4 时的前 6 阶临界转速的均值与标准差信息及与情况 3 时的差值

阶　数	1BW	2FW	3BW	4FW	5BW	6FW
均值	22.623	25.762	49.197	60.622	96.948	107.883
均值差值	0.006	0.004	0.004	0.006	−0.07	−0.082
标准差	0.9262	1.275	1.966	2.164	6.107	6.696
标准差差值	−0.0538	−0.084	−0.018	−0.04	−0.374	−0.478

对比情况 4 和情况 3 可知，减小弹性模量随机场的指数协方差函数中的相关长度参数，会小幅增加前 4 阶临界转速的均值，而相对较大地减少第 5 和 6 阶的均值；不过对标准差来说，相关长度的减小整体降低了前 6 阶临界转速标准差，且仍然是对第 5 和 6 阶的标准差影响较大。

7.4　转子不平衡响应的侵入式谱随机有限元解法

本节考虑高速动平衡机中被平衡转子的不平衡量随机因素，研究随机不平衡量作用下高速动平衡机转子系统不平衡响应的随机不确定性问题[202]。

7.4.1　转子随机不平衡量的表征

转子部件存在的不平衡量可能源于转轴本身材质不均匀、加工制造误差、叶轮叶片不对称安装、键槽等。这些不平衡量可能是连续的也可能是离散的，这里分别将它们称为分布不平衡量和集中不平衡量，如图 7-5 所示。下面分别给出它们的随机表征方法。

1. 转子随机分布不平衡量的表征

若转子可以看作是由无数微小厚度的圆片组成，则转子分布不平衡量同样可以看作所有圆片不平衡量的合成。设微圆片的厚度为 $\mathrm{d}x$，单位长度上的不平衡量大小（即不平衡量分布密度）为 $|u(x)|$，相位角为 $\varphi(x)$，那么微圆片的不平衡量就可表示为 $|u(x)|\mathrm{d}x\angle\varphi(x)$。而在整个空间中，转子分布不平衡量就类似一条随机空间曲线，其大小和相位角随轴向位置 x 随机变化，如图 7-5 所示。因而，从随机的角度来看，转子空间

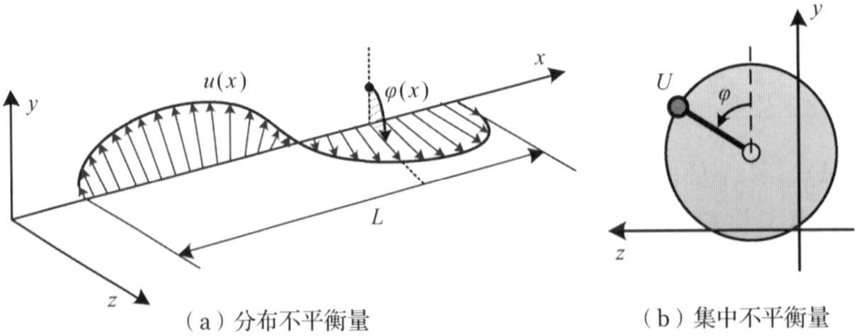

（a）分布不平衡量　　（b）集中不平衡量

图 7-5　转子中的随机不平衡量示意

随机分布不平衡量 $U(x, \omega)$ 是由不平衡量分布密度随机场 $u(x, \omega)$ 和相位角随机场 $\varphi(x, \omega)$ 决定的。下面推导出转子空间随机分布不平衡量的表征公式。

转子空间分布随机不平衡量产生的动能可表达为

$$T_u = \Omega \int_0^L u(x, \omega)\begin{bmatrix} -\sin(\Omega t + \varphi(x, \omega)) & \cos(\Omega t + \varphi(x, \omega)) \end{bmatrix}\begin{bmatrix} \dot{v} \\ \dot{w} \end{bmatrix} \mathrm{d}x \tag{7-29}$$

将其代入拉格朗日方程(3-1),可得作用在单个转轴单元上的不平衡力向量:

$$\boldsymbol{F}_u = \Omega^2 \int_0^L u(x, \omega)[N_1^{\mathrm{T}} \quad N_2^{\mathrm{T}}]\begin{bmatrix} \cos(\Omega t + \varphi(x, \omega)) \\ \sin(\Omega t + \varphi(x, \omega)) \end{bmatrix} \mathrm{d}x \tag{7-30}$$

在频响分析方程(3-8)的右端项 $\boldsymbol{F}$ 中,$\boldsymbol{F}_u$ 需表示为复数形式:

$$\boldsymbol{F}_u = \Omega^2 \int_0^L u(x, \omega)[N_1^{\mathrm{T}} \quad N_2^{\mathrm{T}}]\mathrm{e}^{\mathrm{i}\varphi(x, \omega)} \mathrm{d}x \begin{bmatrix} 1 \\ -\mathrm{i} \end{bmatrix} \tag{7-31}$$

在假设 $u(x, \omega)$ 和 $\varphi(x, \omega)$ 均是随机场的情况下,基于 K-L 展开的随机场近似方法,有

$$u(x, \omega) = \sum_{k=0}^{L_1} \xi_{uk} u_k(x) \tag{7-32}$$

$$\varphi(x, \omega) = \sum_{j=0}^{L_2} \xi_{\varphi j} \varphi_j(x) \tag{7-33}$$

式中,$\xi_{u0}=1$,$u_0(x)=\bar{u}$;$\xi_{\varphi 0}=1$,$\varphi_0(x)=\bar{\varphi}$;$\xi_{uk}$, $\xi_{\varphi j}$, $k\geqslant 1$, $j\geqslant 1$ 是不相关的标准正态随机变量;$u_k(x)$, $\varphi_j(x)$, $k\geqslant 1$, $j\geqslant 1$ 可从式(7-2)中得到。将式(7-32)和式(7-33)代入式(7-31)中,整理有

$$\boldsymbol{F}_u = \Omega^2 \sum_{k=0}^{L_1} \xi_{uk} \int_0^L u_k(x)[N_1^{\mathrm{T}} \quad N_2^{\mathrm{T}}]\left(\prod_{j=0}^{L_2} \mathrm{e}^{\mathrm{i}\xi_{\varphi j}\varphi_j(x)}\right) \mathrm{d}x \begin{bmatrix} 1 \\ -\mathrm{i} \end{bmatrix} \tag{7-34}$$

式(7-34)由于包含了连乘的指数函数,进一步处理会比较烦琐。这里将相位角随机场 $\varphi(x, \omega)$ 退化为用正态随机变量表示的情况,即取

$$\varphi(x, \omega) = \bar{\varphi} + \sigma_\varphi \xi_{\varphi 1} = \sum_{j=0}^{1} \xi_{\varphi j} \varphi_j(x) \tag{7-35}$$

这样,式(7-34)就可简化为

$$\boldsymbol{F}_u = \Omega^2 \sum_{k=0}^{L_1} \xi_{uk} \int_0^L u_k(x)[N_1^{\mathrm{T}} \quad N_2^{\mathrm{T}}] \mathrm{d}x \begin{bmatrix} 1 \\ -\mathrm{i} \end{bmatrix} \cdot \mathrm{e}^{\mathrm{i}\xi_{\varphi 1}\sigma_\varphi} \cdot \mathrm{e}^{\mathrm{i}\bar{\varphi}} \tag{7-36}$$

进一步,取指数函数的级数展开表达:

$$\mathrm{e}^{\mathrm{i}x} \approx \sum_{j=0}^{M} \frac{(\mathrm{i}x)^j}{j!} \tag{7-37}$$

则由式(7-36)表示的转子空间随机不平衡量产生的单元力向量就可整理为如下形式:

$$\boldsymbol{F}_u = \sum_{k=0}^{L_1} \sum_{j=0}^{M} Q_{kj} \xi_{uk} \xi_{\varphi 1}^j \tag{7-38}$$

其中,

$$Q_{kj} = \Omega^2 \frac{(\mathrm{i}\sigma_\varphi)^j}{j!}\left(\int_0^L u_k(x)[N_1^{\mathrm{T}} \quad N_2^{\mathrm{T}}] \mathrm{d}x\right)\begin{bmatrix} 1 \\ -\mathrm{i} \end{bmatrix} \cdot \mathrm{e}^{\mathrm{i}\bar{\varphi}} \tag{7-39}$$

更特别地,若不平衡量分布密度 $u(x, \omega)$ 也同样退化为正态随机变量,即

$$u(x, \omega)=\bar{u}+\sigma_u\xi_{u1}=\bar{u}(1+\delta_u\xi_{u1}) \tag{7-40}$$

则有

$$\boldsymbol{F}_u=\sum_{k=0}^{1}\sum_{j=0}^{M}Q_{kj}\xi_{u1}^{k}\xi_{\varphi1}^{j} \tag{7-41}$$

其中,

$$Q_{kj}=\Omega^2\bar{u}\,(\delta_u)^k\,\frac{(\mathrm{i}\sigma_\varphi)^j}{j\,!}\int_0^L[N_1^{\mathrm{T}}\quad N_2^{\mathrm{T}}]\mathrm{d}x\begin{bmatrix}1\\-\mathrm{i}\end{bmatrix}\cdot \mathrm{e}^{\mathrm{i}\bar{\varphi}} \tag{7-42}$$

2. 转子随机集中不平衡量的表征

在确定性的转子动力学分析中,不平衡量都是通过给定不平衡量的大小$|U|$和相位角 φ 施加到指定节点位置上(通常是圆盘位置)。将这样的不平衡量称为点不平衡量,主要是与前面的分布不平衡量相区分。事实上,工程上总是可以将转子的各种不平衡量简化为几个集中不平衡量的。对于集中不平衡量,只需用随机变量就可完全表征不平衡量的大小和相位角的随机性。在文献[137]中已经给出了当两者都是正态随机变量但相位角均值为零情况的不平衡量表征公式。这里直接给出当随机变量是具有任意分布参数的正态随机变量时,集中不平衡量的表征公式:

$$\boldsymbol{F}_u=\sum_{k=0}^{1}\sum_{j=0}^{M}Q_{kj}\xi_{u1}^{k}\xi_{\varphi1}^{j} \tag{7-43}$$

$$Q_{kj}=\Omega^2\bar{U}\,(\delta_U)^k\,\frac{(\mathrm{i}\sigma_\varphi)^j}{j\,!}\begin{bmatrix}1\\-\mathrm{i}\end{bmatrix}\cdot \mathrm{e}^{\mathrm{i}\bar{\varphi}} \tag{7-44}$$

式中,$\bar{U}$ 和 δ_U 分别是不平衡量大小的均值和变异系数;$\bar{\varphi}$ 和 σ_φ 分别是相位角的均值和标准差。可见,与之前的分布不平衡量的表征公式对比,集中不平衡量的表征公式只是它的一个特例。

7.4.2 转子不平衡响应的谱随机有限元方程

谱随机有限元方程是基于多项式混沌基的正交性建立的。而从上一节得到的转子随机不平衡量的表征式(7-38)、式(7-41)和式(7-43)中可以看到,作为右端项的不平衡力$\boldsymbol{F}_u$是以多项式的形式表达的,这样很难利用多项式混沌基的正交性。因此,在转子不平衡响应的随机性分析中,一个很重要的任务就是将$\boldsymbol{F}_u$ 的表达式改写成以多项式混沌展开的形式,即

$$\boldsymbol{F}_u=\sum_{i=0}^{P-1}\boldsymbol{F}_{ui}\Psi_i(\boldsymbol{\xi}) \tag{7-45}$$

对于这样一个改写过程,在文献[137]中是通过给出对应表格并完全以人工对照的方式实现的。但这种方式只能说在具体问题且 P 值较小的情况下才是可行的。下面在分析出这种对应关系之后,将给出一种递归的改写算法。

表 7-7 是 $M=2$, $p=5$ 阶时的多项式混沌基函数的列表,排序方式为 7.2.2 节给出的自动生成方案中的次序。从上一节可以看到,不平衡力$\boldsymbol{F}_u$ 的表达式可以看作是多项式 $\xi_1^k\xi_2^j$, $k=0, 1; j=0, \cdots, M$ 的线性组合。而 $\xi_1^k\xi_2^j$ 又可以用多项式混沌基函数线性表示,

相应的对应关系见表 7-8。总结表 7-7 和表 7-8 中的规律，可以发现：① $\xi_1^k\xi_2^j$ 总是某一多项式混沌基函数的最高阶项且项系数为 1；②若将 $\xi_1^k\xi_2^j$ 由这一基函数表示，那么基函数中多余的项也总可以用更低阶基函数的线性组合抵消。基于这两个规律，可以得出一种递归的识别方法。这一识别方法能够类似有限元中单元矩阵向整体矩阵中集成的方式完成式(7-45)中 $\boldsymbol{F}_{ui}$ 的计算任务。

表 7-7　当 $M=2,p=5$ 情况时的多项式混沌基函数

i	Ψ_i	i	Ψ_i	i	Ψ_i
0	1	7	$\xi_1\xi_2^2-\xi_1$	14	$\xi_1^4-6\xi_1^2+3$
1	ξ_2	8	$\xi_1^2\xi_2-\xi_2$	15	$\xi_2^5-10\xi_2^3+15\xi_2$
2	ξ_1	9	$\xi_1^3-3\xi_1$	16	$\xi_1\xi_2^4-6\xi_1\xi_2^2+3\xi_1$
3	ξ_2^2-1	10	$\xi_2^4-6\xi_2^2+3$	17	$\xi_1^2\xi_2^3-3\xi_1^2\xi_2-\xi_2^3+3\xi_2$
4	$\xi_1\xi_2$	11	$\xi_1\xi_2^3-3\xi_1\xi_2$	18	$\xi_1^3\xi_2^2-3\xi_1\xi_2^2-\xi_1^3+3\xi_1$
5	ξ_1^2-1	12	$\xi_1^2\xi_2^2-\xi_1^2-\xi_2^2+1$	19	$\xi_1^4\xi_2-6\xi_1^2\xi_2+3\xi_2$
6	$\xi_2^3-3\xi_2$	13	$\xi_1^3\xi_2-3\xi_1\xi_2$	20	$\xi_1^5-10\xi_1^3+15\xi_1$

表 7-8　$\xi_1^k\xi_2^j$ 与多项式混沌基函数的对应关系

1	Ψ_0	$\xi_1\xi_2^2$	$\Psi_7+\Psi_2$	ξ_1^4	$\Psi_{14}+6\Psi_5+3\Psi_0$
ξ_2	Ψ_1	$\xi_1^2\xi_2$	$\Psi_8+\Psi_1$	ξ_2^5	$\Psi_{15}+10\Psi_6+15\Psi_1$
ξ_1	Ψ_2	ξ_1^3	$\Psi_9+3\Psi_2$	$\xi_1\xi_2^4$	$\Psi_{16}+6\Psi_7+3\Psi_2$
ξ_2^2	$\Psi_3+\Psi_0$	ξ_2^4	$\Psi_{10}+6\Psi_3+3\Psi_0$	$\xi_1^2\xi_2^3$	$\Psi_{17}+3\Psi_8+\Psi_6+3\Psi_1$
$\xi_1\xi_2$	Ψ_4	$\xi_1\xi_2^3$	$\Psi_{11}+3\Psi_4$	$\xi_1^3\xi_2^2$	$\Psi_{18}+3\Psi_7+\Psi_9+3\Psi_2$
ξ_1^2	$\Psi_5+\Psi_0$	$\xi_1^2\xi_2^2$	$\Psi_{12}+\Psi_5+\Psi_3+\Psi_0$	$\xi_1^4\xi_2$	$\Psi_{19}+6\Psi_8+3\Psi_1$
ξ_2^3	$\Psi_6+3\Psi_1$	$\xi_1^3\xi_2$	$\Psi_{13}+3\Psi_4$	ξ_1^5	$\Psi_{20}+10\Psi_9+15\Psi_2$

下面仅通过图 7-6 和图 7-7 中的两个例子来形象地说明递归过程。

目标多项式	$\xi_1\xi_2^4$	ξ_1	$\xi_1\xi_2^2$	ξ_1
integer_sequence数组	[1, 4]	[1, 0]	[1, 2]	[1, 0]
多项式混沌基函数	Ψ_{16}	Ψ_2	Ψ_7	Ψ_2
Hermite多项式表达	$h_1(\xi_1)h_4(\xi_2)$	$h_1(\xi_1)h_0$	$h_1(\xi_1)h_2(\xi_2)$	$h_1(\xi_1)h_0$
Hermite多项式系数	$[0,1][3,0,-6,0,1]$	$[0,1][1]$	$[0,1][-1,0,1]$	$[0,1][1]$
多项式混沌基的系数向量	$[0,0,0,0,0,\vert 3,0,-6,0,1]$	$[0,\vert 1]$	$[0,0,0,\vert -1,0,1]$	$[0,\vert 1]$
多余的多项式项	$3\xi_1,\ -6\xi_1\xi_2^2$	--	$-\xi_1$	--
多项式混沌基的集成系数	1	$1\times(-3)$	1×6	$1\times 1\times 6$

图 7-6　$\xi_1\xi_2^4$ 与多项式混沌基函数对应关系的递归识别过程

目标多项式	ξ_2^4	1	ξ_2^2	1
integer_sequence数组	[0, 4]	[0, 0]	[0, 2]	[0, 0]
多项式混沌基函数	Ψ_{10}	Ψ_0	Ψ_3	Ψ_0
Hermite多项式表达	$h_0h_4(\xi_2)$	h_0h_0	$h_0h_2(\xi_2)$	h_0h_0
Hermite多项式系数	[1][3, 0, −6, 0, 1]	[1][1]	[1][−1, 0, 1]	[1][1]
多项式混沌基的系数向量	[3, 0, −6, 0, 1]	[1]	[−1, 0, 1]	[1]
多余的多项式项	3,　$-6\xi_2^2$	−−	−1	−−
多项式混沌基的集成系数	1	$1\times(-3)$	1×6	$1\times1\times6$

图 7-7　ξ_2^4 与多项式混沌基函数对应关系的递归识别过程

从图 7-6 中可以看到，依据目标多项式 $\xi_1\xi_2^4$ 的变量下标（1、2）和变量指数（0、4）可首先逆写出一个 integer_sequence 数组，从这个数组就可以识别出一个多项式混沌基函数，这里是 $\boldsymbol{\Psi}_{16}$。从表 7-7 可以看到，$\boldsymbol{\Psi}_{16}$的最高阶项即为 $\xi_1\xi_2^4$。进一步可得到多项式混沌基函数 $\boldsymbol{\Psi}_{16}$的系数向量。系数向量中除去最后的 1 元素，其余非零元素则代表了多余的多项式项，这里是 $3\xi_1$ 和 $-6\xi_1\xi_2^2$。对于多余的项需进一步用其他更低阶的多项式混沌基函数表示，亦即下一步将进入步骤和操作相同的递归过程。在递归过程中，每识别出一个多项式混沌基函数，就需要将系数 Q_{kj} 乘以基函数的集成系数后一并集成进该基函数所对应的$\boldsymbol{F}_{ui}$向量中。本例中 $\boldsymbol{\Psi}_{16}$集成系数为 1；$\boldsymbol{\Psi}_2$ 的集成两次，系数分别是 −3 和 6；$\boldsymbol{\Psi}_7$ 集成系数为 6，最终得到 $\xi_1\xi_2^4=\boldsymbol{\Psi}_{16}+6\boldsymbol{\Psi}_7+3\boldsymbol{\Psi}_2$。图 7-7 所示是对 ξ_2^4 的递归识别过程。这个递归识别过程的终止条件是不再有多余的多项式项。通过这样一个递归过程，任意高维高阶的右端项都能够轻易地实现自动识别和改写。

通过递归方法将$\boldsymbol{F}_u$ 的表达式改写为式(7-45)的形式后，即可建立起转子系统不平衡响应的谱随机有限元方程：

$$\boldsymbol{Z}(\omega)\left(\sum_{i=0}^{P}\boldsymbol{\delta}_i\boldsymbol{\Psi}_i(\boldsymbol{\xi})\right)-\sum_{i=0}^{P}\boldsymbol{F}_i\boldsymbol{\Psi}_i(\boldsymbol{\xi})=0 \tag{7-46}$$

式中，$\boldsymbol{Z}(\omega)$是转子系统的动刚度矩阵，如式(3-8)中所示。在不考虑其他随机因素的情况下，式(7-46)最终可转化为如下 P 个线性方程组：

$$\boldsymbol{Z}(\omega)\boldsymbol{\delta}_i=\boldsymbol{F}_i,\ i=0,1,\cdots,P \tag{7-47}$$

不平衡响应即为

$$\boldsymbol{\Delta}=\sum_{i=0}^{P}\boldsymbol{\delta}_i\boldsymbol{\Psi}_i(\boldsymbol{\xi}) \tag{7-48}$$

式中，$\boldsymbol{\Delta}$ 为转子不平衡引起的位移响应；$\boldsymbol{\delta}_i$，$i=0,\cdots,P-1$ 是多项式混沌展开中的广义坐标，它们均为复数向量。若令 $\boldsymbol{\Delta}=\boldsymbol{a}+\boldsymbol{b}\mathrm{j}$，则进一步依据多项式混沌展开的性质，很容易从式(7-16)和式(7-17)中得到位移实部 $\boldsymbol{a}$ 和虚部 $\boldsymbol{b}$ 的均值和方差信息。不过，实际中更关心转轴上某一点的水平位移幅值和垂直位移幅值的不确定性信息。如第 i 自由度上的位移幅值被定义为

$$|\Delta_i|=\sqrt{a_i^2+b_i^2} \tag{7-49}$$

式中，a_i 和 b_i 分别为相应自由度上位移的实部和虚部。$|\Delta_i|$的均值和方差等概率

信息仅依赖 a_i 和 b_i 的均值和方差是无法获得的，往往需要更高阶的统计信息。在下节工程算例中对于这一问题的求解是依据不平衡响应的多项式混沌展开式结合 Monte Carlo 仿真的方法从大量样本中估计的。

7.4.3　50 MW 汽轮机转子动平衡系统的不平衡响应随机不确定性分析

按照前述步骤分析 50 MW 汽轮机转子在动平衡时高速动平衡机在随机不平衡量作用下不平衡响应的不确定性。取汽轮机转轴的不平衡量分布密度的大小 $u(x,\omega)$ 服从高斯随机场且具有式(7-4)形式的指数协方差函数，相应的相位角 φ 服从正态随机量。同时，取作用在圆盘 10 上的不平衡量 U_{10} 的大小 $|U_{10}|$ 和相位角 φ_{10} 服从正态分布；圆盘 19 上的不平衡量 U_{19} 的大小 $|U_{19}|$ 和相位角 φ_{19} 亦服从正态分布。具体的随机量设定值见表 7-9。

表 7-9　50 MW 汽轮机转子动平衡系统随机不平衡响应分析中随机量的设定

元　件	属性名称	变　量	分布类型	均　值	标准差	备　注
圆盘 10	不平衡量 $\|U_{10}\|$	X_1	正态分布	0.19	0.038	—
	相位角 φ_{10}	X_2	正态分布	0	$\pi/15$	
圆盘 19	不平衡量 $\|U_{19}\|$	X_3	正态分布	0.3	0.06	—
	相位角 φ_{19}	X_4	正态分布	$\pi/3$	$\pi/15$	
转轴	相位角 φ	X_5	正态分布	$\pi/6$	$\pi/60$	—
	不平衡量密度大小 $\|u\|$	$H_u(x,\omega)$	高斯随机场	0.01	0.001	具有指数协方差函数，相关长度 6.36 m，区间[0, 6.36]

图 7-8 和图 7-9 分别给出了水平位移的实部和虚部的概率信息，而图 7-10 和图 7-11 分别给出了垂直位移的实部和虚部的概率信息。其中(a)图中的均值和标准方差是直接从实部和虚部的多项式混沌展开系数得到的；(b)图中的均值、上下包络线以及抽样样本都是基于 Monte Carlo 仿真方法并结合相应的多项式混沌展开式得到的。进一步，基于式(7-49)和 Monte Carlo 仿真方法，得到了图 7-12 所示的水平位移和垂直位移的概率信息，以及图 7-13 所示的水平位移在具体转速频率下的概率信息。

从图中可以看到：①基于多项式混沌展开方法得到的实部和虚部的均值和标准差与 Monte Carlo 仿真法的样本均值和标准差几乎是一致的(由于无法明显区分，故未绘制在同一图中)，这可以证明采用 Monte Carlo 仿真法求解它们合成位移量概率信息的可信性；②位移频响函数在共振频率处的标准差要明显高于非共振频率区，这说明在共振频率处位移响应的变异性更大。

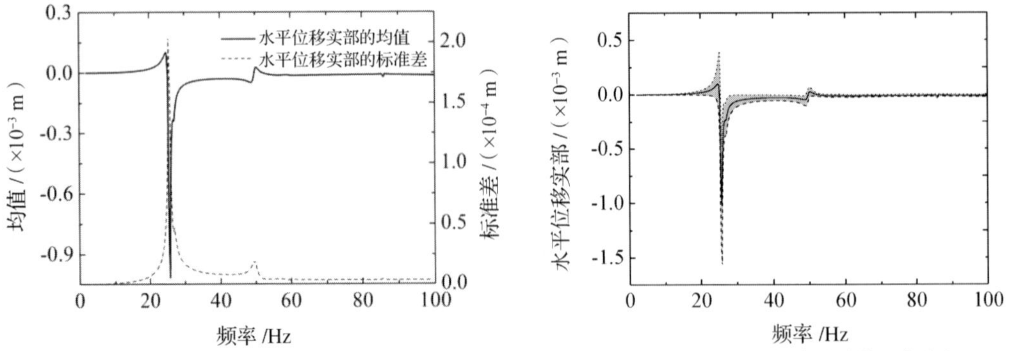

（a）基于多项式混沌展开方法的均值（实线）与方差（虚线）

（b）基于Monte Carlo仿真的均值（实线）、上包络（点线）、下包络(虚线)和1000个样本(灰线)

图 7-8　圆盘 10 的水平位移实部信息

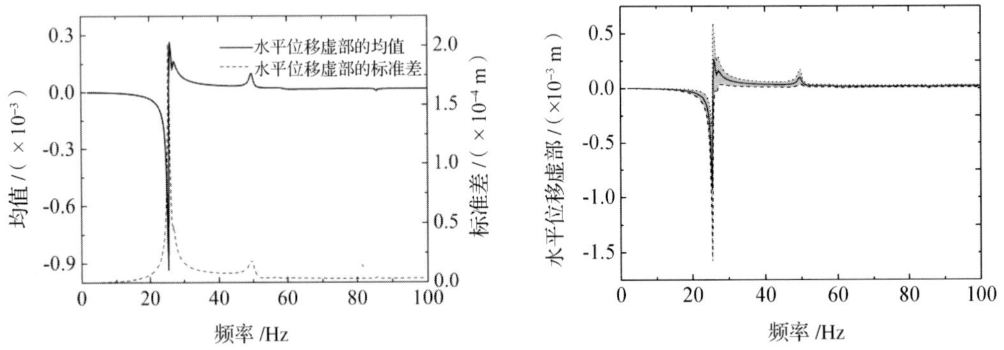

（a）基于多项式混沌展开方法的均值（实线）与方差（虚线）

（b）基于Monte Carlo仿真的均值（实线）、上包络（点线）、下包络(虚线)和1000个样本(灰线)

图 7-9　圆盘 10 的水平位移虚部信息

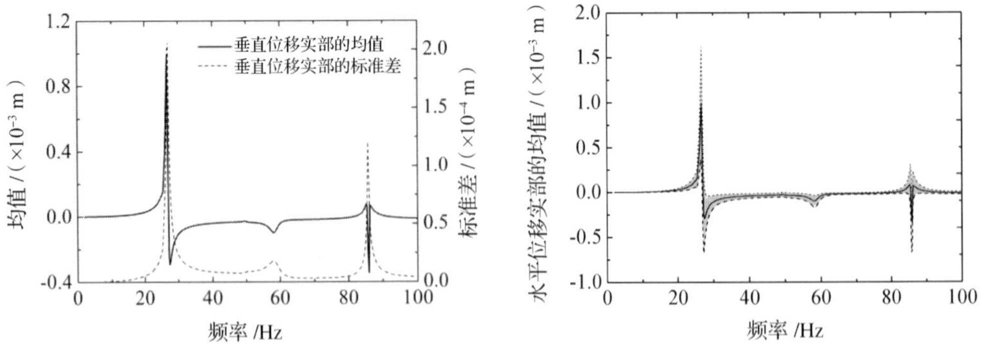

（a）基于多项式混沌展开方法的均值（实线）与方差（虚线）

（b）基于Monte Carlo仿真的均值（实线）、上包络（点线）、下包络(虚线)和1000个样本(灰线)

图 7-10　圆盘 10 的垂直位移实部信息

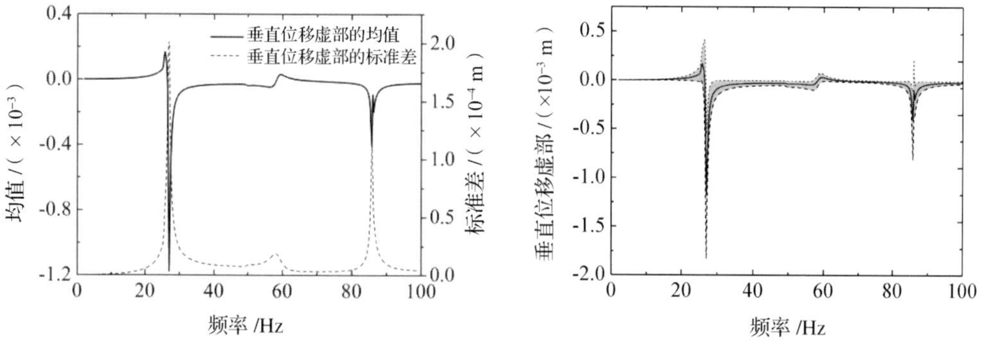

（a）基于多项式混沌展开方法的均值（实线）与方差（虚线）

（b）基于Monte Carlo仿真的均值（实线）、上包络（点线）、下包络(虚线)和1000个样本(灰线)

图 7-11　圆盘 10 的垂直位移虚部信息

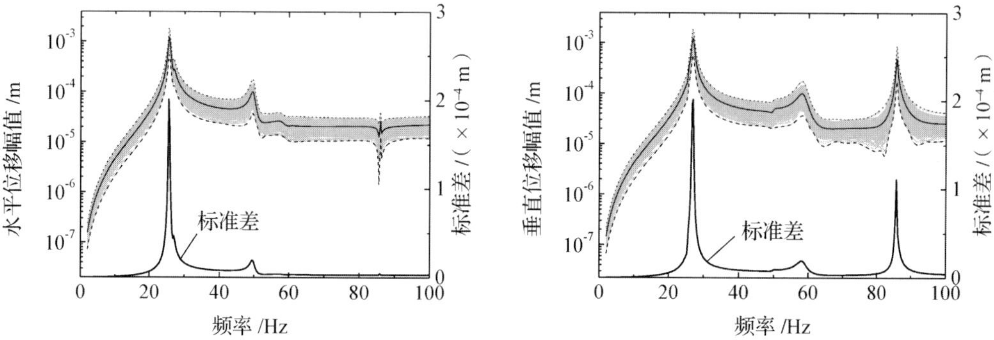

（a）水平位移

（b）垂直位移

图 7-12　基于 Monte Carlo 仿真的圆盘 10 的位移均值和标准差信息

（实线—位移均值　点线—上包络　虚线—下包络　灰线—1000 个样本点）

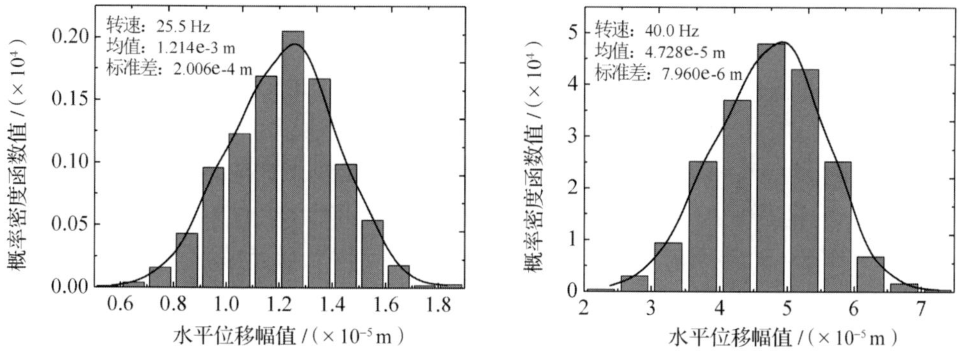

（a）25.5 Hz

（b）40 Hz

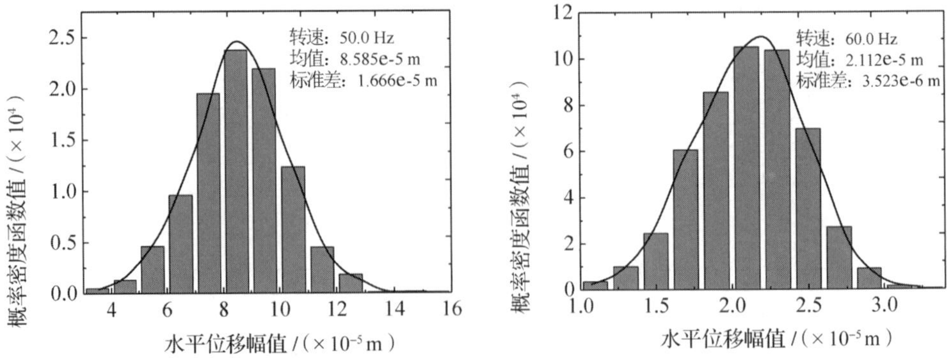

（c）50 Hz　　（d）60 Hz

图 7-13　基于 Monte Carlo 仿真的圆盘 10 的水平位移在不同转速频率下的均值、标准差、概率密度函数直方图和核密度估计曲线

7.5　本章小结

本章基于谱方法对高速动平衡机的临界转速和不平衡稳态响应的不确定性问题分别进行了研究，主要包括：

（1）分析了基于小波-伽辽金求解方案的 K-L 展开在随机场近似中的两个误差来源，并探讨了最大小波分解层数和 K-L 展开项数对误差的影响。在高速动平衡机临界转速和不平衡稳态响应的不确定性分析中，采用了这一方案分别处理了转轴弹性模量高斯随机场和转子分布不平衡量的高斯随机场。

（2）在 Sudret 提出的盒子-球填充方案基础上，详细地给出了一种自动生成具有任意维数和阶数的多项式混沌基的编程方案。这种自动化的基函数生成方案避免了以往只能借助符号运算实施谱随机有限元法的局面，将会有效地促进谱随机有限元法在工程中的普及应用。同时，为了克服盒子-球填充方案编程的复杂性，又基于 k 阶 integer_sequence 数组的特点，给出了一种更简洁的编程方案。

（3）为了将谱随机有限元方程右端项改写为以多项式混沌基展开的表达形式，提出了一种递归的实现方案。这种递归方案只适用于右端项是多项式的形式。在转子不平衡响应不确定性分析中，这个方案用来改写由转子随机不平衡量形成的右端项。同样，这种递归的方案可以在程序中自动实现，将会有效地促进谱随机有限元法在工程中的普及应用。

（4）基于非侵入式的谱随机有限元解法计算了 50 MW 汽轮机转子动平衡系统的前 6 阶临界转速的不确定性。结果显示，临界转速的标准差会随着阶数增大而变大，说明高阶临界转速的离散性一般要大于低阶临界转速的。

（5）基于嵌入式的谱随机有限元解法计算了 50 MW 汽轮机转子动平衡系统在转子随机点不平衡量和分布不平衡量共同作用下的不平衡量响应的不确定性。结果显示，在共振区的不平衡响应的方差要大大地超过非共振区，说明在共振区的响应离散性比较大。

第 8 章 轴弯曲和不平衡故障转子共振稳态响应随机分析

8.1 引 言

轴弯曲和不平衡是旋转机械中两种常见的转子故障。当旋转机械高速运转时，两种故障都会产生较大的同步力，从而引起系统振动、噪声，加速设备老化。现实中精确量化转子的轴弯曲和不平衡故障是非常困难的，因为这些故障常是由加工、制造、维护和使用过程中的各种偶然因素引起的。换句话说，故障参数呈现出随机不确定性。除了故障参数，转子系统各部分的几何、材料和载荷参数也会存在不确定性，同样难以准确量化和测量。按照不确定性传播原理，随机因素作用下的转子系统动力学响应也必然是随机的。因此，为了更好地实现旋转机械的动态可靠性设计，就要求故障转子系统的动态设计和分析必须在随机不确定性框架下进行。

早期在单一或混合轴弯曲和不平衡故障转子系统方面的研究主要集中在动力学建模、故障识别以及动平衡等方面，很少从不确定性角度考虑故障影响。不过，近年来随着不确定性量化理论的快速发展，在转子系统的分析、设计和优化过程中考虑各种随机因素影响的公开文献越来越多。从已有研究中可以看到，随机摄动法、Monte Carlo 仿真法以及多项式混沌展开法是当前转子动力学随机不确定性研究的主要方法。其中基于 Taylor 级数展开的随机摄动法通常无法适应大变异随机问题，而 Monte Carlo 仿真又因为计算成本高而使得其在复杂转子系统随机分析中的应用显得不切实际。在这种情况下，适应性更广的多项式混沌展开法越来越受到重视。

当前，多项式混沌(PC)展开在转子动力学随机问题中的应用还多以正态(Guassian)分布参数下的随机分析为主，并逐步解决包含非正态随机变量的问题，如第 7 章 7.3 节就结合随机空间变换方法和 Hermite 多项式混沌展开实现了具有非高斯随机参数的 50 MW汽轮机转子随机临界转速分析。但这种变换方法对于和正态分布相差较大的分布类型(如均匀分布)收敛速度慢且存在误差[174]。相比之下，另一种基于广义多项式混沌展开的方法利用 Askey 方案可具有指数收敛性能且精度高[175]。此外，临界转速附近频响函数的随机分析往往需要较高的 PC 阶数才能达到分析精度。Sinou 和 Jacquelin[176] 指出许多在利用传统的低阶 PC 展开分析转子系统频响函数随机特性的研究中所获得的临界转速附近的频响函数随机结果(如均值和标准差)并不可信，并以某随机非对称转子系统频响问题为例详细分析了不同 PC 阶数($p=2, 3, 30, 200$)下的结果近似精度；Yaghoubi 等[177]为了克服 PC 展开在分析共振区频响函数随机性时的困难，提出了一种随机频率变换策略以降低所需的 PC 阶数。另外，虽然多项式混沌展开法适应性广，但其在高维高阶情况下是存在"维数灾难"问题的，即待求混沌系数的数目会随维数和阶数急剧增加。而当采用传统回归法求解时所需的试验设计样本数量通常要数倍于 PC 展开项数，这就使得整个随机分析计算成本显得非常高。在这种情况下，自适应稀疏多项式混沌展开技术引起了较大重视并获得了迅速发展，如 ME-gPC(multi-element generalized polynomial chaos)[178]、逐步回归[179-180]、最小角回归[181]、压缩感知[182]以及应用于支持向量回归的自适应稀疏展开技术[183]等。其中基于最小角回归的自适应稀疏方案是由 Blatman 和 Sudret[181]提出的，他们利用最小角回归算法选出那些对模型响应影响大的回归量以形成最佳基函数集合，是一种非常有效的自适应稀疏 PC 展开方案。

为此，本章研究具有初始轴弯曲的不平衡柔性转子系统的不确定性量化问题[203]，在 Blatman 和 Sudret 工作基础上，将基于最小角回归技术的自适应稀疏 PC 展开方案引入故障转子系统的共振稳态响应分析中，并综合广义 PC 展开、留一法交叉验证和 Sobol 全局灵敏度等技术实现故障柔性转子在一阶临界转速处的共振稳态响应随机分析和全局灵敏度计算。

8.2 故障转子随机模型

8.2.1 具有初始轴弯曲的不平衡柔性转子方程

一般转子系统通常是由静止部分(定子/支撑)、连接部分(轴承)和转动部分(转轴、圆盘等)3 部分组成，如图 8-1 所示。当采用一维梁元模型研究转子横向振动时，转子节点具有 4 个自由度——两个移动和两个转动。设转子轴沿着 z 轴正方向布置，则单个节点的位移向量可记为$\{u, v, \theta, \phi\}^{\mathrm{T}}$，其中 u 和 v 分别是沿 x 轴和 y 轴的横向移动位移，θ 和 ϕ 分别是绕 x 轴和 y 轴的转动位移。若忽略转子系统静止部分影响，则可得到由转轴、刚性圆盘和轴承组成的转子系统梁元有限元动力学方程：

$$\boldsymbol{M}\ddot{\boldsymbol{\delta}} + [\boldsymbol{C} + \boldsymbol{G}(\Omega)]\dot{\boldsymbol{\delta}} + \boldsymbol{K}\boldsymbol{\delta} = \boldsymbol{Q} \tag{8-1}$$

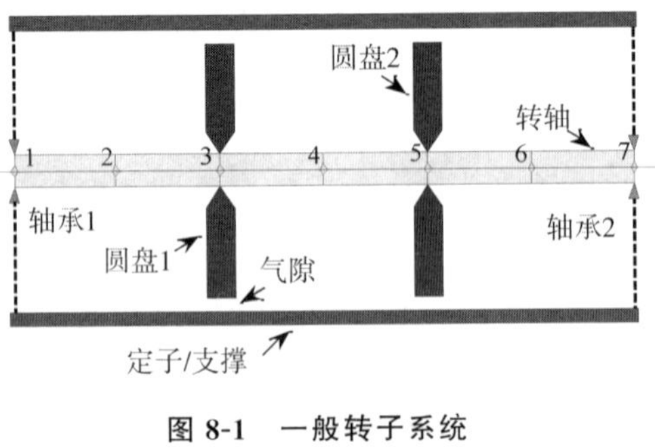

图 8-1 一般转子系统

式中，$\boldsymbol{M}$、$\boldsymbol{C}$、$\boldsymbol{G}(\Omega)$和 $\boldsymbol{K}$ 分别是转子系统的整体质量、阻尼、陀螺和刚度矩阵；$\boldsymbol{\delta}$ 是系

统位移向量;$\boldsymbol{Q}$ 是由工作载荷或转子故障引起的力向量。本书仅考虑两种转子故障引起的作用力——不平衡故障和轴弯曲故障。其中不平衡故障是转子中普遍存在的故障且多呈空间随机分布。不过,实际中分布不平衡量很难直接获取,又因为转子不平衡量总可以等效为有限个校正平面内的集中不平衡量,因此这里仅考虑以集中不平衡量描述转子不平衡故障。图 8-2 所示为转子节点 i 处存在不平衡故障的示意图,记不平衡量大小和相位分别为 U_i 和 φ_i,那么在该节点处产生的不平衡力向量为

$$\boldsymbol{Q}_{U_i}=\mathrm{Re}\left(\Omega^2\begin{Bmatrix}U_i\mathrm{e}^{\mathrm{j}\varphi_i}\\-\mathrm{j}U_i\mathrm{e}^{\mathrm{j}\varphi_i}\\0\\0\end{Bmatrix}\mathrm{e}^{\mathrm{j}\Omega t}\right)=\mathrm{Re}(\Omega^2\boldsymbol{U}_{0i}\mathrm{e}^{\mathrm{j}\Omega t})\tag{8-2}$$

式中,Re(·)代表取复数的实部;j 为虚数单位;$\Omega^2\boldsymbol{U}_{0i}$ 代表因转子不平衡故障引起的作用在节点 i 的不平衡力矢量,是复数向量,并以角速度 Ω 与转子同步转动。

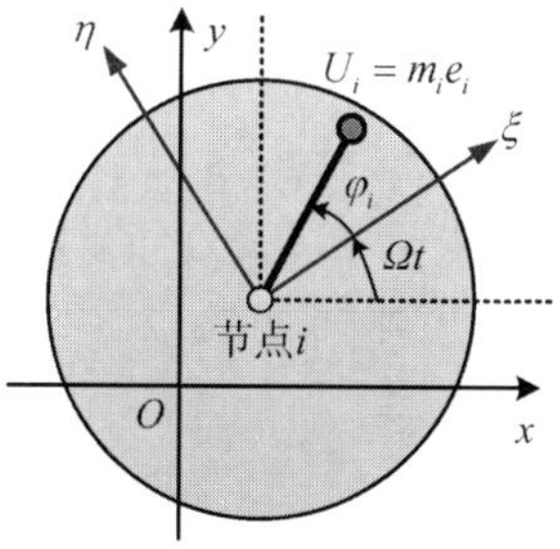

图 8-2　转子不平衡故障

转子轴弯曲故障是指由自重、受热不均匀或突加外载等原因造成的转子轴线永久或临时性弯曲而表现出的一种故障。与不平衡故障类似,转子轴弯曲同样产生同步激振力。这里仅考虑转子的初始轴弯曲故障,如图 8-3 所示。若设节点 i 在 X_bz 平面内因轴弯曲引起的线位移和角位移分别为 b_i 和 α_i,且在转动坐标系 $\xi\eta z$ 中的相位为 γ,那么节点 i 上的轴弯曲变形在固定坐标系 xyz 下的位移向量可表达为

$$\boldsymbol{\delta}_{bi}=\mathrm{Re}\left(\begin{Bmatrix}b_i\mathrm{e}^{\mathrm{j}\gamma}\\-\mathrm{j}b_i\mathrm{e}^{\mathrm{j}\gamma}\\\mathrm{j}\alpha_i\mathrm{e}^{\mathrm{j}\gamma}\\\alpha_i\mathrm{e}^{\mathrm{j}\gamma}\end{Bmatrix}\mathrm{e}^{\mathrm{j}\Omega t}\right)=\mathrm{Re}(\boldsymbol{\delta}_{b0i}\mathrm{e}^{\mathrm{j}\Omega t})\tag{8-3}$$

式中,$\boldsymbol{\delta}_{b0i}$ 代表因转子轴弯曲故障引起的节点 i 的位移矢量,是复数向量,并以角速度 Ω 与转子同步转动。

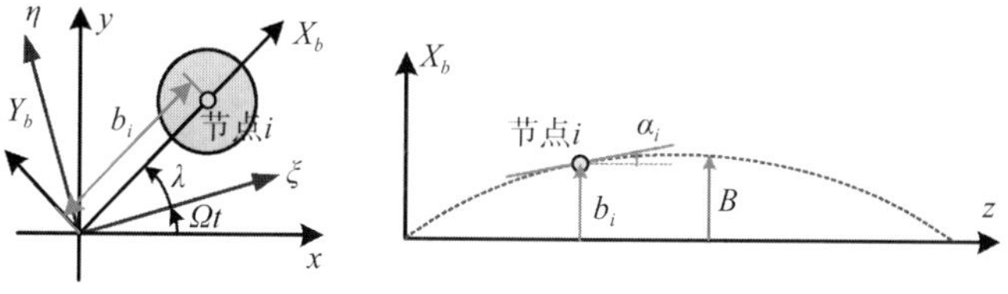

图 8-3　转子轴弯曲故障

于是，在不平衡和轴弯曲故障作用下，转子系统的动力学方程[即式(8-1)]可重写为

$$\boldsymbol{M}\ddot{\boldsymbol{\delta}}+[\boldsymbol{C}+\boldsymbol{G}(\Omega)]\dot{\boldsymbol{\delta}}+\boldsymbol{K}\boldsymbol{\delta}=\boldsymbol{Q}_U+\boldsymbol{Q}_B=\mathrm{Re}(\Omega^2\boldsymbol{U}_0\mathrm{e}^{\mathrm{j}\Omega t})+\boldsymbol{K}\mathrm{Re}(\boldsymbol{\delta}_{b0}\mathrm{e}^{\mathrm{j}\Omega t}) \quad (8\text{-}4)$$

式中，$\boldsymbol{U}_0$ 和$\boldsymbol{\delta}_{b0}$分别是由节点向量$\boldsymbol{U}_{0i}$和$\boldsymbol{\delta}_{b0i}$组装而成的整体列向量。

8.2.2 一阶共振稳态响应

设不平衡和轴弯曲混合故障状态下系统稳态解为$\boldsymbol{\delta}(t)=\mathrm{Re}(\boldsymbol{\delta}_0\mathrm{e}^{\mathrm{j}\Omega t})$，那么代入式(8-4)可得系统的稳态响应为

$$\boldsymbol{\delta}_0(\Omega)=\{\boldsymbol{K}-\Omega^2\boldsymbol{M}+\mathrm{j}\Omega[\boldsymbol{C}+\boldsymbol{G}(\Omega)]\}^{-1}(\Omega^2\boldsymbol{U}_0+\boldsymbol{K}\boldsymbol{\delta}_{b0}) \quad (8\text{-}5)$$

当转子过临界转速时，系统响应会出现共振峰值，因而将临界转速处的共振稳态响应作为转子动力学设计准则是一种合理的选择。在轴弯曲和不平衡故障引发的同步力作用下，转子系统主要激发正向涡动临界转速，其中以过一阶临界转速时的共振响应最为关键。为此，计算一阶临界转速 $\Omega_{1\mathrm{F}}^{\mathrm{cr}}$下的共振稳态响应：

$$\boldsymbol{\delta}_0^{\mathrm{cr},1\mathrm{F}}\equiv\boldsymbol{\delta}_0(\Omega_{1\mathrm{F}}^{\mathrm{cr}})=\{\boldsymbol{K}-\Omega_{1\mathrm{F}}^{\mathrm{cr}\ 2}\boldsymbol{M}+\mathrm{j}\Omega_{1\mathrm{F}}^{\mathrm{cr}}[\boldsymbol{C}+\boldsymbol{G}(\Omega_{1\mathrm{F}}^{\mathrm{cr}})]\}^{-1}(\Omega_{1\mathrm{F}}^{\mathrm{cr}\ 2}\boldsymbol{U}_0+\boldsymbol{K}\boldsymbol{\delta}_{b0}) \quad (8\text{-}6)$$

式中，$\boldsymbol{\delta}_0^{\mathrm{cr},1\mathrm{F}}$ 为复数向量，包含了一阶正涡动临界转速下转子涡动的全部稳态响应信息。通常稳态响应下的转子轴心轨迹是椭圆，因而椭圆长半轴大小代表了转子轴心涡动的最大范围。若长半轴大小超过了转子与定子间的气隙(图 8-1)，则势必会引发转子碰磨类故障。节点 i 处轴心轨迹的长短半轴可由 2×2 对称正定矩阵 $\boldsymbol{H}$ 的特征值问题求出[184]：

$$\boldsymbol{H}_i=\boldsymbol{T}_i\boldsymbol{T}_i^{\mathrm{T}},\ \boldsymbol{T}_i=\begin{bmatrix}a_u & -b_u\\ a_v & -b_v\end{bmatrix}_i \quad (8\text{-}7)$$

式中，a_u 和b_u(a_v 和b_v)分别是复数向量$\delta_0^{\mathrm{cr},1\mathrm{F}}$ 在节点 i 处自由度 $u(v)$方向上的元素实部和虚部。记 $\boldsymbol{H}_i$矩阵的实特征值为λ_1、λ_2 且 $\lambda_1\geqslant\lambda_2$，那么节点 i 处轴心轨迹的长半轴和短半轴大小分别为$\sqrt{\lambda_1}$、$\sqrt{\lambda_2}$。

稳态共振响应虽然不能代表转子系统过临界转速的实际瞬态响应，但在一定程度上反映了系统过临界转速的情况，故而以一阶临界转速下转子轴心轨迹长半轴 $\sqrt{\lambda_1}$ 作为衡量转子系统动力学性能的关键响应量，分析其在随机因素影响下的随机统计特性和全局灵敏性。

8.2.3 随机响应模型

依据不确定性传播原理，当输入参数存在随机量时，输出响应也是随机的。同理，若以转子节点 i 处轴心轨迹的长半轴$(\sqrt{\lambda_1})_i$ 作为响应量，那么在随机参数(如转子系统的材料、几何、外载、故障等参数，合记为随机向量 $\boldsymbol{X}$)的作用下，长半轴大小将呈现随机分布规律，其传播规律由式(8-6)和式(8-7)决定。此时，转子节点 i 处轴心轨迹长半轴的随机响应模型函数可表达为

$$Y\equiv(\sqrt{\lambda_1})_i=\sqrt{\max(\mathrm{eig}\{\boldsymbol{H}_i[\boldsymbol{\delta}_0^{\mathrm{cr},1\mathrm{F}}(X)]\})}\equiv\mathcal{M}(\boldsymbol{X}) \quad (8\text{-}8)$$

式中，eig{·}代表求矩阵特征值；max(·)代表取最大值；$\boldsymbol{H}_i$[·]和$\boldsymbol{\delta}_0^{\mathrm{cr},1\mathrm{F}}$(·)分别由式(8-7)和式(8-6)决定。

通常直接基于式(8-8)计算$(\sqrt{\lambda_1})_i$[或 Y 或 $\mathcal{M}(\cdot)$]的随机统计特性和灵敏性所需的计算成本非常高，因为模型函数 $\mathcal{M}(\cdot)$的估计是一个复杂的数值求解问题，因此将随机响应量进行 PC 展开或者说 PC 近似就显得很有意义。

8.3　自适应稀疏多项式混沌展开

本节讨论一阶临界转速下共振稳态随机响应量——轴心轨迹长半轴的自适应稀疏 PC 展开。

8.3.1　响应量的广义 PC 近似

设输入随机向量 $\boldsymbol{X}$ 各元素是相互独立且边缘分布类型服从 Askey 方案中的概率分布[175]。若 $\boldsymbol{X}$ 不能满足上述要求则需首先利用变换方法将其变换为合适的概率分布类型。若随机响应量 Y 具有有限方差，那么其可展开为广义多项式混沌的表达方式：

$$Y=\mathcal{M}(\boldsymbol{X})=\sum_{\boldsymbol{\alpha}\in\mathbb{N}^M} c_{\boldsymbol{\alpha}}\Psi_{\boldsymbol{\alpha}}(\boldsymbol{X}) \tag{8-9}$$

式中，$c_{\boldsymbol{\alpha}}$是待求混沌系数；$\Psi_{\boldsymbol{\alpha}}(\cdot)$是关于联合概率密度函数 $f_X(\boldsymbol{x})$标准正交的广义 PC 基函数；$\boldsymbol{\alpha}\in\mathbb{N}^M$ 是标识 PC 基函数的 M 维多重指标，而 M 代表随机向量 $\boldsymbol{X}$ 的元素个数。每个 PC 基函数都对应唯一的 $\boldsymbol{\alpha}$，依据 $\boldsymbol{\alpha}$ 可以计算对应的 PC 基函数。

将式(8-9)进行标准截断，有

$$Y=\mathcal{M}(\boldsymbol{X})\approx\mathcal{M}^{\mathrm{PC}}(\boldsymbol{X})=\sum_{j=0}^{P-1}c_j\Psi_j(\boldsymbol{X})=\boldsymbol{c}^{\mathrm{T}}\boldsymbol{\Psi}(\boldsymbol{X}) \tag{8-10}$$

式中，$\mathcal{M}^{\mathrm{PC}}(\boldsymbol{X})$代表响应量的 PC 近似表达式。而总的 PC 展开项数(标准截断)为

$$P\equiv\mathrm{card}(\mathcal{A}^{M,p})=\frac{(M+p)!}{M!\ p!} \tag{8-11}$$

式中，$\mathcal{A}^{M,p}\equiv\{\boldsymbol{\alpha}\in\mathbb{N}^M:\|\boldsymbol{\alpha}\|_1\leqslant p\}$是多重指标集合，也代表了 PC 基函数集合；card$(\cdot)$代表集合 $\mathcal{A}^{M,p}$的元素个数；$\|\boldsymbol{\alpha}\|_1\equiv\alpha_1+\cdots+\alpha_M$ 为多重指标的 1 范数；p 为最高的 PC 展开阶数。

为了估算系数向量 $\boldsymbol{c}$，首先需抽样出 N 个试验设计样本点 $\mathcal{X}=\{x^{(1)},x^{(2)},\cdots,x^{(N)}\}$，然后利用式(8-8)估计相应的响应值 $\mathcal{Y}=\{\mathcal{M}(x^{(1)}),\mathcal{M}(x^2),\cdots,\mathcal{M}(x^{(N)})\}$，最后采用普通最小二乘法(ordinary least squares, OLS)即可估算出 PC 系数向量：

$$\hat{\boldsymbol{c}}=(\boldsymbol{A}^{\mathrm{T}}\boldsymbol{A})^{-1}\boldsymbol{A}^{\mathrm{T}}\boldsymbol{Y} \tag{8-12}$$

式中，$\boldsymbol{A}=\{A_{ij}\}=\Psi_j(\boldsymbol{x}^{(i)})$，$i=1,\cdots,N$；$j=0,1,\cdots,P-1$；$\boldsymbol{A}^{\mathrm{T}}\boldsymbol{A}$ 称为信息矩阵。为了保证信息矩阵可逆，要求试验设计样本数 N 要大于 P，通常建议 $N=(M-1)P$[31]。

8.3.2　基于 LOO 的 PC 展开误差估计

为了评估或衡量模型函数的 PC 近似展开误差，采用留一法(LOO)交叉验证技术。它是统计学习理论中一种非常有效的误差估计工具。针对模型函数的 PC 近似表达式，其对应的留一法误差公式为

$$\varepsilon_{\mathrm{LOO}}=T(P,N)\cdot\frac{\sum_{i=1}^{N}\left[\frac{\mathcal{M}(\boldsymbol{x}^{(i)})-\mathcal{M}^{\mathrm{PC}}(\boldsymbol{x}^{(i)})}{1-h_i}\right]^2}{\sum_{i=1}^{N}\left[\mathcal{M}(\boldsymbol{x}^{(i)})-\bar{\mu}_Y\right]^2} \tag{8-13}$$

式中，h_i 是矩阵 $\mathbf{A}(\mathbf{A}^{\mathrm{T}}\mathbf{A})^{-1}\mathbf{A}^{\mathrm{T}}$ 的第 i 个对角元素；

$$\bar{\mu}_Y=\frac{1}{N}\sum_{i=1}^{N}y^{(i)}=\frac{1}{N}\sum_{i=1}^{N}\mathcal{M}(\boldsymbol{x}^{(i)}) \tag{8-14}$$

是试验设计样本点的均值；

$$T(P,N)=\frac{N}{N-P}\left[1+\frac{\mathrm{tr}(C_{\mathrm{emp}}^{-1})}{N}\right],\ C_{\mathrm{emp}}=\frac{1}{N}\mathbf{A}^{\mathrm{T}}\mathbf{A} \tag{8-15}$$

是误差修正系数。从式(8-13)至式(8-15)中可以看到，留一法误差估计无须额外抽取新样本，而是直接利用已有的试验设计样本结果以及最小二乘回归过程中的矩阵 **A** 就可获得误差估计值。

基于留一法误差[式(8-13)]不仅可以评估当前情况下的 PC 展开精度是否满足要求，而且可以讨论展开参数不同取值下的 PC 近似精度。这一点对于阶数 p 的自适应选取尤为重要，这是因为 PC 展开表达式的收敛速度依赖于模型函数的光滑性，当光滑性较差时就需要更高的展开阶数来保证精度。然而在算法执行前，通常我们并没有足够的可用信息用来衡量模型的光滑性。换句话说，阶数 p 通常并不能被事先合理确定。这种情况下就非常有必要自适应地判断展开阶数。一般情况下，可先基于式(8-13)估计每一阶数下的误差 $\varepsilon_{\mathrm{LOO}}(p)$，然后将对应最小误差的阶数作为 PC 近似的最优展开阶数 p^*。由于这一误差的估计仅借助已有的模型估计结果而不增加额外计算量，因而是选取最优展开阶数 p^* 的有效工具。

8.3.3 基于 LAR 的稀疏 PC 展开

由前述可知，随着维数 M 和阶数 p 的增加，模型函数的 PC 展开项数会呈几何级数增长，表现出“维数灾难”问题。另外，普通最小二乘回归方法所需试验设计样本数 N 要大于总 PC 展开项数 P，只有建议 $N=(M-1)P$，才能保证回归计算正确。因而，对于高阶高维问题，PC 近似会面临计算成本显著增大的问题，计算规模有时堪比 Monte Carlo 仿真，这样就限制了 PC 展开方法的实际应用范围。工程实践表明：通常随机响应的 PC 展开项中存在大量项系数值非常小甚至为零的情况，是可以被完全舍弃的。因此，为了克服或者减轻“维数灾难”问题，构造随机响应的稀疏 PC 展开表达式是一种有效的措施。

PC 展开的稀疏表达在一定条件下可以等效为 P_1 规划问题：

$$P_1:\min_{\boldsymbol{c}\in\mathbb{R}^P}\ \|\boldsymbol{c}\|_1\quad s.t.\quad \|\boldsymbol{\Psi c}-\boldsymbol{Y}\|_2<\varepsilon \tag{8-16}$$

这是一个 l_1 优化问题。目前，有效集算法(active set)和投影梯度法(projected gradient)是普遍采用的两类 l_1 优化算法。这里采用 Blatman 和 Sudret 提出的一种有效集算法——基于最小角回归(LAR)的稀疏多项式混沌展开方法。最小角回归算法是一种线性回归方法，其依据回归量和当前残余量的相关性来选取下一个回归量，从而将那些对模型响应有较大影响的回归量选中，并最终获得一种稀疏的 PC 展开表达式。具体实施过程详见文献[181]和[185]。

图 8-4 给出了综合广义多项式混沌展开、最小二乘法回归、留一法交叉验证以及最小角回归法实现随机响应自适应稀疏 PC 展开的算法流程。从流程中可以看到，该算法只需设定预期计算成本(试验设计样本数)N 以及展开阶数范围$[p_{\min},\ p_{\max}]$，然后经过两层循环：一个是基于 LOO 误差的展开阶数外循环，另一个是具体展开阶数下的基于 LAR 的最优稀疏 PC 基集合选取内循环，即可获得最佳的展开项数 p^* 和稀疏 PC 基集合 $\mathcal{A}^*(p^*)$，而相应的展开系数$\{c_{\boldsymbol{\alpha}},\ \boldsymbol{\alpha}\in\mathcal{A}^*(p^*)\}$由最小二乘回归求出，最后经过 PC 展开后处理技术就可以获得随机响应的概率统计特性和全局灵敏度等信息。为了便于描述这一算法流程，后面将其称为基于 LAR 的自适应稀疏 PC 展开法，简称 LAR 算法。当不执行其中基于 LAR 的内循环步骤时，整个算法将保留全部的 PC 展开项(即标准截断)，然后在各展开阶数下直接进行基于最小二乘法的回归计算。为了与 LAR 算法相区别，本书将其称为基于 OLS 的自适应 PC 展开法，简称 OLS 算法。

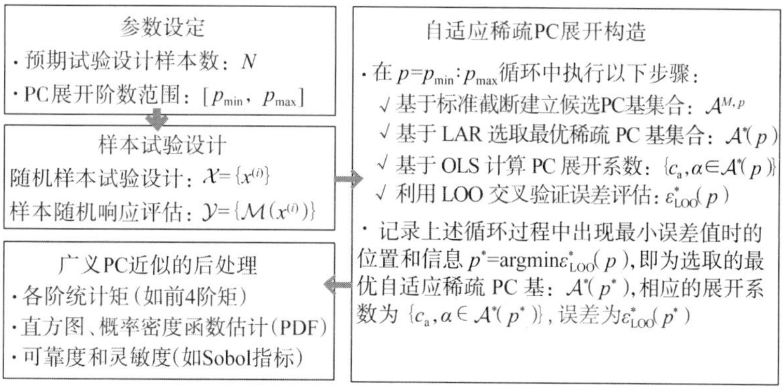

图 8-4　基于 LAR 的自适应稀疏 PC 展开的算法流程

8.3.4　广义 PC 近似的后处理

一旦估计出 PC 系数向量，那么基于式(8-10)就可比较容易地获得随机响应量的统计矩和概率分布信息，还可以进一步开展灵敏度和可靠性分析。这里仅给出基于 PC 展开的 Sobol 全局灵敏度指标计算。传统 Sobol 敏感度指标计算是基于 Monte Carlo 仿真的，在大量抽样样本作用下直接调用模型函数，使得计算成本非常高。Sudret[186]发现 Sobol 灵敏度指标可以直接从 PC 展开系数中得到。这是因为基于 PC 展开的模型响应函数表达式(8-10)可以被整理成 Sobol 分解的形式：

$$\mathcal{M}^{\mathrm{PC}}(\boldsymbol{x})=c_0+\sum_{i=1}^{M}\sum_{\boldsymbol{\alpha}\in\boldsymbol{I}_i}c_{\boldsymbol{\alpha}}\Psi_{\boldsymbol{\alpha}}(x_i)+\sum_{1\leqslant i_1<i_2\leqslant M}\ \sum_{\boldsymbol{\alpha}\in\boldsymbol{I}_{i_1,i_2}}c_{\boldsymbol{\alpha}}\Psi_{\boldsymbol{\alpha}}(x_{i_1},\ x_{i_2})+\cdots+$$

$$\sum_{1\leqslant i_1<\cdots<i_s\leqslant \boldsymbol{M}}\ \sum_{\alpha\in I_{i_1,\cdots,i_s}}c_{\boldsymbol{\alpha}}\Psi_{\boldsymbol{\alpha}}(x_{i_1},\ \cdots,\ x_{i_s})+\cdots+\sum_{\alpha\in I_{1,\cdots,M}}c_{\boldsymbol{\alpha}}\Psi_{\boldsymbol{\alpha}}(x_1,\ \cdots,\ x_M)\tag{8-17}$$

式中，$I_{i_1,\cdots,i_s}=\{\boldsymbol{\alpha}\in\mathcal{A}^*(p^*)\mid\alpha_k\neq0\Leftrightarrow k\in(i_1,\ \cdots,\ i_s),\ \forall k=1,\ 2,\ \cdots,\ M\}$。

进一步，由 PC 基函数的正交性和 Sobol 灵敏度指标定义，可得到一阶全局灵敏度指

标为

$$S_i = \left(\sum_{\boldsymbol{\alpha}\in \boldsymbol{I}_i} c_{\boldsymbol{\alpha}}^2\right)\Big/ D \tag{8-18}$$

式中，$\boldsymbol{I}_i=\{\boldsymbol{\alpha}\in \mathcal{A}^*(p^*)\mid \alpha_k\neq 0 \Leftrightarrow k=i\}$；$D=\sum_{\boldsymbol{\alpha}\in \mathcal{A}^*(p^*)} c_{\boldsymbol{\alpha}}^2$。$S_i$ 代表了随机变量 X_i $(i=1, 2, \cdots, M)$对随机响应方差 D 的相对贡献大小。总灵敏度指标为

$$S_i^{\mathrm{T}} = \left(\sum_{\alpha\in \boldsymbol{I}_i^+} c_{\boldsymbol{\alpha}}^2\right)\Big/ D \tag{8-19}$$

式中，$\boldsymbol{I}_i^+=\{\boldsymbol{\alpha}\in \mathcal{A}^*(p^*)\mid \alpha_i\neq 0\}$。$S_i^{\mathrm{T}}$ 代表了随机变量 X_i 以及 X_i 与 $X_k(k\neq i)$的相互作用对随机响应方差 D 的总相对贡献大小。

从式(8-18)和式(8-19)中可以看到，基于 PC 展开的 Sobol 敏感度指标仅与相应的 PC 展开系数有关，从而避免了基于 Monte Carlo 仿真的大规模计算问题。

8.4 算例分析与讨论

8.4.1 问题描述

本节基于前述方法，研究图 8-1 所示的具有初始轴弯曲的不平衡柔性转子系统。基本参数：转轴长 1.5 m，半径 50 mm，两端支承在轴承上，忽略支承部分影响。两相同圆盘分别布置在转轴 1/3 和 2/3 跨处，其中盘厚 70 mm，盘外径 400 mm。设转轴和圆盘具有相同的材料属性，即弹性模量 $E=211$ GPa，剪切模量 $G=81.1$ GPa，密度 $\rho=7810$ kg/m^3。两轴承的刚度系数 $k_{xx}=1$ MN/m，$k_{yy}=0.7$ MN/m，阻尼系数 $c_{xx}=c_{yy}=150$ Ns/m，忽略两轴承的交叉刚度和阻尼系数。另外，设转子系统的不平衡故障存在于圆盘 1 和圆盘 2 处，轴弯曲故障存在于整个转轴且呈半正弦分布(在平面 $X_b z$ 中)：

$$X_b = B\sin\left(\frac{z\pi}{L}\right),\ z\in[0,\ L] \tag{8-20}$$

式中，B 为半正弦轴弯曲幅值；L 为转子轴弯曲故障在轴线方向上的分布距离，这里等于转轴长度。然而，实际中转子轴弯曲形状在各节点的位移信息(线位移 b_i 和角位移 α_i)通常不能完全掌握，尤其是由轴弯曲引起的角位移。不过，当仅已知转子轴弯曲的部分变形信息时，可借助转轴的刚度矩阵以及 Guyan 静态缩减变换获得完整的轴弯曲位移向量$\boldsymbol{\delta}_{b0}$。故本算例仅通过式(8-20)获得轴弯曲的线位移信息，角位移信息则通过变换得来。为此，若将图 8-1 中转子模型的转轴按图示均分为 6 个单元，那么由式(8-20)可得模型中 7 个节点位置处的轴弯曲变形向量为

$$\boldsymbol{X}_b = B\,[0\quad 0.5\quad 0.866\quad 1\quad 0.866\quad 0.5\quad 0]^{\mathrm{T}} \tag{8-21}$$

式中，B 为轴弯曲的变形幅值。向量$\boldsymbol{X}_b$ 中仅包含轴弯曲在各节点引起的线位移信息(即 b_i)，不包含角位移信息(即 α_i)。

为了专注故障随机参数的影响，本算例仅将描述不平衡和轴弯曲的故障参数作为随机变量，相应的概率信息汇总于表 8-1 中。其中，不平衡故障的不平衡量大小 U_3 和 U_5 以及轴弯曲故障变形的半正弦幅值 B 均设为对数正态分布(lognormal)；不平衡量相位 φ_3

和 φ_5 设为均匀分布(uniform)，而考虑到转子的轴对称特点，将轴弯曲故障的相位 λ 参数取为定值零，作为其他故障参数的参照基准。

表 8-1　转子系统故障参数的随机分布信息

参　数	分布类型	均　值	标准差
$U_3/(\mathrm{kg \cdot m})$	对数正态	5.0e−4	1.0e−4
φ_3/rad	均匀分布	$\pi/4$	$\pi\sqrt{3}/12$
$U_5/(\mathrm{kg \cdot m})$	对数正态	5.0e−4	1.0e−4
φ_5/rad	均匀分布	$\pi/4$	$\pi\sqrt{3}/12$
B/m	对数正态	5.0e−6	1.0e−6

接下来针对该算例，依次分析其在确定性参数下的模态和稳态响应结果，受故障随机参数影响的随机共振稳态响应，以及随机响应的全局灵敏度指标。

8.4.2　确定性动力学分析

取两种故障工况开展确定性分析，工况 1 为均值故障，即故障参数取表 8-1 中均值；工况 2 为特定故障，该工况可反映故障参数偏离均值取值时的情形，见表 8-2。

表 8-2　两种确定性工况的故障参数取值

故障类型	U_3	φ_3	U_5	φ_5	B
均值故障	5.0e−4	$\pi/4$	5.0e−4	$\pi/4$	5.0e−6
特定故障	1.0e−3	0.0	5.0e−4	$\pi/4$	1.0e−5

1. 坎贝尔图与临界转速分析

由方程(8-4)可知，不平衡和轴弯曲故障仅改变转子系统的受力状况，并不影响系统的质量、刚度和阻尼特性，故两种故障工况下的系统模态结果应该是一致的。为此，基于坎贝尔图方法绘制了转速范围 0～3000 r/min 内的坎贝尔图，如图 8-5 所示。从图中可以看到：由于转子结构的轴对称特征，计算出的系统固有频率是成对存在的，且在陀螺效应的影响下，固有频率对会随着转速的增加而逐步分离，其中正涡动(FW)频率呈递增趋势，反涡动(BW)频率递减。图中固有频率线与一倍频激励线(1X)的交点位置对应着转子的临界转速，其精确值利用直接法计算，前 4 个临界转速值分别为 624.64 r/min、675.12 r/min、1824.0 r/min 和 2220.7 r/min，被标记在图 8-5 中。由于实际中不平衡和轴弯曲故障产生的同步力更易激起转子的同步正向涡动，故后续随机分析仅研究一阶正涡动临界转速($\Omega_{1F}^{cr}=675.12$ r/min)处的共振稳态响应。

2. 稳态响应分析

虽然转子系统在两个平面是解耦的(算例中未考虑轴承交叉项)，但由于两个主方向上的刚度系数不同($k_{xx}>k_{yy}$)，使得转轴上任一点的轴心轨迹将呈现为椭圆形。显然，在不考虑其他激励情况下，椭圆长半轴大小代表着转轴涡动范围，因而其在共振稳态响应

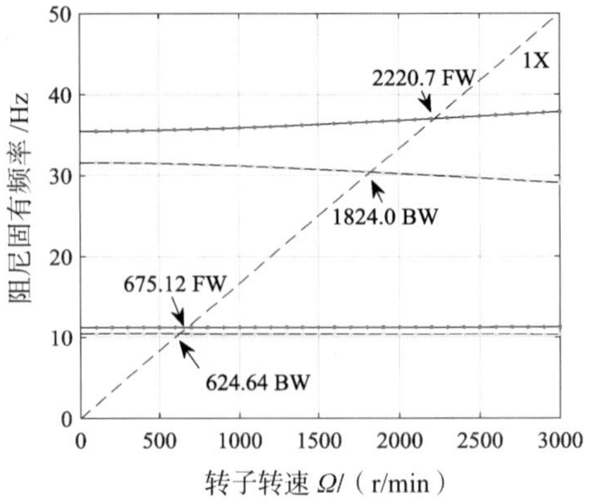

图 8-5　坎贝尔图与前 4 阶临界转速

时的长半轴可以作为转子系统设计的关键评估量。为此，依据式(8-8)分别计算了均值故障工况和特定故障工况下转子系统在圆盘 1 处(即转轴节点 3 处)的轴心轨迹长半轴频响曲线，如图 8-6 所示。另外，图 8-7 绘制了两种故障在一阶正涡动临界转速时圆盘 1 处的轴心轨迹情况。

在均值故障工况下，由于圆盘 1 和 2 的不平衡故障产生的等效合力和轴弯曲故障产生的等效合力处在同一回转平面内，使得整个转子(亦左右对称)类似于在质心位置施加了一个同步力。这种情况通常只能激起转子系统的圆柱涡动模态振动，图 8-6(a)中的幅频响应验证了这一点，因为图中仅圆柱涡动模态时的两阶临界转速(624.64 r/min、675.12 r/min)处存在共振峰值。另外，针对特定故障工况，由于两种故障参数不再像均值故障工况那样保持有特殊关系，如不平衡量大小和方向相对均值发生改变，使得两个圆盘处的不平衡力关系呈现动不平衡，并且与轴弯曲产生的等效合力共同组成一般的空间力系。从图 8-6(b)中的稳态响应可以看到，特定故障工况可以在转速范围(0～3500 r/min)内激起全部前 4 个临界转速处的共振响应。而对比两种工况在临界转速 675.12 r/min 处的长半轴大小(注：图 8-6 中标识的两工况长半轴大小为 675 r/min 时的数据，分别为 2.536 mm 和 4.435 mm)，可见当故障参数偏离均值取值时，系统共振稳态响应幅值就会发生显著改变，因而在基于共振稳态响应的转子系统设计过程中考虑故障参数的离散性或者说变异性是非常有必要的。

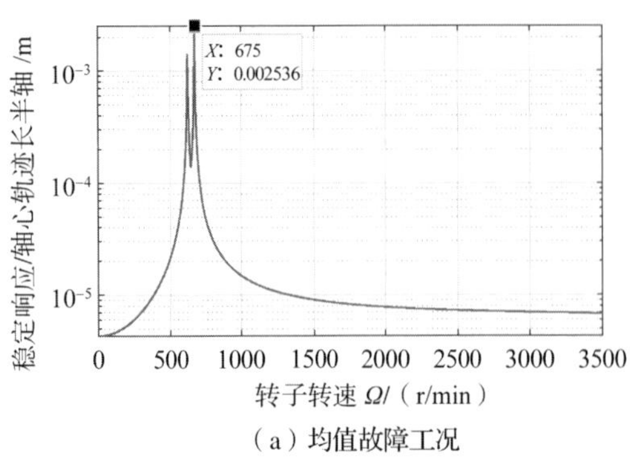

(a) 均值故障工况

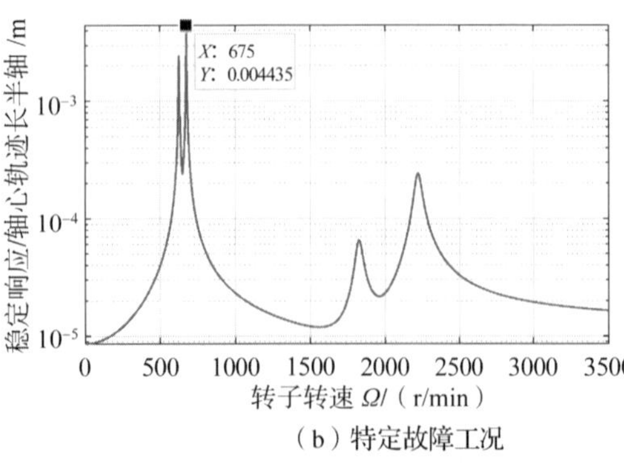

(b) 特定故障工况

图 8-6　系统稳态响应——圆盘 1 处轴心轨迹长轴半径

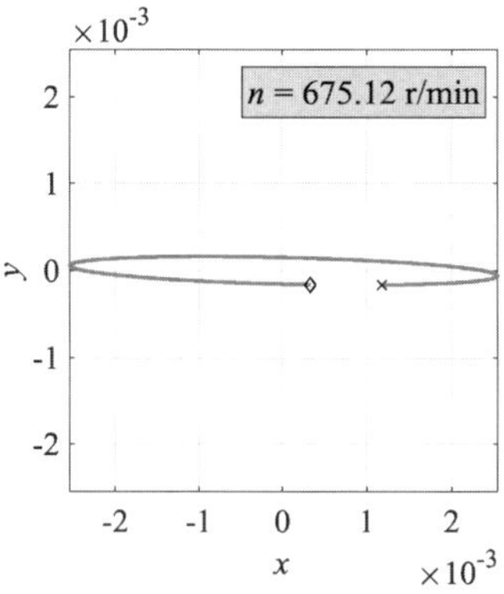

（a）均值故障工况

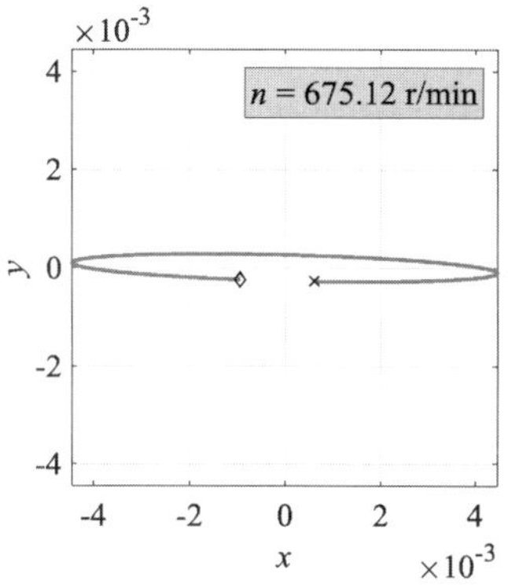

（b）特定故障工况

图 8-7　在临界转速 675.12 r/min 时圆盘 1 处的轴心轨迹

8.4.3　响应随机分析

由表 8-1 可知该双圆盘转子系统共有 5 个故障随机参数，将其组成输入随机向量，即

$$\boldsymbol{X}=\{U_3,\ U_5,\ \varphi_3,\ \varphi_5,\ B\} \tag{8-22}$$

基于前述确定性分析结果，这里将随机响应量 Y 取为一阶正涡动临界转速 675.12 r/min 处的共振稳态响应——节点 3(即圆盘 1 处，见图 8-1)轴心轨迹长半轴，即$(\sqrt{\lambda_1})_3$，并展开为广义多项式混沌近似模型：

$$Y\equiv(\sqrt{\lambda_1})_3\simeq\sum_{\boldsymbol{\alpha}\in\mathcal{A}^*}c_{\boldsymbol{\alpha}}\Psi_{\boldsymbol{\alpha}}(\boldsymbol{X}) \tag{8-23}$$

式中，$\mathcal{A}^*$ 是基于 LAR 算法(图 8-4)确定的稀疏 PC 基函数的多重指标集合，代表了 PC 展开项情况；$\Psi_{\boldsymbol{\alpha}}$是多重指标 $\boldsymbol{\alpha}$ 对应的 PC 基函数。由表 8-1 知，变量 U_3、U_5、B 均为对数正态分布，虽然在 Askey 方案中没有其对应的正交多项式，但 Hermite 正交多项式对对数正态分布也非常有效，因而这里为它们选用 Hermite 正交多项式；变量 φ_3 和 φ_5 服从均匀分布，依据 Askey 方案应选用 Legendre 多项式。

进一步基于图 8-4 给出的流程，设定预算试验设计样本 $N=500$，展开阶数 p 范围为 3～7 阶。表 8-3 给出了算法循环过程中不同展开阶数下分别基于 OLS 算法和 LAR 算法所需要的总展开项数 P 和相应的误差 $\varepsilon_{\mathrm{LOO}}$。可以看到，由于 OLS 算法对 PC 基函数不进行稀疏性选择，故各展开阶数下的标准截断展开项被完全保留，展开项数 P 取值符合式(8-11)。在这种情况下，误差 $\varepsilon_{\mathrm{LOO}}$ 会随着 p 的增加表现出先减少后增加的变化规律。按照流程中阶数 p 的自适应选取原则，由于 $p=5$ 时对应的留一法误差是最小值，为 6.75e−6，故 OLS 算法最终判断最优展开阶数为 $p^*=5$，此时 $P=252$。另外，在 OLS 算法中，当 $p=6$ 时，由于 $P=462$，略小于预算试验设计样本点数($N=500$)，可以看到此时对应的误差值迅速增大且远大于最小值情况。而当 $p=7$ 时，$P=792$ 超出了预算数 N，即不满足条件 $N>P$，无法执行最小二乘回归计算，此时误差值趋于无穷。

相比之下，LAR 算法则利用了最小角回归技术选取对响应变异性影响最大的展开项，以获得具有稀疏性的基函数集合。从表 8-3 中数据可以看到，当阶数 p 比较低时，可被忽略的 PC 展开项几乎没有(如 $p=1,2,3$)或者较少($p=4,5$);而当阶数 p 比较大时,如当标准截断方案时的总项数 P 接近或超出 N 时,通过稀疏性选择,就可以避免 P 超出样本数 N,最终使得误差值不至于非常差。按照 $\varepsilon_{\mathrm{LOO}}$ 最小的原则,基于 LAR 算法的最优展开阶数为 $p^*=4$,最优稀疏基函数集合为 $\{\Psi_{\boldsymbol{\alpha}}:\boldsymbol{\alpha}\in\mathcal{A}^*(4)\}$,此时的误差值为 7.63e−6,略比基于 OLS 算法的误差高,相对应的总展开项数为 $P=123$,比标准截断项数少 3 个,但总体上比 OLS 算法所需的最优 PC 展开项数(252)少很多。另外,图 8-8 给出了本算例在 $p=1\sim15$ 范围内时,LAR 算法在各展开阶数下的留一法误差值变化曲线;图 8-9 和图 8-10 绘制了本算例中 OLS 算法和 LAR 算法最终使用的基集合对应的 PC 系数对数谱图(纵坐标对数绘图)。这些图更直观地表达了 LAR 算法在循环迭代过程中的误差变化规律以及 LAR 算法的自适应稀疏性。

表 8-3　不同 PC 阶数时 OLS 算法和 LAR 算法的 PC 展开项数和留一法误差值

阶数 p		3	4	5	6	7
OLS	P	56	126	252	462	792
	$\varepsilon_{\mathrm{LOO}}$	1.10e−4	8.32e−6	6.75e−6	1.82e−2	+∞
LAR	P	56	123	240	76	109
	$\varepsilon_{\mathrm{LOO}}$	8.37e−5	7.63e−6	8.40e−6	6.63e−5	6.84e−5

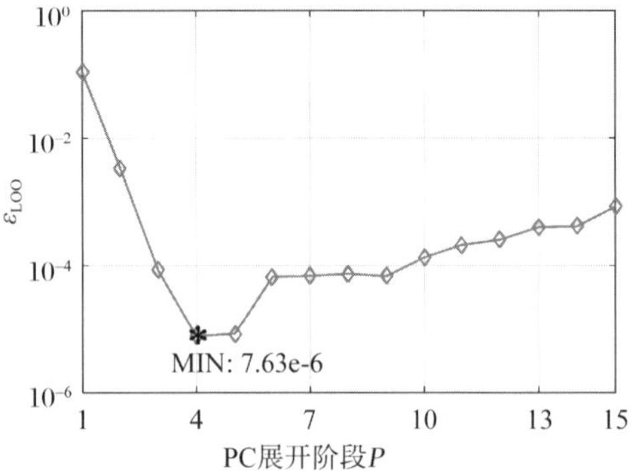

图 8-8　LAR 算法中不同阶数下的 $\varepsilon_{\mathrm{LOO}}$ 值

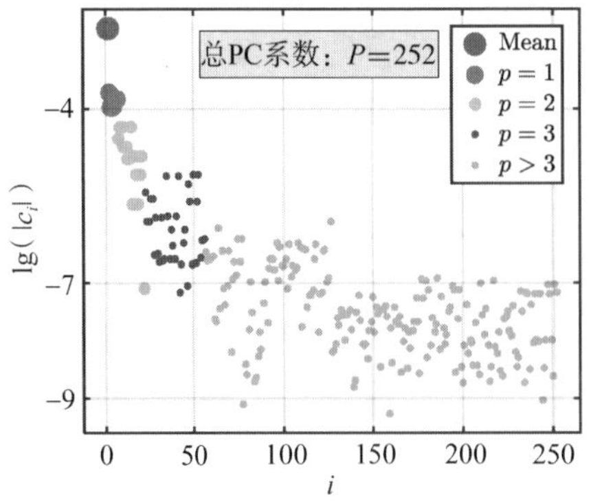

图 8-9　OLS 算法中 PC 系数对数谱图

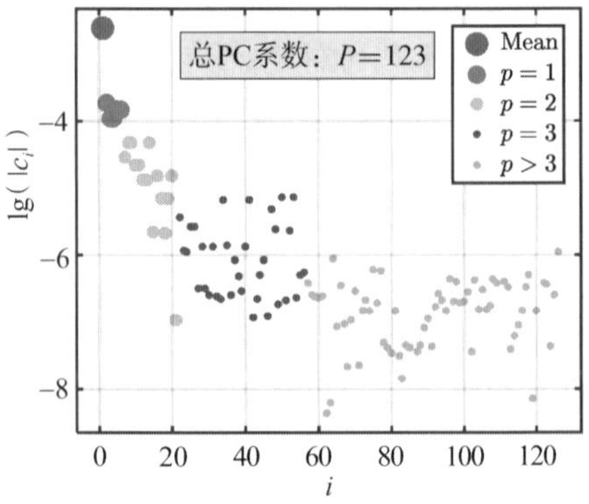

图 8-10　LAR 算法中 PC 系数对数谱图

进一步，为了对比和检验 LAR 算法构建的一阶共振稳态响应的 PC 近似模型精度，图 8-11 和图 8-12 分别绘制了试验设计样本数为 $N=10^5$ 时响应真实值(按式计算)和 PC 近似模型值的散点图和直方图。从散点图 8-11 可以看到，在整个范围内各散点基本落在 45°线上，而两者的直方图(图 8-12)的形状和变化情况非常接近，统计出的前 4 阶矩(真实模型：2.4378 mm、0.33396 mm、0.3562、3.1384。PC 近似模型：2.4378 mm、0.33391 mm、0.3563 mm、3.1364 mm)也基本一致，误差很小，说明构建的 PC 近似模型精度达到要求，能替代计算成本较高的真实模型进一步开展诸如可靠性、灵敏性以及优化设计等方面的研究。

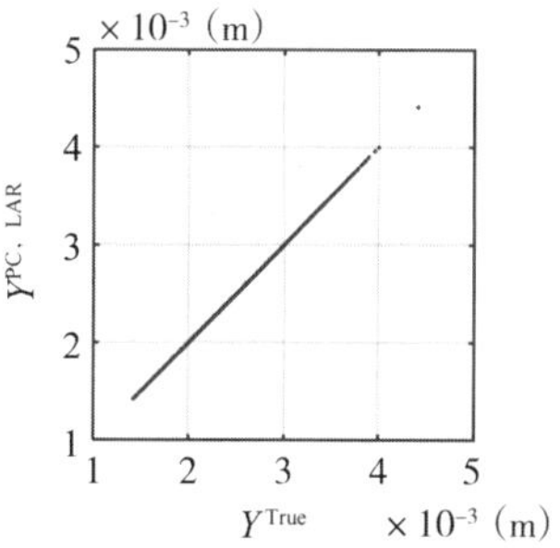

图 8-11　$N=10^5$ 时共振稳态响应的真实值和 PC 近似模型值的散点图

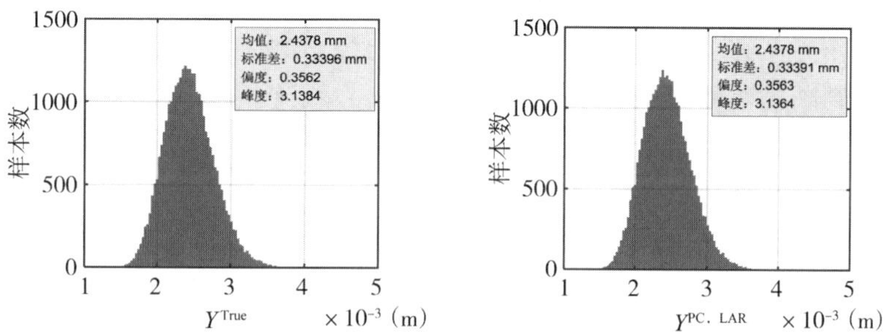

(a) 真实模型响应　　　(b) PC近似模型响应

图 8-12　$N=10^5$ 时共振稳态响应的真实值和 PC 近似值的直方图及统计矩

最后，利用构建的 PC 近似模型基于式(8-18)和式(8-19)计算一阶共振稳态响应对各随机故障参数的 Sobol 全局灵敏度指标，并与传统的利用真实模型和 Monte Carlo 仿真计算的 Sobol 灵敏度指标做对比，见表 8-4。从表中可以看到，基于 PC 近似的 Sobol 指标和利用 Monte Carlo 仿真计算的 Sobol 指标规律一致，结果也非常接近。在本算例的5 个随机故障参数中，以轴弯曲故障的半正弦幅值 B 的灵敏度指标最高。对于不平衡故障参数，由于圆盘 3 和 5 不平衡故障左右对称布置且参数随机特性设置一致，故不平衡量大小 U_3 和 U_5 的灵敏度指标是基本一致的。不平衡相位 φ_3 和 φ_5 也如此，但相比来说，不平衡相位的随机性对一阶共振响应的变异性(即方差)贡献最小。因此，在本算例中，为了降低一阶共振稳态响应方差，轴弯曲故障参数的离散性控制应比不平衡故障参数的离散性控制更受重视，而在不平衡故障中，相比相位故障参数的随机变化，应更多地注重不平衡量大小的随机改变。

表 8-4 基于 Monte Carlo 仿真的和基于 PC 近似的 Sobol 灵敏度指标

变　量	U_3	U_5	φ_3	φ_5	B
$S_i^{T,\mathrm{MC}}$	0.211625	0.212793	0.153256	0.153109	0.329254
$S_i^{T,\mathrm{PC}}$	0.202588	0.202622	0.151699	0.151223	0.323888
S_i^{MC}	0.201063	0.196097	0.112692	0.117104	0.317131
S_i^{PC}	0.199078	0.199091	0.125654	0.125177	0.320256

8.5 本章小结

本章以具有初始轴弯曲的不平衡柔性转子的随机响应和全局灵敏度分析为目标，构建了基于转子动力学梁元有限元理论的转子轴心轨迹长半轴共振稳态响应的模型函数，并综合广义多项式混沌展开、留一法交叉验证技术、最小角回归等实现了共振稳态响应的自适应稀疏 PC 展开，获得了 PC 近似模型，在验证了方法有效性、精度和效率情况下达到了分析目标，主要结论有：

(1)因轴弯曲和不对中故障属于同步类故障，易激发转子正向涡动，再加之柔性转子系统常以过一阶临界转速的响应性能为设计目标，故提出了以一阶正涡动临界转速下的共振稳态响应作为系统关键响应量。同时，考虑到稳态响应下轴心轨迹长半轴是衡量转子涡动范围或判断碰磨故障的有效参量，最终以轴心轨迹长半轴作为一阶共振稳态响应量用于后续转子系统的随机分析和灵敏度计算。算例的确定性分析结果表明，故障参数的改变会对共振稳态响应产生较大影响。

(2)共振响应离散性大以及可能存在的非光滑性往往要求 PC 近似应具有较高的展开阶数，但此时会造成维数灾难。为了避免盲目设定展开阶数以及减少计算成本，利用一种基于留一法交叉验证和最小角回归技术的自适应稀疏广义 PC 展开方法实现了转子系统在非高斯随机故障参数作用下一阶共振稳态响应的 PC 近似。算例中随机分析结果表明，基于 LAR 算法的 PC 近似不仅可以自适应确定展开阶数，而且相比于 OLS 算法具有更少的 PC 展开阶数，可以预期其在更少的试验设计样本数下将比 OLS 算法具有更优的近似精度。

(3)针对书中算例情况，以真实响应模型结果为参照，建立的 PC 近似模型具有较高的近似精度，两者的输出响应直方图、前 4 阶矩以及 Sobol 全局灵敏度指标都非常接近。Sobol 灵敏度结果表明，柔性转子中的轴弯曲幅值故障参数对一阶共振稳态响应的方差贡献最为明显，而不平衡故障中不平衡量大小的离散性要比其相位的离散性对响应方差贡献大。

附 录

附录A 概率统计基础

A.1 随机事件和概率

随机试验是可以在相同条件下重复进行的试验。在随机试验中可能发生，也可能不发生的事件称为随机事件，其中不能再分的随机事件称为随机试验的基本事件。随机事件常用大写字母 A、B、C……表示。在一定条件下，一定会发生的事件称为必然事件；肯定不会发生的事件称为不可能事件。

概率是随机事件发生可能性大小的度量。事件 A 发生的概率可用 $F_{req}(A)$表示。如果随机试验重复了 N 次，事件 A 发生了 N_A次，则事件 A 发生的频率为

$$\mathrm{Freq}(A)=\frac{N_A}{N} \tag{A-1}$$

事件 A 发生的概率被定义为 N 趋于无穷时的频率极限，即

$$\mathbb{P}(A)=\lim_{N\to\infty}\mathrm{Freq}(A)=\lim_{N\to\infty}\frac{N_A}{N} \tag{A-2}$$

当 N 为有限值时，概率可近似为

$$\mathbb{P}(A)\approx\frac{N_A}{N} \tag{A-3}$$

可见，概率$\mathbb{P}(A)$可用事件 A 发生的频率 $\mathrm{Freq}(A)$近似。由于 $0\leqslant N_A\leqslant N$，故 $0\leqslant\mathbb{P}(A)\leqslant1$。从大量试验中所得的随机事件 A 的频率稳定值，即为事件 A 发生概率$\mathbb{P}(A)$的统计表达。

A.2 随机变量和随机向量

随机变量 X 是随机试验基本事件 e 的实值单值函数，即 $X=X(e)$。随机变量的特征是，试验之前知道其可能取值的范围，虽然不能确定其具体值，但会按一定的概率取其各可能值。随机变量 X 可由其累积分布函数(CDF)完全定义，即

$$F_X(x)=\mathbb{P}(X<x) \tag{A-4}$$

式中，x 是随机变量 X 的实现值。

对于连续型随机变量，

$$F_X(x)=\mathbb{P}(X<x)=\int_{-\infty}^{x} f_X(x)\mathrm{d}x \tag{A-5}$$

式中，$f(x)$是一个非负可积的函数，称为随机变量 X 的概率密度函数(PDF)，且有

$$\int_{-\infty}^{+\infty} f_X(x)\mathrm{d}x=1 \tag{A-6}$$

可见，$0\leqslant F_X(x)\leqslant 1$。累积分布函数 $F_X(x)$和概率密度函数 $f_X(x)$存在的关系如下：

$$f_X(x)=F'_X(x)=\frac{\mathrm{d}F_X(x)}{\mathrm{d}x} \tag{A-7}$$

$$\mathbb{P}(x_1\leqslant X\leqslant x_2)=\int_{x_1}^{x_2} f_X(x)\mathrm{d}x=F_X(x_2)-F_X(x_1) \tag{A-8}$$

概率分布函数完整地描述了随机变量的统计规律，然而在一些实际问题中要确定一个随机变量的分布函数却是非常困难的，且有一些实际问题，并不要求全面考察随机变量的统计规律，而只需知道它的某些特征(如均值、标准差等)，因而并不需要求出它的分布函数。用以刻画随机变量某方面特征的量，称为随机变量的数字特征。常用的数字特征有数学期望、方差、矩、协方差和相关系数。

对于连续型随机变量 X，其数学期望(或均值)的定义为

$$\mu_X\equiv\mathbb{E}[\mathrm{X}]=\int_{\mathcal{D}_X}\mathrm{x}\mathrm{f}_\mathrm{X}(\mathrm{x})d\,\mathrm{x} \tag{A-9}$$

式中，$\mathbb{E}[\cdot]$为数学期望运算符；$\mathcal{D}_X$ 是随机变量 X 的定义域。

随机变量函数 $g(X)$的数学期望定义为

$$\mathbb{E}[g(X)]=\int_{\mathcal{D}_X} g(x)f_X(x)\mathrm{d}x \tag{A-10}$$

X 的第 n 阶中心距定义为

$$\mathbb{E}[(\mathrm{X}-\mu_\mathrm{X})^\mathrm{n}]=\int_{\mathcal{D}_X}(x-\mu_X)^n f_X(x)\mathrm{d}x \tag{A-11}$$

X 的方差、标准差和变异系数定义为

$$\mathrm{Var}[X]=\mathbb{E}[(X-\mu_X)^2]=\mathbb{E}(X^2)-\mathbb{E}^2(X) \tag{A-12}$$

$$\sigma_X=\sqrt{\mathrm{Var}[X]} \tag{A-13}$$

$$\mathrm{CV}_X=\frac{\sigma_X}{\mu_X} \tag{A-14}$$

标准化的第 3 阶中心距和第 4 阶中心距分别称为偏度(skewness)和峰度(kurtosis)，分别定义为

$$\delta_X=\frac{1}{\sigma_X^3}\mathbb{E}[(X-\mu_X)^3] \tag{A-15}$$

$$\kappa_X=\frac{1}{\sigma_X^4}\mathbb{E}[(X-\mu_X)^4] \tag{A-16}$$

两个随机变量的协方差定义为

$$\mathrm{Cov}[X, Y] = \mathbb{E}[(X-\mu_X)(Y-\mu_Y)] \tag{A-17}$$

两个随机变量的相关系数定义为

$$\rho_{X,Y} = \frac{\mathrm{Cov}[X, Y]}{\sigma_X\sigma_Y} = \frac{\mathbb{E}[(X-\mu_X)(Y-\mu_Y)]}{\sigma_X\sigma_Y} \tag{A-18}$$

两个及两个以上随机变量可构成随机向量，记为 $\boldsymbol{X} \equiv [X_1, X_2, \cdots, X_M]^{\mathrm{T}}$，其中 M 是向量维数($M \geqslant 2$)。随机向量 $\boldsymbol{X}$ 的概率信息完全由它的联合分布函数 $F_{\boldsymbol{X}}(\boldsymbol{x})$，即

$$\boldsymbol{F}_{\boldsymbol{X}}(x) = \mathbb{P}(X_1 < x_1, \cdots, X_M < x_M) \tag{A-19}$$

其与联合概率密度函数 $f_{\boldsymbol{X}}(\boldsymbol{x})$ 的关系：

$$F_{\boldsymbol{X}}(\boldsymbol{x}) = \int_{-\infty}^{x_1}\cdots\int_{-\infty}^{x_M} f_{\boldsymbol{X}}(\boldsymbol{x})\mathrm{d}x_1\cdots\mathrm{d}x_M \tag{A-20}$$

$$f_{\boldsymbol{X}}(\boldsymbol{x}) = \frac{\partial^M F_{\boldsymbol{X}}(\boldsymbol{x})}{\partial x_1\cdots\partial x_M} \tag{A-21}$$

随机向量 $\boldsymbol{X}$ 的数学期望是各元素数学期望组成的向量，记为 $\boldsymbol{\mu}_{\boldsymbol{X}} \equiv [\mu_{X_1}, \mu_{X_2}, \cdots, \mu_{X_M}]^{\mathrm{T}}$。随机向量 $\boldsymbol{X}$ 的协方差矩阵和相关系数矩阵是一个维数为 M 的对称方阵，分别记为 $\boldsymbol{C}$ 和 $\boldsymbol{R}$，相应的矩阵元素定义为

$$C_{ij} = \mathrm{Cov}[X_i, X_j] \tag{A-22}$$

$$R_{ij} = \rho_{X_i, X_j} \tag{A-23}$$

若将随机向量各元素的标准差组成对角矩阵 $\boldsymbol{D} = \mathrm{Diag}(\sigma_{X_1}, \cdots, \sigma_{X_M})$，那么协方差矩阵 $\boldsymbol{C}$ 和相关系数矩阵 $\boldsymbol{R}$ 矩阵的关系为

$$\boldsymbol{C} = \boldsymbol{DRD} \tag{A-24}$$

对于 M 维正态随机向量或高斯(Gaussian)随机向量，记为 $\boldsymbol{X} \sim \mathcal{N}(\boldsymbol{\mu}_{\boldsymbol{X}}, \boldsymbol{C})$，其联合概率密度函数为

$$f_{\boldsymbol{X}}(\boldsymbol{x}) \equiv (2\pi)^{-\frac{M}{2}}(\det\boldsymbol{C})^{-\frac{1}{2}}\exp\left[-\frac{1}{2}(\boldsymbol{x}-\boldsymbol{\mu}_{\boldsymbol{X}})^T\boldsymbol{C}^{-1}(\boldsymbol{x}-\boldsymbol{\mu}_{\boldsymbol{X}})\right] \tag{A-25}$$

可见，正态随机向量可由均值向量 $\boldsymbol{\mu}_{\boldsymbol{X}}$ 和协方差矩阵 $\boldsymbol{C}$ 完全定义。对于 M 维标准正态随机向量，记 $\boldsymbol{Y} \sim \mathcal{N}(0, R)$，其联合概率密度函数为

$$\phi_M(\boldsymbol{y};\boldsymbol{R}) \equiv (2\pi)^{-\frac{M}{2}}(\det\boldsymbol{R})^{-\frac{1}{2}}\exp\left[-\frac{1}{2}\boldsymbol{y}^{\mathrm{T}}\boldsymbol{R}^{-1}\boldsymbol{y}\right] \tag{A-26}$$

可见，标准正态随机向量可由相关系数矩阵 $\boldsymbol{R}$ 完全定义。对于 M 维独立标准正态随机向量，记为 $\boldsymbol{U} \sim \mathcal{N}(0, \boldsymbol{I}_M)$，其中 $\boldsymbol{I}_M$ 是 M 维单位矩阵，其联合概率密度函数为

$$\phi_M(\boldsymbol{u}) = (2\pi)^{-\frac{M}{2}}\exp\left[-\frac{1}{2}(u_1^2 + \cdots + u_M^2)\right] \tag{A-27}$$

特别地，二维正态分布的联合概率密度函数为

$$f(x_1, x_2) = \frac{1}{2\pi\sigma_{X_1}\sigma_{X_2}\sqrt{1-\rho^2}}\mathrm{e}^{\frac{-1}{2(1-\rho^2)}\left[\frac{(x_1-\mu_{X_1})^2}{\sigma_{X_1}} - 2\rho\frac{(x_1-\mu_{X_1})(x_2-\mu_{X_2})}{\sigma_{X_1}\sigma_{X_2}} + \frac{(x_2-\mu_{X_2})^2}{\sigma_{X_2}}\right]} \tag{A-28}$$

二维标准正态分布的联合概率密度函数为

$$\phi(y_1, y_2;\rho) = \frac{1}{2\pi\sqrt{1-\rho^2}}\exp\left[\frac{-1}{2(1-\rho^2)}(y_1^2 - 2\rho y_1 y_2 + y_2^2)\right] \tag{A-29}$$

二维独立标准正态分布的联合概率密度函数为

$$\phi(u_1, u_2)=\frac{1}{2\pi}\exp\left(-\frac{u_1^2+u_2^2}{2}\right) \tag{A-30}$$

A.3 常用的连续概率分布

(1)均匀(uniform)分布。

分布参数:a, b。

分布函数:$F(x)=\frac{x-a}{b-a}1_{[a,b]}(x)=\begin{cases}0, & x\leqslant a\\ \frac{x-a}{b-a}, & x\in[a, b]\\ 1, & x\geqslant b\end{cases}$。

逆分布函数:$x=(b-a)F+a$。

密度函数:$f(x)=\frac{1_{[a,b]}(x)}{b-a}=\begin{cases}\frac{1}{b-a}, & x\in[a,b]\\ 0, & x\notin[a,b]\end{cases}$

统计参数:$\mu=\frac{a+b}{2},\sigma^2=\frac{(b-a)^2}{12},\sigma=\frac{b-a}{2\sqrt{3}}$。

分布参数估计:$a=\mu-\sqrt{3}\sigma,b=\mu+\sqrt{3}\sigma$。

当分布参数 $a=0,b=1$ 时为标准均匀分布。

(2)正态(Gaussian)分布。

分布参数:μ, σ。

分布函数:$F(x)=\Phi\left(\frac{x-\mu}{\sigma}\right)$。

逆分布函数:$x=\Phi^{-1}(F)\cdot\sigma+\mu$。

密度函数:$f(x)=\frac{1}{\sqrt{2\pi}\sigma}\exp\left[-\frac{1}{2}\left(\frac{x-\mu}{\sigma}\right)^2\right]$。

统计参数:μ,σ。

分布参数估计:μ,σ。

当分布参数 $\mu=0,\sigma=1$ 时为标准正态分布。

(3)对数正态(lognormal)分布。

分布参数:λ, ξ。

分布函数:$F(x)=\Phi\left(\frac{\ln x-\lambda}{\xi}\right), x>0$。

逆分布函数:$x=\exp[\xi\Phi^{-1}(F)+\lambda]$。

密度函数:$f_X(x)=\frac{1}{\xi x}\phi\left(\frac{\ln x-\lambda}{\xi}\right)=\frac{1}{\xi x\sqrt{2\pi}}\exp\left[-\frac{1}{2}\left(\frac{\ln x-\lambda}{\xi}\right)^2\right], x>0$。

统计参数:$\mu=\exp\left(\lambda+\frac{\xi^2}{2}\right),\sigma=\mu\sqrt{\exp(\xi^2)-1}$。

分布参数估计：$\lambda = \ln\mu - \frac{1}{2}\xi^2, \xi = \sqrt{\ln\left[\left(\frac{\sigma}{\mu}\right)^2 + 1\right]}$。

注意，对数正态分布的分布参数 ξ 和 λ 分别是对应正态分布的均值和标准差。

(4)移位指数(shifted exponential)分布。

分布参数：x_0，λ。

分布函数：$F(x) = 1 - e^{-\lambda(x-x_0)}, x \in [x_0, \infty]$。

逆分布函数：$x = x_0 - \frac{\ln(1-F)}{\lambda}$。

密度函数：$f(x) = \lambda e^{-\lambda(x-x_0)}, x \in [x_0, \infty]$。

统计参数：$\mu = x_0 + \frac{1}{\lambda}, \sigma^2 = \frac{1}{\lambda^2}$。

分布参数：$x_0 = \mu - \sigma, \lambda = \frac{1}{\sigma}$。

(5)Type Ⅰ极大值(Type Ⅰ largest value)分布或 Gumbel 分布。

分布参数：u，α，$u \in (-\infty, \infty)$，$\alpha > 0$。

分布函数：$F(x) = \exp\{-\exp[-\alpha(x-u)]\}, x \in (-\infty, +\infty)$。

逆分布函数：$x = u - \frac{\ln[-\ln(F)]}{\alpha} = u - \beta\ln[-\ln(F)]$。

密度函数：$f(x) = \alpha\exp[-\alpha(x-u)]\exp\{-\exp[-\alpha(x-u)]\}$。

统计参数(均值、标准差)：$\mu = u + \frac{0.5772156649}{\alpha}, \sigma^2 = \frac{\pi^2}{6}\frac{1}{\alpha^2}$。

分布参数估计：$\alpha = \frac{\pi}{\sqrt{6}}\frac{1}{\sigma}, u = \mu - \frac{0.5772156649}{\alpha}$。

注意，这里 α 参数与 MATLAB 中 Type Ⅰ极大值分布相应分布参数是互为倒数关系。

(6)Type Ⅱ极大值(Type Ⅱ largest value)分布或 Frechet 分布。

分布参数：$k > 2$，$u \geqslant 0$。

分布函数：$F(x) = \exp\left[-\left(\frac{u}{x}\right)^k\right]$。

逆分布函数：$x = \frac{u}{[-\ln(F)]^{\frac{1}{k}}}$。

密度函数：$f(x) = \left(\frac{u}{x}\right)^k \frac{k}{x}\exp\left[-\left(\frac{u}{x}\right)^k\right] = \frac{k}{u}\left(\frac{u}{x}\right)^{k+1}\exp\left[-\left(\frac{u}{x}\right)^k\right]$，$x$ 为正实数。

统计参数：$\mu_X = u\Gamma\left(1-\frac{1}{k}\right)$，$k > 1, \sigma^2 = u^2\left[\Gamma\left(1-\frac{2}{k}\right) - \Gamma^2\left(1-\frac{1}{k}\right)\right]$，$k > 2$。

分布参数估计：通过解非线性方程获得。

(7)Student t 分布。

分布参数：μ_t，σ_t，v。

分布函数：$F(x)=\int_{-\infty}^{x}\frac{\Gamma\left(\frac{v+1}{2}\right)}{\Gamma\left(\frac{v}{2}\right)}\frac{1}{\sqrt{v\pi}\sigma}\left[1+\frac{(x-\mu)^2}{v\sigma^2}\right]^{-\frac{v+1}{2}}\mathrm{d}x$。

逆分布函数:利用非线性方程的根求解。

密度函数:$f(x)=\frac{\Gamma\left(\frac{v+1}{2}\right)}{\Gamma\left(\frac{v}{2}\right)}\frac{1}{\sqrt{v\pi}\sigma}\left[1+\frac{(x-\mu)^2}{v\sigma^2}\right]^{-\frac{v+1}{2}}$

统计参数:$\mu=\mu_t$，$v>1$，$\sigma^2=\sigma_t^2\frac{v}{v-2}$，$v>2$。

分布参数:$\mu_t=\mu$，$v>1$，$\sigma_t^2=\sigma^2\frac{v-2}{v}$，$v>2$。

当 $\mu_t=0$，$\sigma_t=1$ 时为标准 Student t 分布。

附录 B 基于 NORTA 相关随机数的 Monte Carlo 仿真

利用 Monte Carlo 仿真估算失效概率 P_{f}，有

$$P_{\mathrm{f}}=\mathbb{E}[I_{\mathcal{D}_{\mathrm{f}}}(x)]\approx\hat{P}_{\mathrm{f}}=\frac{1}{N}\sum_{i=1}^{N}I_{\mathcal{D}_{\mathrm{f}}}(x_i)=\frac{N_{\mathrm{f}}}{N} \tag{B-1}$$

式中，$\mathbb{E}[\cdot]$是数学期望运算符；$I_{\mathcal{D}_{\mathrm{f}}}(x)$是失效域的指示函数，当 $x\in\mathcal{D}_{\mathrm{f}}$ 时，$I_{\mathcal{D}_{\mathrm{f}}}(x)=1$，否则，$I_{\mathcal{D}_{\mathrm{f}}}(x)=0$；$N_{\mathrm{f}}=\sum_{i=1}^{N}I_{\mathcal{D}_{\mathrm{f}}}^{(i)}$是样本点落入失效域 $\mathcal{D}_{\mathrm{f}}$ 的个数。正确估算 P_{f} 的关键之一是生成高质量且服从联合概率密度分布 $f_X(x)$的样本随机数(x_i，$i=1, 2, \cdots, N$)。

由于统计信息有限，准确获得随机向量 $\boldsymbol{X}$ 的联合概率密度函数 $f_X(x)$是不现实的，只能利用有限概率信息结合一定的假设得到近似联合概率密度函数 $\tilde{f}(X)$。在这种情况下，NORTA(NORmal to anything)方法则不失为一种行之有效的折中方法。NORTA 可以生成具有任意边缘分布和可行相关矩阵的相关随机数。设 $\Phi(\cdot)$为标准正态分布的累积分布函数，$F_i^{-1}(\cdot)$为变量 X_i 累积分布函数的逆函数，那么 NORTA 方法的基本原理公式可表达为

$$\boldsymbol{X}=\begin{Bmatrix}F_1^{-1}[\Phi(Y_1)]\\F_2^{-1}[\Phi(Y_2)]\\\vdots\\F_m^{-1}[\Phi(Y_m)]\end{Bmatrix} \tag{B-2}$$

即将一个维数为 m、相关系数矩阵为$\boldsymbol{R}_0$ 的多维标准正态向量 $\boldsymbol{Y}=[Y_1, Y_2, \cdots, Y_m]^{\mathrm{T}}$ 通过上式变换为物理向量 $\boldsymbol{X}$。由 Copula 理论可知，上述变换等同于在 $\boldsymbol{X}$ 中引入了 Gaussian Copula 假设。由式(B-2)得 $\boldsymbol{X}$ 的近似联合概率密度函数为

$$\tilde{f}_X(\boldsymbol{x})=\phi_m(\boldsymbol{y}, \boldsymbol{R}_0)\prod_{i=1}^{m}\frac{f_i(x_i)}{\phi(y_i)} \tag{B-3}$$

式中，$\phi_m(\boldsymbol{y},\boldsymbol{R}_0)$为 m 维标准正态向量 $\boldsymbol{Y}$ 的联合概率密度函数，其中相关系数矩阵 $\boldsymbol{R}_0$ 由物理向量 $\boldsymbol{X}$ 的相关系数矩阵$\boldsymbol{R}_X$ 得到。式(B-3)即为基于 $\boldsymbol{X}$ 的边缘密度函数 $f_i(x_i)$，$i=1,2,\cdots,m$ 及其相关系数矩阵$\boldsymbol{R}_X$ 得到的伪完备联合概率密度函数，亦称为 Nataf 分布。

NORTA 相关随机数生成算法流程：

(1)对相关系数矩阵$\boldsymbol{R}_0$ 实施 Cholesky 分解，得到下三角矩阵 $\boldsymbol{L}$，即 $\boldsymbol{L}\boldsymbol{L}^{\mathrm{T}}=\boldsymbol{R}_0$；

(2)产生随机向量 $\boldsymbol{U}=[U_1,U_2,\cdots,U_m]^{\mathrm{T}}$ 样本，其中各元素是独立同分布的标准正态随机量。

(3)令 $\boldsymbol{Y}=\boldsymbol{L}\boldsymbol{U}$，并将 $\boldsymbol{Y}$ 代入式(B-2)得到 $\boldsymbol{X}$。

(4)返回步骤(2)。

上述(2)～(4)步骤重复 N 次，即可得到 N 个满足近似联合概率密度函数 $\tilde{f}(\boldsymbol{X})$的相关随机样本$(x_1,x_2,\cdots,x_N)$，最后执行 Monte Carlo 仿真即可得到失效概率估计值 $\hat{P}_{\mathrm{f}}$。

可以看到，NORTA 方法利用相关系数矩阵$\boldsymbol{R}_0$ 的 Cholesky 分解结果实现独立样本的快速排序以得到相关样本，在算法实现复杂度上要比拉丁超立方体方法低许多。但 NOTRA 方法的难点也是其应用的关键在于能否顺利求解$\boldsymbol{R}_0$ 并对其进行 Cholesky 分解。若用 $\rho_{X,ij}$ 表示变量 X_i 和 X_j 在相关系数矩阵$\boldsymbol{R}_X$ 中对应的元素，那么其与$\boldsymbol{R}_0$ 中元素 $\rho_{0,ij}$ 的映射关系为

$$\begin{aligned}\rho_{X,ij}&=\frac{\mathbb{E}[(X_i-\mu_{X_i})(X_j-\mu_{X_j})]}{\sigma_{X_i}\sigma_{X_j}}\\&=\frac{1}{\sigma_{X_i}\sigma_{X_j}}\iint_{DX}(x_i-\mu_{X_i})(x_j-\mu_{X_j})\tilde{f}(x_i,x_j)\mathrm{d}x_i\mathrm{d}x_j\\&=\frac{1}{\sigma_{X_i}\sigma_{X_j}}\iint_{DX}\frac{(x_i-\mu_{X_i})(x_j-\mu_{X_j})f_i(x_i)f_j(x_j)}{\phi(y_i)\phi(y_j)}\phi_2(y_i,y_j,\rho_{0,ij})\mathrm{d}x_i\mathrm{d}x_j\\&=\frac{1}{\sigma_{X_i}\sigma_{X_j}}\iint_{R^2}(F_i^{-1}[\Phi(y_i)]-\mu_{X_i})(F_j^{-1}[\Phi(y_j)]-\mu_{X_j})\phi_2(y_i,y_j,\rho_{0,ij})\mathrm{d}y_i\mathrm{d}y_j\\&=c_{ij}(\rho_{0,ij}),\ -1<\rho_{0,ij}<1\end{aligned}\tag{B-4}$$

式中，$c_{ij}(\cdot)$是一个连续的非减函数。可以看到，在非正态边缘分布情况下，系数 $\rho_{0,ij}$ 的求解是一个包含有二维积分问题的非线性方程求根问题。诸多学者对这一方程的求解开展了研究，其中 Der Kiureghian 等对常用连续分布给出了 49 种情况的半经验公式来直接求解 $\rho_{0,ij}$，应用较为广泛。这里借助开源的自适应多维积分程序——Cubature 直接实现对式(B-4)中的二维积分求解，并采用了对低维(≤3)积分非常有效的 p-adaptive 算法。但需要注意的是，只有当 $\rho_{X,ij}$ 处于可行域时，式(B-4)才有解，即需满足 $\rho_{X,ij}\in(\underline{\rho}_{X,ij},\bar{\rho}_{X,ij})$，其中 $\underline{\rho}_{X,ij}$ 为可行域下界，在 $\rho_{0,ij}=-1$ 时达到，表达式为

$$\underline{\rho}_{X,ij}=\frac{1}{\sigma_i\sigma_j}\left\{\int_{y\in R}F_i^{-1}[\Phi(y)]\cdot F_j^{-1}[\Phi(-y)]\cdot\varphi(y)\mathrm{d}y-\mu_i\mu_j\right\}\tag{B-5}$$

$\bar{\rho}_{X,ij}$ 为可行域上界，在 $\rho_{0,ij}=+1$ 时达到，表达式为

$$\bar{\rho}_{X,ij}=\frac{1}{\sigma_i\sigma_j}\left\{\int\limits_{y\in R}F_i^{-1}[\Phi(y)]\cdot F_j^{-1}[\Phi(y)]\cdot\phi(y)\mathrm{d}y-\mu_i\mu_j\right\} \tag{B-6}$$

注意：即使 $\rho_{X,ij}$ 均处在可行域内并遍历$\boldsymbol{R}_X$ 各元素求得矩阵$\boldsymbol{R}_0$，但矩阵$\boldsymbol{R}_0$ 还可能存在负定问题，造成无法完成 Cholesky 分解，而且随着维数的增加问题会变得显著。

依据概率统计理论，失效概率估计值 $\hat{P}_f$是一种统计量，可用随机量表达估计值的离散性，且 $\hat{P}_f$的均值和方差分别为

$$\mathbb{E}[\hat{P}_f]=P_f \tag{B-7}$$

$$\mathrm{Var}[\hat{P}_f]=P_f(1-P_f)/N \tag{B-8}$$

式中，P_f 为失效概率真值，由式(B-7)可知其为估计值 $\hat{P}_f$的数学期望值，可用 $\hat{P}_f$的样本均值近似。按照中心极限定理，在样本数 N 趋于无穷大时，$\hat{P}_f$是服从式(B-7)和式(B-8)的正态分布。这就是失效概率 P_f 的 Monte Carlo 仿真结果随机性。可以看到，随着样本数 N 的增大，估计值 $\hat{P}_f$的离散程度减少，即 Monte Carlo 仿真结果精度取决于样本数 N 的大小。通常，根据不同的求解任务可以通过预设结果精度估算出所需的抽样样本数目。例如，可以通过限制 $\hat{P}_f$统计分布的变异系数来确定样本数 N，即

$$\sqrt{\mathrm{Var}[\hat{P}_f]}/\mathbb{E}[\hat{P}_f]\leqslant\varepsilon \tag{B-9}$$

式中，ε 为控制精度，这里取 $\varepsilon=0.01$。若通过先期近似估算或专家经验获得近似的精确解 $P_f=2.2134\%$以及式(B-7)和式(B-8)可算得，$N\geqslant 44.2$ 万次。

附录 C　转子系统有限元方程及其单元矩阵

C.1　转子系统有限元动力学方程

取转子系统阻尼服从比例阻尼，那么在惯性坐标系下建立转子系统有限元动力学方程，其一般形式为

$$\boldsymbol{M}\ddot{\boldsymbol{\delta}}(t)+(\boldsymbol{C}+\Omega\boldsymbol{G})\dot{\boldsymbol{\delta}}(t)+(\boldsymbol{K}+\boldsymbol{B})\boldsymbol{\delta}(t)=\boldsymbol{F}(t) \tag{C-1}$$

式中，$M\in\mathbb{R}^{N\times N}$是转子系统总质量矩阵，通常由静止部件和转动部件的质量贡献；$\boldsymbol{K}\in\mathbb{R}^{N\times N}$是系统总刚度矩阵，通常由静止部件、连接部件和转动部件的柔性贡献；$\boldsymbol{C}\in\mathbb{R}^{N\times N}$是系统总阻尼矩阵，通常由系统外阻尼(如比例阻尼)和连接部件阻尼贡献；$\boldsymbol{G}\in\mathbb{R}^{N\times N}$为单位转速下的陀螺矩阵，是斜对称矩阵，由高速旋转的转动部件贡献，是转子系统特有的；$\boldsymbol{B}\in\mathbb{R}^{N\times N}$是旋转阻尼矩阵，由转动部件的旋转阻尼效应贡献，依赖于转子转速，影响系统刚度矩阵，会造成系统不稳定。$\boldsymbol{\delta}(t)\in\mathbb{R}^N$ 为系统位移向量；$\boldsymbol{F}(t)\in\mathbb{R}^N$ 为系统外力向量，如重力、不平衡力$\boldsymbol{F}_u$、不同步力、空间固定谐波力以及其他一般激励；Ω 为转子自转转速，这里为常量。

C.2　转子动力学基本概念

(1)陀螺效应。

对一个绕轴线旋转的结构施加一个进动运动(即垂直于该结构旋转轴线的一个转

动),那么在该结构上就会出现一个反力矩,而这个力矩就是所谓的陀螺力矩(gyroscopic moment),也称回转力矩。陀螺力矩方向同时垂直于结构旋转轴线和进动轴线。这个现象称为陀螺效应(gyroscopic effect),是旋转结构试图保持转轴方向不变特性的反映,是旋转结构特有的。陀螺效应是旋转结构惯性的体现,会影响结构的模态特性。

陀螺效应在转子中产生一个斜对称陀螺矩阵(gyroscopic matrix),使得转子自由度发生耦合。

(2)涡动。

当转子转动时,除了绕转子自身轴线转动(自转),同时横向偏移后的转子(如弯曲变形的转子)还会绕支承轴线转动(公转),这种运动称为涡动(whirling)。

如果涡动的方向和转子的转动方向相同,称为正向涡动(forward whirling,FW),否则称为反向涡动(backward whirling,BW)。

(3)轴心轨迹。

转子轴线上某一点的运动轨迹,称为轴心轨迹(orbits)。通常,转子模态振型和稳态不平衡响应的轴心轨迹都是椭圆状的,此时轴心轨迹可以由椭圆的长轴半径、短轴半径和相位角 3 个参数确定。在旋转机械状态监测与故障诊断领域,可以通过监测转子的轴心轨迹大小和形状来判断转子系统的稳定性和故障情况。

(4)临界转速与坎贝尔图。

转动系统中转子各微段的质心不可能严格处于回转轴上,因此当转子转动时,会出现横向干扰,在某些转速下还会引起系统强烈振动,出现这种情况时的转速就是临界转速(critical speed)。为保证系统正常工作或避免系统因振动而损坏,转动系统的转子工作转速应尽可能避开临界转速;若无法避开,则应采取特殊防振措施。

当转子在某转速下的激励频率正好等于该转速下转子的某一阶模态频率(固有频率)时,则称该转速为转子的一个临界转速。激励频率可以是与转子转速同步的不平衡力,也可以是任何异步激励。

临界转速可以从坎贝尔图分析(Campbell diagram analysis)获得。在坎贝尔图中,绘制转子激励频率线,而其与图中转子模态频率曲线的交点所对应的转速就是临界转速。通常在不平衡响应中,与正向涡动模态频率曲线的交点所对应的转速才是临界转速,因为转子不平衡激励一般难以激发起反向涡动模态的共振。除了坎贝尔图分析,临界转速也可通过直接法求解。

C.3 单元矩阵及其导数矩阵

以转子轴线与 x 轴正向重合为参考方向,建立单元局部坐标系,并仅考虑转子系统横向振动位移推导各单元矩阵。

(1)圆盘单元矩阵。

圆盘单元具有 1 个节点,每个节点有 4 个自由度,共计 4 个自由度,用单元位移向量为$\boldsymbol{\delta}_D^e=[v_1,\ w_1,\ \phi_1,\ \Psi_1]^T$ 表示。

①单元质量矩阵。

$$\boldsymbol{M}_D^e=\begin{bmatrix} m_D & 0 & 0 & 0 \\ 0 & m_D & 0 & 0 \\ 0 & 0 & J_{Dy} & 0 \\ 0 & 0 & 0 & J_{Dz} \end{bmatrix}$$

②单元陀螺矩阵。

$$\boldsymbol{G}_D^e=\begin{bmatrix} 0 & 0 & 0 & 0 \\ 0 & 0 & 0 & 0 \\ 0 & 0 & 0 & J_{Dx} \\ 0 & 0 & -J_{Dx} & 0 \end{bmatrix}$$

圆盘单元中，m_D 是圆盘的质量，J_{Dx} 是圆盘的极转动惯量，$J_{Dy}=J_{Dz}$ 是圆盘的直径转动惯量。设刚性圆盘外径为 r_{D1}、内径为 r_{D2}、厚度为 h、密度为 ρ_D，那么有 $m_D=\rho_D\pi h\cdot(r_{D1}^2-r_{D2}^2)$，$J_{Dx}=m_D(r_{D1}^2+r_{D2}^2)/2$，$J_{Dy}=J_{Dz}=m_D(3r_{D1}^2+3r_{D2}^2+h^2)/12$。

根据各圆盘单元矩阵与定义参数之间的关系，可以容易地获得圆盘单元质量矩阵和陀螺矩阵对定义参数的偏导数。

(2)转轴单元矩阵。

转轴单元具有 2 个节点，每个节点有 4 个自由度，共计 8 个自由度，用单元位移向量为$\boldsymbol{\delta}_S^e=[v_1, w_1, \phi_1, \boldsymbol{\Psi}_1, v_2, w_2, \phi_2, \boldsymbol{\Psi}_2]^{\mathrm{T}}$ 表示。为便于单元矩阵推导和书写，将单元位移向量 $\boldsymbol{\delta}_S^e$ 划分到 V 面（即 xy 面）和 W 面（即 xz 面）内，分别记为 $\boldsymbol{\delta}_{S,V}^e=[v_1, \boldsymbol{\Psi}_1, v_2, \boldsymbol{\Psi}_2]^{\mathrm{T}}$ 和$\boldsymbol{\delta}_{S,W}^e=[w_1, \phi_1, w_2, \phi_2]^{\mathrm{T}}$。转轴单元可分别采用欧拉梁（这里包含转动惯量效应）和铁摩辛柯梁（这里包含剪切效应和转动惯量效应）推导。

①单元质量矩阵。

欧拉梁：

$$\boldsymbol{M}_{S,V}^e=\frac{\rho Sl}{420}\begin{bmatrix} 156 & 22l & 54 & -13l \\ 22l & 4l^2 & 13l & -3l \\ 54 & 13l & 156 & -22l \\ -13l & -3l & -22l & 4l^2 \end{bmatrix}+\frac{\rho I}{30l}\begin{bmatrix} 36 & 3l & -36 & 3l \\ 3l & 4l^2 & -3l & -l^2 \\ -36 & -3l & 36 & -3l \\ 3l & -l^2 & -3l & 4l^2 \end{bmatrix}$$

$$\boldsymbol{M}_{S,W}^e=\frac{\rho Sl}{420}\begin{bmatrix} 156 & -22l & 54 & 13l \\ -22l & 4l^2 & -13l & -3l \\ 54 & -13l & 156 & 22l \\ 13l & -3l & 22l & 4l^2 \end{bmatrix}+\frac{\rho I}{30l}\begin{bmatrix} 36 & -3l & -36 & -3l \\ -3l & 4l^2 & 3l & -l^2 \\ -36 & 3l & 36 & 3l \\ -3l & -l^2 & 3l & 4l^2 \end{bmatrix}$$

其中，第 2 项是由转动惯量贡献的单元质量矩阵。可以看到 V 面和 W 面内单元矩阵的不同之处在于某些元素的正负号相反，这是因为 W 面内转动自由度 ϕ 的方向与 V 面内转动自由度 $\boldsymbol{\Psi}$ 方向在局部坐标系中的约定相反。按照这一规律，W 面内的单元矩阵可由 V 面内的单元矩阵直接得来。进而，将 V 面和 W 面内单元矩阵按照单元位移向量组装即可获得完整的单元矩阵。

铁摩辛柯梁：

$$\boldsymbol{M}_{S,V}^{e}=\frac{\rho SL}{840\,(1+\Phi)^2}\begin{bmatrix} m_1 & m_2 & m_3 & m_4 \\ m_2 & m_5 & -m_4 & m_6 \\ m_3 & -m_4 & m_1 & -m_2 \\ m_4 & m_6 & -m_2 & m_5 \end{bmatrix}+$$

$$\frac{\rho I}{30\,(1+\Phi)^2 L}\begin{bmatrix} m_7 & m_8 & -m_7 & m_8 \\ m_8 & m_9 & -m_8 & m_{10} \\ -m_7 & -m_8 & m_7 & -m_8 \\ m_8 & m_{10} & -m_8 & m_9 \end{bmatrix}$$

其中，$m_1=312+588\Phi+280\Phi^2$，　$m_2=(44+77\Phi+35\Phi^2)l$，

$m_3=108+252\Phi+140\Phi^2$，　$m_4=-(26+63\Phi+35\Phi^2)l$，

$m_5=(8+14\Phi+7\Phi^2)l^2$，　$m_6=-(6+14\Phi+7\Phi^2)l^2$，

$m_7=36$，　$m_8=(3-15\Phi)l$，

$m_9=(4+5\Phi+10\Phi^2)l^2$，　$m_{10}=(-1-5\Phi+5\Phi^2)l^2$。

②单元刚度矩阵。

欧拉梁：

$$\boldsymbol{K}_{S,V}^{e}=\frac{EI}{l^3}\begin{bmatrix} 12 & 6l & -12 & 6l \\ 6l & 4l^2 & -6l & 2l \\ -12 & -6l & 12 & -6l \\ 6l & 2l^2 & -6l & 4l^2 \end{bmatrix},\quad \boldsymbol{K}_{S,W}^{e}=\frac{EI}{l^3}\begin{bmatrix} 12 & -6l & -12 & -6l \\ -6l & 4l^2 & 6l & 2l \\ -12 & 6l & 12 & 6l \\ -6l & 2l^2 & 6l & 4l^2 \end{bmatrix}$$

铁摩辛柯梁：

$$\boldsymbol{K}_{S,V}^{e}=\frac{EI}{(1+\Phi)l^3}\begin{bmatrix} 12 & 6l & -12 & 6l \\ 6l & (4+\Phi)l^2 & -6l & (2-\Phi)l^2 \\ -12 & -6l & 12 & -6l \\ 6l & (2-\Phi)l^2 & -6l & (4+\Phi)l^2 \end{bmatrix}$$

$$=\frac{EI}{(1+\Phi)l^3}\begin{bmatrix} k_1 & k_2 & -k_1 & k_2 \\ k_2 & k_3 & -k_2 & k_4 \\ -k_1 & -k_2 & k_1 & -k_2 \\ k_2 & k_4 & -k_2 & k_3 \end{bmatrix}$$

其中，$k_1=12$，$k_2=6l$，$k_3=(4+\Phi)l^2$，$k_4=(2-\Phi)l^2$。

若考虑轴向力 f 对刚度矩阵的影响，则

$$\boldsymbol{K}_{S,V,f}^{e}=\frac{f}{60\,(1+\Phi)^2 l}\begin{bmatrix} k_1 & k_2 & -k_1 & k_2 \\ k_2 & k_3 & -k_2 & k_4 \\ -k_1 & -k_2 & k_1 & -k_2 \\ k_2 & k_4 & -k_2 & k_3 \end{bmatrix}$$

其中，$k_1=72+120\Phi+60\Phi^2$，$k_2=6l$，$k_3=l^2(8+10\Phi+5\Phi^2)$，$k_4=-l^2(2+10\Phi+5\Phi^2)$。

③单元陀螺矩阵。

欧拉梁：

$$\boldsymbol{G}_S^e=\frac{\rho I}{15l}\begin{bmatrix}0 & 36 & -3l & 0 & 0 & -36 & -3l & 0\\ -36 & 0 & 0 & -3l & 36 & 0 & 0 & -3l\\ 3l & 0 & 0 & 4l^2 & -3l & 0 & 0 & -l^2\\ 0 & 3l & -4l^2 & 0 & 0 & -3l & l^2 & 0\\ 0 & -36 & 3l & 0 & 0 & 36 & 3l & 0\\ 36 & 0 & 0 & 3l & -36 & 0 & 0 & 3l\\ 3l & 0 & 0 & -l^2 & -3l & 0 & 0 & 4l^2\\ 0 & 3l & l^2 & 0 & 0 & -3l & -4l^2 & 0\end{bmatrix}$$

铁摩辛柯梁：

$$\boldsymbol{G}_S^e=\frac{\rho I}{15\,(1+\Phi)^2 l}\begin{bmatrix}0 & g_1 & -g_2 & 0 & 0 & -g_1 & -g_2 & 0\\ -g_1 & 0 & 0 & -g_2 & g_1 & 0 & 0 & -g_2\\ g_2 & 0 & 0 & g_3 & -g_2 & 0 & 0 & g_4\\ 0 & g_2 & -g_3 & 0 & 0 & -g_2 & -g_4 & 0\\ 0 & -g_1 & g_2 & 0 & 0 & g_1 & g_2 & 0\\ g_1 & 0 & 0 & g_2 & -g_1 & 0 & 0 & g_2\\ g_2 & 0 & 0 & g_4 & -g_2 & 0 & 0 & g_3\\ 0 & g_2 & -g_4 & 0 & 0 & -g_2 & -g_3 & 0\end{bmatrix}$$

其中，$g_1=36$，$g_2=(3-15\Phi)l$，$g_3=(4+5\Phi+10\Phi^2)l^2$，$g_4=(-1-5\Phi+5\Phi^2)l^2$。

在转轴单元矩阵中，转轴为圆形中空截面，r_{S1}为转轴外径，r_{S2}为内径，l为单元长度，E为弹性模量，ν为泊松比，ρ为密度，$I=\frac{\pi}{4}(r_{S1}^4-r_{S2}^4)$为截面惯性矩，$S=\pi(r_{S1}^2-r_{S2}^2)$为截面面积，$\Phi=\frac{12EI}{\kappa GAl^2}$为剪切效应系数，其中$\kappa$为剪切系数，对于中空圆轴截面$\kappa=\frac{6(1+\nu)(1+\mu^2)^2}{(7+6\nu)(1+\mu^2)^2+(20+12\nu)\mu^2}$(Cowper，1966)，$\mu=r_{S2}/r_{S1}$为轴内径与外径比值，$G=E/[2(1+\nu)]$为剪切模量。

根据各转轴单元矩阵与定义参数之间的关系，可以容易地获得转轴单元质量矩阵、刚度矩阵和陀螺矩阵对定义参数的偏导数。

(3)轴承单元矩阵。

轴承单元具有2个节点，每个节点有2个自由度，即仅考虑节点横向移动自由度，共计4个自由度，用单元位移向量为$\boldsymbol{\delta}_B^e=[v_1,\ w_1,\ v_2,\ w_2]^T$表示。

①单元刚度矩阵。

$$\boldsymbol{K}_B^e=\begin{bmatrix}k_{yy} & k_{yz} & -k_{yy} & -k_{yz}\\ k_{zy} & k_{zz} & -k_{zy} & -k_{zz}\\ -k_{yy} & -k_{yz} & k_{yy} & k_{yz}\\ -k_{zy} & -k_{zz} & k_{zy} & k_{zz}\end{bmatrix}$$

②单元阻尼矩阵。

$$
\boldsymbol{C}_B^e = \begin{bmatrix} c_{yy} & c_{yz} & -c_{yy} & -c_{yz} \\ c_{zy} & c_{zz} & -c_{zy} & -c_{zz} \\ -c_{yy} & -c_{yz} & c_{yy} & c_{yz} \\ -c_{zy} & -c_{zz} & c_{zy} & c_{zz} \end{bmatrix}
$$

在轴承单元矩阵中，(k_{yy}，k_{zz}，k_{yz}，k_{zy})是轴承刚度特性系数，其中前两个是主刚度系数，后两个是交叉刚度系数；(c_{yy}，c_{zz}，c_{yz}，c_{zy})是轴承阻尼特性系数，其中前两个是主阻尼系数，后两个是交叉阻尼系数。

根据各轴承单元矩阵与定义参数之间的关系，可以容易地获得轴承单元刚度矩阵和阻尼矩阵对定义参数的偏导数。

(4)不平衡力向量。

偏心质量产生的转子不平衡力向量作用在转轴单元节点的横向移动自由度方向上，即$\delta_u^e=[v_1, w_1]^{\mathrm{T}}$。

不平衡力向量：

$$
\boldsymbol{F}_u^e = m_u d\Omega \begin{Bmatrix} \cos(\Omega t+\varphi) \\ \sin(\Omega t+\varphi) \end{Bmatrix}
$$

式中，m_u 为偏心块质量；d 为偏心距；φ 为相位角；Ω 为转子恒定转速。

根据不平衡力向量与定义参数之间的关系，可以容易地获得不平衡力向量对定义参数的偏导数。

附录 D Copula 函数和相关性测度

D.1 Copula 函数定义和性质

Copula 函数是一维边缘分布与多维联合分布间的连接函数，用来描述随机向量元素间的依赖关系。Copula 函数是一个定义在$[0,1]^M$ 并映射到$[0,1]$的 M 维函数，即 C：$[0,1]^M\to[0,1]$，一般记为 $C(u_1, u_2, \cdots, u_M)$，并满足如下性质：

(1)$C(u_1, u_2, \cdots, u_M)$是具有零基面(即存在 $C=0$ 的情况)的 M 维递增函数。

(2)对于任意 $u_i\in[0,1]$($i=1, 2, \cdots, M$)，满足 $C(1, \cdots, 1, u_2, 1, \cdots, 1)=u_i$。

可以验证 M 维 Copula 是一个边缘分布为标准均匀分布的 M 维联合概率分布函数。在 Copula 理论中，Skalar 定理给出了 Copula 函数与联合分布函数和边缘分布函数之间的关系，即

$$
F_X(\boldsymbol{x})=C[F_{X_1}(x_1), F_{X_2}(x_2), \cdots, F_{X_M}(x_M)] \tag{D-1}
$$

可见，Copula 函数 C 并不依赖于边缘分布函数 F_{X_i}，只是描述随机向量元素之间的相互依赖关系，因而 Copula 函数代表了随机向量的依赖结构。另外，若边缘分布函数 F_{X_i} 均是连续的，那么随机向量的 Copula 函数就是唯一的，并且有

$$
C(\boldsymbol{u})=C(u_1, u_2, \cdots, u_M)=F_X[F_{X_1}^{-1}(u_1), F_{X_2}^{-1}(x_2), \cdots, F_{X2}^{-1}(x_M)] \tag{D-2}
$$

这个式子表明对于连续随机向量 Copula 函数 C 可以由联合分布函数及其边缘分布

函数的逆函数推导出来。反过来讲，对于任意 M 维 Copula 函数 C 和一组边缘分布函数 F_{X_1}，…，F_{X_M}，由式(D-1)定义的函数 $F_X(\boldsymbol{x})$是一个边缘分布为 F_{X_1}，…，F_{X_M} 的联合概率分布函数。

进一步，对联合概率分布函数求偏导可获得联合概率密度函数 $f_X(\boldsymbol{x})$，即

$$f_X(\boldsymbol{x})=c[F_{X_1}(x_1),\ F_{X_2}(x_2),\ \cdots,\ F_{X_M}(x_M)]\cdot\prod_{i=1}^{M}f_{X_i}(x_i) \tag{D-3}$$

式中，$c(\cdot)$是 Copula 函数的密度函数，定义为

$$c(u_1,\ \cdots,\ u_2)=\frac{\partial^M C(u_1,\ \cdots,\ u_M)}{\partial u_1\cdots\partial u_M} \tag{D-4}$$

设$\boldsymbol{X}_{1,k}=[X_1,\ \cdots,\ X_k]^{\mathrm{T}}$ 是随机向量 $\boldsymbol{X}=[X_1,\ \cdots,\ X_M]^{\mathrm{T}}$ 的一个子集，或称为第 k 个累积边缘随机向量，则$\boldsymbol{X}_{1,k}$的联合分布函数 $F_{1,k}$可表示为

$$F_{1,k}(\boldsymbol{x}_{1,k})=F_{1,k}(x_1,\ \cdots,\ x_k)=C_{1,k}[F_{X_1}(x_1),\ \cdots,\ F_{X_k}(x_k)] \tag{D-5}$$

$$C_{1,k}(u_1,\ \cdots,\ u_k)=C(u_1,\ \cdots,\ u_k,\ 1,\ \cdots,\ 1) \tag{D-6}$$

可见，$F_{1,k}$是由边缘分布函数 F_{X_i}，$i=1$，…，k 和 Copula 函数 $C_{1,k}$定义的概率分布函数，而 $C_{1,k}$由随机向量 $\boldsymbol{X}$ 的 Copula 函数 C 确定。$F_{1,k}$被称为 $\boldsymbol{X}$ 的 k 维边缘分布。

特别地，对于任意的二维情况，有

$$F_{ij}(x_i,\ x_j)=C_{ij}[F_{X_i}(x_i),\ \cdots,\ F_{X_j}(x_j)] \tag{D-7}$$

$$C_{ij}(u_i,\ u_j)=C(1,\ \cdots,\ 1,\ u_i,\ 1,\ \cdots,\ 1,\ u_j,\ 1,\ \cdots,\ 1) \tag{D-8}$$

式中，u_i，u_j 分别表示处在第 i 和第 j 个位置。这个性质在提取二维 Copula 函数以及处理两变量相关关系时非常有用。

此外，Copula 函数在一定条件下具有不变性，即所谓的单调增变换不变性定理：设随机向量 $\boldsymbol{X}=[X_1,\ \cdots,\ X_M]^{\mathrm{T}}$ 的联合概率分布函数具有 Copula 函数 C，如果在每个随机向量元素 X_i 的定义区间上均存在一个几乎处处严格单调递增的函数 α_i，$i=1,\ 2,\ \cdots,\ M$，那么新的随机向量$[\alpha_i(X_1),\ \cdots,\ \alpha_i(X_M)]^{\mathrm{T}}$ 的 Copula 函数也是 C。这一性质在研究等概率边缘分布变换中的相关关系变化规律时有着非常重要的作用。

D.2 常用 Copula 函数

(1)独立(independent)Copula。

$$C(u_1,\ \cdots,\ u_M)=\prod_{i=1}^{M}u_i \tag{D-9}$$

将式(D-9)代入式(D-1)，有

$$F_X(\boldsymbol{x})=C[F_{X_1}(x_1),\ F_{X_2}(x_2),\ \cdots,\ F_{X_M}(x_M)]=\prod_{i=1}^{M}F_{X_i}(x_i) \tag{D-10}$$

显然，式(D-9)表示的 Copula 函数代表了输入随机向量各元素相互独立的情况，称为独立 Copula 函数。相应的独立 Copula 密度函数为

$$c(u_1,\ \cdots,\ u_M)=1 \tag{D-11}$$

(2)高斯(Gaussian)Copula。

$$C(u_1,\ \cdots,\ u_M;\boldsymbol{R})=\Phi_M[\Phi^{-1}(u_1),\ \cdots,\ \Phi^{-1}(u_M);\boldsymbol{R}] \tag{D-12}$$

式中，$\boldsymbol{R}$ 是高斯 Copula 函数的参数矩阵，也是多维高斯分布的线性相关矩阵；$\Phi_M(\boldsymbol{u};\boldsymbol{R})$是 M 维标准高斯分布函数，其均值为 0，相关矩阵为 $\boldsymbol{R}$；$\Phi^{-1}(u_i)$是一维标准高斯分布函数的逆函数。

特别地，二维高斯 Copula 函数的表达式为

$$C(u_1,\ u_2;\rho)=\Phi_2[\Phi^{-1}(u_1),\ \Phi^{-1}(u_2);\rho]$$
$$=\int_{-\infty}^{\Phi^{-1}(u_1)}\int_{-\infty}^{\Phi^{-1}(u_2)}\frac{1}{2\pi\sqrt{1-\rho^2}}\exp\left[-\frac{s^2-2\rho st+t^2}{2(1-\rho^2)}\right]\mathrm{d}s\,\mathrm{d}t \tag{D-13}$$

式中，ρ 为二维高斯 Copula 参数，$\rho\in(-1,\ 1)$。参数 ρ 控制着随机变量的相关程度，当 $\rho=1$ 时表示完全正相关；当 $\rho=-1$ 时表示完全负相关；当 $\rho=0$ 时表示相互独立。

高斯 Copula 是工程中最常用的一类 Copula 函数，属于椭圆 Copula 族。当采用的边缘分布函数和 Copula 函数都是高斯型时，构造的联合概率分布函数也一定是一个多维高斯分布。二维高斯 Copula 具有对称的尾部特征，无法捕捉到随机变量之间非对称的尾部依赖关系。此外，高斯 Copula 在上和下尾(upper and lower tails)方面是渐进独立的(asymptotically independent)。这意味着，无论高斯 Copula 参数(或说相关系数)R_{ij} 有多高，两随机变量之间都不存在尾部相依关系(tail dependence)。

(3)Student t Copula。

$$C(u_1,\ \cdots,\ u_M;\boldsymbol{R},\ v)=T_M[T_k^{-1}(u_1),\ \cdots,\ T_k^{-1}(u_M);\boldsymbol{R},\ v] \tag{D-14}$$

式中，$\boldsymbol{R}$ 是 Student t Copula 函数的参数矩阵，也是多维 Student t 分布的相关矩阵；$T_v(\boldsymbol{u};\boldsymbol{R},\ v)$是相关矩阵为 $\boldsymbol{R}$ 自由度为 v 的 M 维标准 Student t 分布函数；$T^{-1}(u_i)$是自由度为 v 的一维标准 Student t 分布函数的逆函数。

特殊地，二维 Student t Copula 函数的表达式为

$$C(u_1,\ u_2;\rho,\ v)=T_2[T_v^{-1}(u_1),\ T_v^{-1}(u_2);\rho,\ v]$$
$$=\int_{-\infty}^{T_v^{-1}(u_1)}\int_{-\infty}^{T_v^{-1}(u_2)}\frac{1}{2\pi\sqrt{1-\rho^2}}\left[1+\frac{s^2-2\rho st+t^2}{v(1-\rho^2)}\right]^{-(v+2)/2}\mathrm{d}s\,\mathrm{d}t \tag{D-15}$$

式中，ρ 为二维 Student t Copula 参数，$\rho\in(-1,\ 1)$。$v=1$ 时亦称 Cauchy Copula。参数 ρ 控制着随机变量的相关程度，当 $\rho=1$ 时表示完全正相关；当 $\rho=-1$ 时表示完全负相关；当 $\rho=0$ 时表示相互独立。

Student t Copula 属于椭圆 Copula 族。二维 Student t Copula 具有对称的尾部特征，无法捕捉到随机变量之间非对称的尾部依赖关系。不过，Student t Copula 的上尾和下尾具有较厚尾部分布特征，因此对随机变量之间的尾部相关关系的变化比较明显，可以很好地捕捉到随机变量之间对称的尾部相关关系。

(4)阿基米德(Archimedean)Copula 族。

阿基米德 Copula 族中，Gumbel Copula、Clayton Copula 和 Frank Copula 是 3 种最为常用的 Copula 类型，它们具有厚尾的分布特征而在工程中广泛应用。

①二维 Gumbel Copula 函数的表达式为

$$C_{12}(u_1,\ u_2;\theta)=\exp(-\{[-\ln(u_1)]^\theta+[-\ln(u_2)]^\theta\}^{1/\theta}) \tag{D-16}$$

式中，θ 为 Copula 参数，且 $\theta\in[1,\ \infty)$。参数 θ 控制着随机变量的相关程度，当 $\theta=1$ 时表示相互独立，而当 $\theta\to\infty$时表示完全正相关。

二维 Gumbel Copula 具有不对称的尾部特征,可以捕捉到随机变量之间非对称的尾部依赖关系,且适合上尾相关、下尾渐进独立的二维随机变量之间的关系刻画。

②二维 Clayton Copula 函数的表达式为

$$C_{12}(u_1, u_2;\theta)=(u_1^{-\theta}+u_2^{-\theta}-1)^{-1/\theta} \tag{D-17}$$

式中,θ 为 Copula 参数,且 $\theta\in[-1, \infty)\backslash\{0\}$。参数 θ 控制着随机变量的相关程度,当 $\theta\to\infty$ 时表示完全正相关;当 $\theta\to-1$ 时表示完全负相关;当 $\theta\to0$ 时表示相互独立。

二维 Clayton Copula 具有不对称的尾部特征,可以捕捉到随机变量之间非对称的尾部依赖关系,且适合下尾相关、上尾渐进独立的二维随机变量之间的关系刻画。

③二维 Frank Copula 函数的表达式为

$$C_{12}(u_1, u_2;\theta)=-\frac{1}{\theta}\ln\left[1+\frac{(e^{-\theta u_1}-1)(e^{-\theta u_2}-1)}{e^{-\theta}-1}\right] \tag{D-18}$$

式中,θ 为 Copula 参数,且 $\theta\in(-\infty, \infty)\backslash\{0\}$。参数 θ 控制着随机变量的相关程度,当 $\theta\to\infty$ 时表示完全正相关;当 $\theta\to-\infty$ 时表示完全负相关;当 $\theta\to0$ 时表示相互独立。

二维 Frank Copula 具有对称的尾部特征,无法捕捉到随机变量之间非对称的尾部依赖关系。与 Gaussian Copula 一样,Frank Copula 在上尾和下尾方面是渐进独立的。

D.3 常用相关性测度

除了用 Copula 函数表达随机向量的完整依赖结构,工程中还常利用一些相关性测度从不同角度描述参数间相关性,如 Pearson 线性相关系数、Spearman 秩相关系数、Kendall 秩相关系数、尾部相关系数等。

(1)Pearson 线性相关系数。

设随机变量 X_i 和 X_j 具有二阶矩,那么两变量间的 Pearson 线性相关系数定义为

$$\begin{aligned} r_{\mathrm{P},ij} &= r_{\mathrm{P}}(X_i, X_j) \\ &= \mathbb{E}\left[\left(\frac{X_i-E[X_i]}{\sqrt{\mathrm{Var}[X_i]}}\right)\left(\frac{X_j-\mathbb{E}[X_j]}{\sqrt{\mathrm{Var}[X_j]}}\right)\right] \\ &= \frac{\mathbb{E}(X_iX_j)-E(X_i)\mathbb{E}(X_j)}{\sqrt{\mathbb{E}(X_i^2)-\mathbb{E}^2(X_i)}\sqrt{\mathbb{E}(X_j^2)-\mathbb{E}^2(X_j)}} \end{aligned} \tag{D-19}$$

相应的样本估计公式为

$$\hat{r}_{\mathrm{P},ij}=\hat{r}_{\mathrm{P}}(X_i, X_j)=\frac{N\sum_{k=1}^{N}x_i^kx_j^k-\sum_{k=1}^{N}x_i^k\sum_{k=1}^{N}x_j^k}{\sqrt{N\sum_{k=1}^{N}(x_i^k)^2-\left(\sum_{k=1}^{N}x_i^k\right)^2}\sqrt{N\sum_{k=1}^{N}(x_j^k)^2-\left(\sum_{k=1}^{N}x_j^k\right)^2}} \tag{D-20}$$

式中,$[x_i^k, x_j^k]^{\mathrm{T}}$ 是随机向量$[X_i, X_i]^{\mathrm{T}}$ 的第 k 个样本;N 是样本总数。

Pearson 线性相关系数 r_{P} 的变化范围为$[-1, 1]$,当 $r_{\mathrm{P}}=1$ 时表示两变量完全正相关;当 $r_{\mathrm{P}}=-1$ 时表示完全负相关;当 $r_{\mathrm{P}}=0$ 时表示不存在线性相关关系,或者说线性不相关。可见$|r_{\mathrm{P}}|$值越接近 1,两变量的线性相关性就越强。Pearson 线性相关系数仅适用于度量随机变量间的线性相关性,不能有效地描述变量间的非线性相关关系。此外,Pearson 线性相关系数在非线性单调递增变换时不具有不变性,而且与边缘分布函数之

间存在 Frechet-Hoeffding 边界定理，即：设随机变量 X_i 和 X_j 的边缘分布函数分别为 F_i 和 F_j，且具有有限二阶矩，那么 X_i 和 X_j 的线性相关系数 r_P 的取值区间为 $[r_P^{\min}, r_P^{\max}] \subset [-1, 1]$，其中区间上下界取决于 F_1 和 F_2，且当 X_1 和 X_2 严格递减单调(counter-monotomic)时取 $r_P^{\min}$，严格递增单调(co-monotonic)时取 $r_P^{\max}$。

(2)Spearman 秩相关系数。

除了 Pearson 线性相关系数，还存在一些仅与 Copula 函数有关的秩相关性测度，如 Spearman 秩相关系数和 Kendall 秩相关系数，可有效地描述变量间的非线性相关关系。

设随机变量 X_i 和 X_j 的边缘分布函数分别为 F_i 和 F_j，那么两变量的 Spearman 秩相关系数被定义为

$$r_{S,ij} = r_S(X_i, X_j) = r_P[F_i(X_i), F_j(X_j)] \tag{D-21}$$

式中，$r_P[\cdot]$为线性相关系数运算符。相应的样本估计公式为

$$\hat{r}_{S,ij} = \hat{r}_S(X_i, X_j) = \hat{r}_P[\mathrm{rank}(X_i), \mathrm{rank}(X_j)]$$

$$= \frac{N\sum_{k=1}^{N}\mathrm{rank}(x_i^k)\mathrm{rank}(x_j^k) - \sum_{k=1}^{N}\mathrm{rank}(x_i^k)\sum_{k=1}^{N}\mathrm{rank}(x_j^k)}{\sqrt{N\sum_{k=1}^{N}[\mathrm{rank}(x_i^k)]^2 - \left[\sum_{k=1}^{N}\mathrm{rank}(x_i^k)\right]^2}\sqrt{N\sum_{k=1}^{N}[\mathrm{rank}(x_j^k)]^2 - \left[\sum_{k=1}^{N}\mathrm{rank}(x_j^k)\right]^2}} \tag{D-22}$$

若样本元素集合 $(x_i^k)_{k=1,\cdots,N}$ 和 $(x_j^k)_{k=1,\cdots,N}$ 中不存在相同元素情况(集合中各个元素唯一)，即 $\forall p, q, (p \neq q) \Rightarrow (x_i^p \neq x_i^q$ 或 $x_j^p \neq x_j^q)$，那么样本估计公式还可用下式表示：

$$\hat{r}_{S,ij} = \hat{r}_S(X_i, X_j) = 1 - \frac{6\sum_{k=1}^{N}[\mathrm{rank}(x_i^k) - \mathrm{rank}(x_j^k)]}{N(N^2-1)} \tag{D-23}$$

Spearman 相关系数 r_S 的变化范围为$[-1, 1]$，当 $r_S=1$ 时表示两变量的秩完全正相关；当 $r_S=-1$ 时表示两变量的秩完全负相关；当 $r_S=0$ 时表示两变量的秩不存在线性相关关系。可见$|r_S|$值越接近 1，两变量的秩相关性就越强。

(3)Kendall 秩相关系数。

设$[X_i, X_j]^T$ 和$[X_i', X_j']^T$ 是两个独立同分布的随机向量，令$\mathbb{P}[(X_i - X_i')(X_j - X_j') > 0]$表示它们一致的概率，而$\mathbb{P}[(X_i - X_i')(X_j - X_j') < 0]$表示它们不一致的概率，那么 X_i 和 X_j 的 Kendall 秩相关系数被定义为一致概率与不一致概率之差：

$$\begin{aligned} r_{K,ij} &= r_K(X_i, X_j) \\ &= \mathbb{P}[(X_i - X_i')(X_j - X_j') > 0] - \mathbb{P}[(X_i - X_i')(X_j - X_j') < 0] \end{aligned} \tag{D-24}$$

与该公式等价的另一种 Kendall 秩相关系数的定义式为

$$\begin{aligned} r_{K,ij} &= r_K(X_i, X_j) \\ &= \mathbb{E}[\mathrm{sgn}(X_i - X_i')\mathrm{sgn}(X_j - X_j')] = \mathbb{E}\{\mathrm{sgn}[(X_i - X_i')(X_j - X_j')]\} \end{aligned} \tag{D-25}$$

式中，$\mathrm{sgn}(x)$为符号函数，若 $x<0$ 则 $\mathrm{sgn}(x)=-1$；$x>0$ 则 $\mathrm{sgn}(x)=1$；$x=0$ 则 $\mathrm{sgn}(x)=0$。

相应的样本估计公式为

$$\hat{r}_{K,ij}=\hat{r}_K(X_i, X_j)=\frac{\sum_{p=1}^{N-1}\sum_{q=p+1}^{N}\operatorname{sgn}[(x_i^p-x_i^q)(x_j^p-x_j^q)]}{N(N-1)/2} \tag{D-26}$$

式中,分母表示样本数目为 N 时所有样本数据的组合总数,而分子则代表样本数据中一致的组合数与不一致的组合数之差。这一公式仅适用于样本元素集合 $(x_i^k)_{k=1,\cdots,N}$ 和 $(x_j^k)_{k=1,\cdots,N}$ 中不存在相同元素情况。

Kendall 相关系数 r_K 的变化范围为 $[-1, 1]$,当 $r_K=1$ 时表示两变量具有完全一致的变化关系,是正相关的;当 $r_K=-1$ 时表示两变量具有完全不一致的变化关系,是负相关的;当 $r_K=0$ 时表示两变量的变化一半是一致的,一半是不一致的,不能判断相关性。可见 $|r_K|$ 值越接近 1,两变量的相关性就越强。

(4)尾部相关系数。

Pearson、Spearman、Kendall 等相关系数描述的随机变量相关性是全局的。相比之下,尾部相关系数描述了两个变量在取值空间左下角和右上角的尾部相关性,其中左下角的尾部相关性用下尾相关系数度量,右上角的尾部相关性用上尾相关系数度量。

设随机变量 X_i 和 X_j 的边缘分布函数分别为 F_i 和 F_j,那么两变量的上尾相关系数 λ_U 和下尾相关系数 λ_L 分别定义为

$$\lambda_{U,ij}=\lambda_U(X_i,X_j)=\lim_{q\to 1^-}\mathbb{P}[X_j>F_j^{-1}(q)\,|\,X_i>F_i^{-1}(q)] \tag{D-27}$$

$$\lambda_{L,ij}=\lambda_L(X_i,X_j)=\lim_{q\to 0^+}\mathbb{P}[X_j\leqslant F_j^{-1}(q)\,|\,X_i\leqslant F_i^{-1}(q)] \tag{D-28}$$

式中,$\lambda_U\in[0, 1]$,$\lambda_L\in[0,1]$。若极限 $\lambda_U(\lambda_L)$ 存在且大于 0,则变量 X_i 和 X_j 是上尾(或下尾)相关的;若 $\lambda_U(\lambda_L)$ 等于 0,则变量 X_i 和 X_j 是上尾(或下尾)渐近独立的。上尾(或下尾)相关系数的大小反映了相关变量中一个变量取较大值(或较小值)时另一个变量同时取较大值(或较小值)的概率。

(5)相关性测度的 Copula 表达。

除了 Pearson 线性相关系数,Spearman 秩相关系数、Kendall 秩相关系数、尾部相关系数仅与变量间的 Copula 函数有关,不受变量边缘分布的影响。这里直接给出各相关性测度与二维 Copula 函数的关系表达式。

设随机变量 X_i 和 X_j 的边缘分布函数分别为 F_i 和 F_j,Copula 函数为 $C(u_i, u_j;\theta)$,那么各相关性测度的 Copula 表达公式为

$$r_{P,ij}=\frac{1}{\sigma_{X_i}\sigma_{X_j}}\iint_{[0,1]^2}[F_i^{-1}(u_i)-\mu_{X_i}][F_j^{-1}(u_j)-\mu_{X_j}]\mathrm{d}C(u_i, u_j;\theta) \tag{D-29}$$

$$r_{S,ij}=12\int_0^1\int_0^1 C(u_i, u_j;\theta)\mathrm{d}u_i\mathrm{d}u_j-3 \tag{D-30}$$

$$r_{K,ij}=4\int_0^1\int_0^1 C(u_i, u_j;\theta)\mathrm{d}C(u_i, u_j;\theta)-1 \tag{D-31}$$

$$\lambda_{U,ij}=\lim_{q\to 1^-}\frac{[1-2q+C(q, q;\theta)]}{1-q} \tag{D-32}$$

$$\lambda_{L,ij} = \lim_{q \to 0^+} \frac{C(q, q; \theta)}{q} \tag{D-33}$$

上述各式建立了相关性测度与 Copula 函数的关系。可以看到,除了 Pearson 线性相关系数公式,其他系数公式中均不涉及边缘分布函数 F_i 和 F_j。利用上述公式可以计算出各相关性系数。同理,若已知各相关性系数也可反求出 Copula 函数参数 θ。

特别地,当 Copula 函数取为 Gaussian Copula 时,除了 Pearson 线性相关系数公式保持不变,其余 Spearman 秩相关系数、Kendall 秩相关系数以及上/下尾相关系数表达式可简化为

$$r_{S,ij} = \frac{6}{\pi} \arcsin \frac{\rho}{2} \tag{D-34}$$

$$r_{K,ij} = \frac{2}{\pi} \arcsin \rho \tag{D-35}$$

$$\lambda_{U,ij} = \lambda_{L,ij} = 0 \tag{D-36}$$

式中,ρ 为 Gaussian Copula 参数。可以看到,在 Gaussian Copula 情况下,Spearman 和 Kendall 两种秩相关系数与 Gaussian Copula 参数 ρ 的关系非常简洁,而上尾和下尾相关系数均为零,表明 Gaussian Copula 函数的尾部相关关系是渐进独立的。

附录 E 多项式混沌展开和程序

E.1 多项式混沌展开

设 M 维独立随机向量 $\boldsymbol{X} \in \mathbb{R}^M$ 的联合概率密度函数为 $f_X(\boldsymbol{x})$,响应量 $Y \in \mathbb{R}$ 由具有有限方差的模型函数 $Y = \mathcal{M}(X)$ 定义,即

$$\mathbb{E}[Y^2] = \int_{\mathcal{D}_X} \mathcal{M}^2(\boldsymbol{x}) f_X(\boldsymbol{x}) \mathrm{d}\boldsymbol{x} < \infty \tag{E-1}$$

那么模型 $\mathcal{M}(\boldsymbol{X})$ 的多项式混沌(PC)展开被定义为

$$Y = \mathcal{M}(\boldsymbol{X}) = \sum_{\boldsymbol{\alpha} \in \mathbb{N}^M} y_{\boldsymbol{\alpha}} \Psi_{\boldsymbol{\alpha}}(\boldsymbol{X}) \tag{E-2}$$

式中,$y_{\boldsymbol{\alpha}}$ 是待求 PC 展开系数,亦称为混沌系数;$\psi_\alpha(X)$ 是关于联合概率密度函数 $f_X(\boldsymbol{x})$ 正交的广义 PC 基函数;$\boldsymbol{\alpha} \in \mathbb{N}^M$ 是标识 PC 基函数的 M 维多重指标。每个 PC 基函数都对应唯一的 $\boldsymbol{\alpha}$,依据 $\boldsymbol{\alpha}$ 可以计算对应的 PC 基函数。

在实际应用中,式(E-2)中求和运算需截断为有限项,即获得截断多项式混沌展开:

$$\mathcal{M}(\boldsymbol{X}) \approx \mathcal{M}^{PC}(\boldsymbol{X}) = \sum_{\boldsymbol{\alpha} \in \mathcal{A}} y_{\boldsymbol{\alpha}} \Psi_{\boldsymbol{\alpha}}(\boldsymbol{X}) \tag{E-3}$$

式中,$\mathcal{A} \subset \mathbb{N}^M$ 是被保留 PC 基函数的多重指标集合。若采用标准截断,则总的 PC 展开项数为

$$P \equiv \mathrm{card}(\mathcal{A}^{M,p}) = \frac{(M+p)!}{M!\ p!} \tag{E-4}$$

式中,$\mathcal{A}^{M,p} \equiv \{\boldsymbol{\alpha} \in \mathbb{N}^M : \|\boldsymbol{\alpha}\|_1 \leqslant p\}$ 是多重指标集合,也代表了 PC 基函数集合;

card(·)代表集合 $\mathcal{A}^{M,p}$ 的元素个数；$\|\boldsymbol{\alpha}\|_1 \equiv \alpha_1 + \cdots + \alpha_M$ 为多重指标的 1 范数；p 为最高的 PC 展开阶数。式(E-3)可重写为

$$\mathcal{M}(\boldsymbol{X}) \approx \mathcal{M}^{\mathrm{PC}}(\boldsymbol{X}) = \sum_{j=0}^{P-1} y_j \Psi_j(\boldsymbol{X}) \tag{E-5}$$

多项式混沌基 $\psi_\alpha(\boldsymbol{X})$是由一组单变量正交多项式 $\phi_k^{(i)}(x_i)$构造的，其中 $\phi_k^{(i)}(x_i)$满足：

$$\langle \phi_j^{(i)}(x_i), \phi_k^{(i)}(x_i) \rangle \equiv \int_{\mathcal{D}_X} \phi_j^{(i)}(x_i) \phi_k^{(i)}(x_i) f_{X_i}(x_i) \mathrm{d}x_i = \langle (\phi_k^{(i)})^2 \rangle \delta_{jk} \tag{E-6}$$

式中，i 代表输入随机变量 X_i；j 和 k 是相应正交多项式的阶数；$f_{X_i}(x_i)$是随机变量 X_i 的概率密度函数；δ_{jk}是 Kronecker 符号。

那么 $\boldsymbol{\Psi}_\alpha(\boldsymbol{X})$是由相应单变量正交多项式的张量积组成，即

$$\boldsymbol{\Psi}_\alpha(\boldsymbol{x}) \triangleq \prod_{i=1}^{M} \phi_{\alpha_i}^{(i)}(x_i) \tag{E-7}$$

依据式(E-6)中的标准正交关系，可知构造的多维 PC 基也是正交的，即

$$\langle \boldsymbol{\Psi}_\alpha(\boldsymbol{x}), \boldsymbol{\Psi}_\beta(\boldsymbol{x}) \rangle = \langle \boldsymbol{\Psi}_\alpha^2 \rangle \delta_{\boldsymbol{\alpha\beta}} \tag{E-8}$$

式中，$\delta_{\boldsymbol{\alpha\beta}}$是多维情况下的 Kronecker 符号。

常用的单变量正交多项式及其对应的概率分布列于表 E-1 中。

表 E-1　常用正交多项式及其对应的概率分布

变量类型	分布函数	权重函数	正交多项式	标准正交多项式
Gaussian	$\frac{1}{\sqrt{2\pi}}\exp\left(-\frac{x^2}{2}\right)$	$\frac{1}{\sqrt{2\pi}}\exp\left(-\frac{x^2}{2}\right)$	Hermite$H_k(x)$	$H_k(x)/\sqrt{k!}$
Exponential	$\mathrm{e}^{-x}1_{\mathbb{R}^+}(x)$	$\mathrm{e}^{-x}1_{\mathbb{R}^+}(x)$	Laguerre$L_k(x)$	$L_k(x)/\sqrt{\frac{\Gamma(k+1)}{k!}}$
Gamma	$\frac{x^a \mathrm{e}^{-x}}{\Gamma(a+1)}1_{\mathbb{R}^+}(x)$	$x^a \mathrm{e}^{-x}1_{\mathbb{R}^+}(x)$	广义 Laguerre $L_k^a(x)$	$L_k^a(x)/\sqrt{\frac{\Gamma(k+a+1)}{k!}}$
Uniform	$\frac{1_{[-1,1]}(x)}{2}$	$\frac{1_{[-1,1]}(x)}{2}$	Legendre $P_k(x)$	$P_k(x)/\sqrt{\frac{1}{2k+1}}$
Beta	$1_{[-1,1]}(x)\frac{(1-x)^a(1+x)^b}{2^{a+b+1}B(a+1,b+1)}$	$1_{[-1,1]}(x)(1-x)^a(1+x)^b$	Jocobi $J_k^{a,b}(x)$	$J_k^{a,b}(x)/J_{a,b,k}$
			$J_{a,b,k}^2=\frac{2^{a+b+1}}{2k+a+b+1}\frac{\Gamma(k+a+1)\Gamma(k+b+1)}{\Gamma(k+a+b+1)\Gamma(k+1)}$	

注意，当 $a=b=0$ 时，Legendre 是 Jacobi 正交多项式的一个特例；当 $a=0$ 时，Laguerre 是广义 Laguerre 的一个特例；Beta 函数定义为 $B(a,b)=[\Gamma(a)\Gamma(b)]/\Gamma(a+b)$；$\Gamma(\cdot)$表示 Gamma 函数。

对于这些正交多项式值的计算，一般可用递归关系获得。不过，利用这种递归关系计算多项式的值并不总是稳定的。例如，阶数超过 23 的 Laguerre 和 Jacobi 多项式值的计算就存在问题，在实际中应该避免。下面简单给出 Hermite 多项式和 Legendre 多项式。

(1)Hermite 多项式 $H_k(x)$和 Gaussian 分布。

①递归关系：

$$H_{k+1}(x) = xH_k(x) - kH_{k-1}(x), H_0(x) = 1, H_1(x) = x$$

②正交性：

$$\langle H_j(x),\ H_k(x)\rangle \equiv \frac{1}{\sqrt{2\pi}}\int_{\mathcal{D}_X} H_j(x)H_k(x)\exp\left(-\frac{x^2}{2}\right)\mathrm{d}x = k!\ \delta_{jk}$$

其中权重函数是标准 Gaussian 变量的概率密度函数。

③前 7 项 Hermite 多项式：

$$H_0(x)=1$$
$$H_1(x)=x$$
$$H_2(x)=x^2-1$$
$$H_3(x)=x^3-3x$$
$$H_4(x)=x^4-6x^2+3$$
$$H_5(x)=x^5-10x^3+15x$$
$$H_6(x)=x^6-15x^4+45x^2-15$$

(2)Legendre 多项式 $P_k(x)$和均匀分布。

①递归关系：

$$(k+1)P_{k+1}(x)=(2k+1)xP_k(x)-kP_{k-1}(x),P_0(x)=1,P_1(x)=x$$

②正交性：

$$\langle P_j(x),\ P_k(x)\rangle \equiv \frac{1}{2}\int_{-1}^{1} P_j(x)P_k(x)\mathrm{d}x = \frac{1}{2k+1}\delta_{jk}$$

其中权重函数是区间为[－1，1]的均匀分布的概率密度函数。

③前 7 项 Legendre 多项式：

$$P_0(x)=1$$
$$P_1(x)=x$$
$$P_2(x)=(3x^2-1)/2$$
$$P_3(x)=(5x^3-3x)/2$$
$$P_4(x)=(35x^4-30x^2+3)/8$$
$$P_5(x)=(63x^5-70x^3+15x)/8$$
$$P_6(x)=(231x^6-315x^4+105x^2-5)/16$$

E.2 任意维数阶数多项式混沌基生成程序

这里给出与多项式混沌基相对应的 integer_sequence 数组(即多重指标)生成程序。编程原理参见第 7 章 7.2.2 节给出的一种简洁编程方案,利用 C++语言编写。

(1)函数及其参数介绍。

函数 kth_integer_sequence_generation 用来生成 k 阶 integer_sequence 数组,其对应于所有阶数等于 k 的多项式混沌基的多重指标集合。

该函数的参数有 3 个,其中参数 k 是必须给定值的输入参数,首次函数调用时为要生成的 integer_sequence 数组的阶数值;参数 iseq 用来存放生成的 integer_sequence 数组,首次调用时为 0 数组;参数 index 标记数组的当前位置,首次调用时等于 0,即当前位置在第一个数组元素上。

(2)函数的定义。

```
int kth_integer_sequence_generation(size_t k, vector<size_t> &iseq, size_t index)
{
    size_t M=iseq.size();    // M为随机向量维数,也是integer_sequence数组维数
    if (index < M - 1){    //当index未指向数组的最后元素位置时
            for (size_t i=0; i <=k; i++){
                iseq[index]=i;   //对数组的当前位置赋值
                                 //注意:这里若令iseq[index]=q-i则是按正序
                                       排列的基函数
                                 //若令iseq[index]=i则是按逆序排列的基函数
                size_t indexx=index + 1;    //记录数组下一个位置
                size_t kk=k - iseq[index];   //计算数组下一个位置元素值的最
                                                大取值
                kth_integer_sequence_generation(kk, iseq, indexx); //递归调用
            }
      }
      else if (index=M - 1){    //当index指向数组最后元素位置时
          iseq[index]=k;      //令数组最后元素等于k
          for (size_t i=0; i<iseq.size(); i++){ //打印生成的integer_sequence数组
               cout << iseq[i] << "   ";
          }
          cout << endl;
      }
          return 0;
}
```

(3)函数调用示例。

```
void main()
{
     size_t M=4, p=3;
     vector<size_t> iseq_(M);
     for (size_tk=0; k <=p; k++){
          kth_integer_sequence_generation(k, iseq_, 0);
     }
}
```

参考文献

[1]陈波，周丹诚. 国内大型高速动平衡试验装置概述[J]. 燃气轮机技术，2010，24(3)：15-17.

[2]MURTHY R，EL-SHAFEI A，MIGNOLET M P. Nonparametric stochastic modeling of uncertainty in rotordynamics—part I：formulation[J]. Journal of Engineering for Gas Turbines and Power，2010，132(9)：92501.

[3]LI J，CHEN J. Stochastic dynamics of structures[M]. Singapore：John Wiley & Sons，2009.

[4]SUDRET B，DER KIUREGHIAN A. Stochastic finite element methods and reliability：a state-of-the-art report [R]. University of California Berkeley，2000.

[5]谢里阳，王正，周金宇，等. 机械可靠性基本理论与方法[M]. 北京：科学出版社，2009.

[6]中华人民共和国原能源部，中华人民共和国水利部. 水利水电工程结构可靠度设计统一标准[S]. 北京，1994.

[7]中华人民共和国建设部，国家质量监督检验检疫局. 建筑结构可靠度设计统一标准[S]. 北京，2001.

[8]中华人民共和国住房和城乡建设部. 工程结构可靠性设计统一标准[S]. 北京，2008.

[9]吕震宇，宋述芳，李洪双，等. 结构机构可靠性及可靠性灵敏度分析[M]. 北京：科学出版社，2009.

[10]RACKWITZ R. Reliability analysis：a review and some perspectives[J]. Structural Safety，2001，23(4)：365-395.

[11]AU S，BECK J L. Estimation of small failure probabilities in high dimensions by subset simulation [J]. Probabilistic Engineering Mechanics，2001，16(4)：263-277.

[12]KOUTSOURELAKIS P S，PRADLWARTER H J，SCHUËLLER G I. Reliability of structures in high dimensions，part I：algorithms and applications[J]. Probabilistic Engineering Mechanics，2004，19(4)：409-417.

[13]贺才兴，童品苗，王纪林，等. 概率论与数理统计[M]. 北京：科学出版社，2000.

[14]吴翊，李永乐，胡庆军. 应用数理统计[M]. 长沙：国防科技大学出版社，1995.

[15]汪荣鑫. 随机过程[M]. 2 版. 西安：西安交通大学出版社，2006.

[16]DER KIUREGHIAN A，KE J. The stochastic finite element method in structural reliability[J]. Probabilistic Engineering Mechanics，1988，3(2)：83-91.

[17]LIU W K，BELYTSCHKO T，MANI A. Random field finite elements[J]. International Journal for Numerical Methods in Engineering，1986，23(10)：1831-1845.

[18]LIU W K，BELYTSCHKO T，MANI A. Probabilistic finite elements for nonlinear structural dynamics[J]. Computer Methods in Applied Mechanics and Engineering，1986，56(1)：61-81.

[19]MATTHIES H G，BRENNER C E，BUCHER C G，et al. Uncertainties in probabilistic numerical analysis of structures and solids-Stochastic finite elements[J]. Structural Safety，1997，19(3)：283-336.

[20]LI C, DER KIUREGHIAN A. Optimal discretization of random fields[J]. Journal of Engineering Mechanics,1993, 119(6): 1136-1154.

[21]VANMARCKE E, GRIGORIU M. Stochastic finite element analysis of simple beams[J]. Journal of Engineering Mechanics,1983, 109(5): 1203-1214.

[22]DEODATIS G. Weighted integral method. I: stochastic stiffness matrix[J]. Journal of Engineering Mechanics,1991, 117(8): 1851-1864.

[23]Deodatis G, Shinozuka M. Weighted Integral Method. II: Response Variability and Reliability[J]. Journal of Engineering Mechanics. 1991, 117(8): 1865-1877.

[24]GHANEM R G, SPANOS P D. Stochastic finite elements: a spectral approach[M]. Revised Edition. New York: Springer-Verlag, 2003.

[25]ZHANG J, ELLINGWOOD B. Orthogonal series expansions of random fields in reliability analysis [J]. Journal of Engineering Mechanics,1994, 120(12): 2660-2677.

[26]DITLEVSEN O, MADSEN H O. Structural reliability methods[M]. Chichester: John Wiley & Sons, 1996.

[27]秦权,林道锦,梅刚. 结构可靠度随机有限元——理论及工程应用[M]. 北京: 清华大学出版社, 2006.

[28]PHOON K K, HUANG S P, QUEK S T. Implementation of Karhunen-Loeve expansion for simulation using a wavelet-Galerkin scheme[J]. Probabilistic Engineering Mechanics, 2002, 17(3): 293-303.

[29]PHOON K K, HUANG S P, QUEK S T. Simulation of second-order processes using Karhunen-Loeve expansion[J]. Computers & Structures,2002, 80(12): 1049-1060.

[30]PHOON K K, HUANG H W, QUEK S T. Simulation of strongly non-Gaussian processes using Karhunen-Loeve expansion[J]. Probabilistic Engineering Mechanics,2005, 20(2): 188-198.

[31]LI L B, PHOON K K, QUEK S T. Comparison between Karhunen - Loève expansion and translation-based simulation of non-Gaussian processes[J]. Computers & Structures, 2007, 85(5-6): 264-276.

[32]SKLAR A. Fonctions de répartition à n dimensions et leurs marges[J]. Publ Inst Statist Univ Paris. 1959, 0(8): 229-231.

[33]SKLAR A. Random variables, joint distribution functions, and copulas[J]. Kybernetika, 1973, 9(6): 449-460.

[34]JOE H. Multivariate models and dependence concepts[M]. New York: Springer, 1997.

[35]NELSEN R B. An introduction to Copulas[M]. Second Edition. New York: Springer, 2006.

[36]SCHMIDT T. Coping with Copulas[M]. Copulas: From Theory to Application in Finance, Rank J, John Wiley & Sons, 2006.

[37]EMBRECHTS P, MCNEILl A J, STRAUMANN D. Correlation and dependence in risk management: properties and Pitfalls[M]. Risk management:value at risk and beyond,DEMPSTER M A H. Cambridge:Cambridge University Press, 2002.

[38]LEBRUN R, DUTFOY A. An innovating analysis of the Nataf transformation from the copula viewpoint[J]. Probabilistic Engineering Mechanics,2009, 24(3): 312-320.

[39]LEBRUN R, DUTFOY A. Do Rosenblatt and Nataf isoprobabilistic transformations really differ? [J]. Probabilistic Engineering Mechanics,2009, 24(4): 577-584.

[40]DUTFOY A, LEBRUN R. Practical approach to dependence modelling using copulas[J].

Proceedings of the Institution of Mechanical Engineers, Part O: Journal of Risk and Reliability. 2009, 223(4): 347-361.

[41]LEDFORD A W, TAWN J A. Statistics for near independence in multivariate extreme values[J]. Biometrika,1996, 83(1): 169-187.

[42] HEFFERNAN J E. A directory of coefficients of tail dependence[J]. Extremes,2000, 3(3): 279-290.

[43]SCHMIDT R. Tail dependence[M]// Statistical tools for finance and insurance. ČÍŽEK P, WERON R, HÄRDLE W. Berlin Heidelberg:Springer Berlin Heidelberg, 2005.

[44]LEBRUN R, DUTFOY A. A generalization of the Nataf transformation to distributions with elliptical copula[J]. Probabilistic Engineering Mechanics, 2009, 24(2): 172-178.

[45]RACKWITZ R, FIESSLER B. Note on discrete safety checking when using non-normal stochastic models for basic variables: Load Project working session[Z]. MIT, Cambridge, Mass., June: 1976.

[46]RACKWITZ R, FIESSLER B. Structural reliability under combined random load sequences[J]. Computers & Structures, 1978, 9(5): 489-494.

[47]张明. 结构可靠度分析:方法与程序[M]. 北京: 科学出版社, 2009.

[48]贡金鑫. 工程结构可靠度计算方法[M]. 大连: 大连理工大学出版社, 2003.

[49]DER KIUREGHIAN A, LIU P. Structural reliability under incomplete probability information[J]. Journal of Engineering Mechanics,1986, 112(1): 85-104.

[50]LIU P, DER KIUREGHIAN A. Multivariate distribution models with prescribed marginals and covariances[J]. Probabilistic Engineering Mechanics,1986, 1(2): 105-112.

[51]ROSENBLATT M. Remarks on a multivariate transformation[J]. The Annals of Mathematical Statistics,1952, 23(3): 470-472.

[52] NATAF A. Détermination des distributions de probabilités dont les marges sont données[J]. Comptes Rendus de l'Académie des Sciences,1962, 225: 42-43.

[53]李洪双,吕震宙,袁修开. 基于 Nataf 变换的点估计法[J]. 科学通报. 2008, 53(6): 627-632.

[54]吴帅兵,李典庆,周创兵. 结构可靠度分析中变量相关时三种变换方法的比较[J]. 工程力学,2011, 28(5): 41-48.

[55]LOW B K, TANG W H. Efficient reliability evaluation using spreadsheet[J]. Journal of Engineering Mechanics, ASME,1997, 123(7): 749-752.

[56]吕大刚. 基于线性化 Nataf 变换的一次可靠度方法[J]. 工程力学,2007, 24(5): 79-86.

[57]LOW B K, TANG W H. New FORM algorithm with example applications: proceedings of the fourth Asian-Pacific symposium on structural reliability and its applications(APSSRA'08), June 19-20[Z]. Hong Kong: 2008221-226.

[58]HASOFER A M, LIND N C. Exact and invariant second-moment code format[J]. Journal of the Engineering Mechanics Division, ASCE,1974, 100(1): 111-121.

[59]LEMAIRE M. Structural reliability[M]. Hoboken: John Wiley & Sons, 2009.

[60]LIU P, DER KIUREGHIAN A. Optimization algorithms for structural reliability[J]. Structural Safety,1991, 9(3): 161-177.

[61]ZHANG Y, DER KIUREGHIAN A. Finite element reliability methods for inelastic structures[R]. Berkeley, CA: Department of Civil and Environmental Engineering, University of California, 1997.

[62]SANTOSH T V, SARAF R K, GHOSH A K, et al. Optimum step length selection rule in modified HL-RF method for structural reliability[J]. International Journal of Pressure Vessels and Pip-

ing,2006, 83(10): 742-748.

[63]SANTOS S R, MATIOLI L C, BECK A T. New optimization algorithms for structural reliability analysis[J]. Computer Modeling in Engineering & Sciences(CMES). 2012, 83(1): 23-55.

[64]ABDO T, RACKWITZ R. A New beta-point algorithm for large time-invariant and time-variant reliability problems[C]. DER KIUREGHIAN A, THOFT-CHIRISTEN P. Reliability and Optimization of Structural System'90. Lecture Notes in Engineering, Vol60. Springer, Berlin, Heidelberg, 1991.

[65]HAUKAAS T, DER KIUREGHIAN A. Strategies for finding the design point in non-linear finite element reliability analysis[J]. Probabilistic Engineering Mechanics,2006, 21(2): 133-147.

[66]GONG JX, YI P. A robust iterative algorithm for structural reliability analysis[J]. Struct Multidisc Optim,2011, 43(4): 519-527.

[67]DU X, CHEN W, WANG Y. Most probable point-based methods[M]// Extreme statistics in nanoscale memory design. SINGHEE A, RUTENBAR R A. New York: Springer US, 2010: 179-202.

[68]BREITUNG K. Asymptotic approximations for multinormal integrals[J]. Journal of Engineering Mechanics,1984, 110(3): 357-366.

[69]POLIDORI D, BECK J, PAPADIMITRIOU C. New approximations for reliability integrals[J]. Journal of Engineering Mechanics,1999, 125(4): 466-475.

[70]TVEDT L. Distribution of quadratic forms in normal space—application to structural reliability[J]. Journal of Engineering Mechanics,1990, 116(6): 1183-1197.

[71]DER KIUREGHIAN A, STEFANO M D. Efficient algorithm for second-order reliability analysis [J]. Journal of Engineering Mechanics, 1991, 117(12): 2904-2923.

[72]DER KIUREGHIAN A, LIN H, HWANG S. Second-order reliability approximations[J]. Journal of Engineering Mechanics, 1987, 113(8): 1208-1225.

[73]GRANDHI R V, WANG L. Higher-order failure probability calculation using nonlinear approximations[J]. Computer Methods in Applied Mechanics and Engineering,1999, 168(1-4): 185-206.

[74]HAGEN O. Threshold up-crossing by second order methods[J]. Probabilistic Engineering Mechanics,1992, 7(4): 235-241.

[75]ANDRIEU-RENAUD C, SUDRET B, LEMAIRE M. The PHI2 method: a way to compute time-variant reliability[J]. Reliability Engineering & System Safety, 2004, 84(1): 75-86.

[76]SUDRET B. Analytical derivation of the outcrossing rate in time-variant reliability problems[J]. Structure and Infrastructure Engineering, 2008, 4(5): 353-362.

[77]DU X, CHEN W. A most probable point based method for uncertainty analysis[J]. Journal of Design and Manufacturing Automation, 2001, 4(1): 47-66.

[78]GHANEM R, SPANOS P D. Polynomial chaos in stochastic finite elements[J]. Journal of Applied Mechanics, 1990, 57(1): 197-202.

[79]GHANEM R, SPANOS P. Spectral stochastic finite-element formulation for reliability analysis[J]. Journal of Engineering Mechanics, 1991, 117(10): 2351-2372.

[80]SUDRET B. Uncertainty propagation and sensitivity analysis in mechanical models-Contributions to structural reliability and stochastic spectral methods[R]. Clermont-Ferrand, France: Habilitation *à* diriger des recherches, Université Blaise Pascal, 2007.

[81]GHANEM R G, KRUGER R M. Numerical solution of spectral stochastic finite element systems [J]. Computer Methods in Applied Mechanics and Engineering. 1996, 129(3): 289-303.

[82]PELLISSETTI M F, GHANEM R G. Iterative solution of systems of linear equations arising in the context of stochastic finite elements[J]. Advances in Engineering Software, 2000, 31(8-9): 607-616.

[83]CHUNG D B, GUTIÉRREZ M A, GRAHAM-BRADY L L, et al. Efficient numerical strategies for spectral stochastic finite element models[J]. International Journal for Numerical Methods in Engineering, 2005, 64(10): 1334-1349.

[84]LI R, GHANEM R. Adaptive polynomial chaos expansions applied to statistics of extremes in nonlinear random vibration[J]. Probabilistic Engineering Mechanics, 1998, 13(2): 125-136.

[85]ANDERS M, HORI M. Three-dimensional stochastic finite element method for elasto-plastic bodies [J]. International Journal for Numerical Methods in Engineering, 2001, 51(4): 449-478.

[86]ACHARJEE S, ZABARAS N. Uncertainty propagation in finite deformations-a spectral stochastic Lagrangian approach[J]. Computer Methods in Applied Mechanics and Engineering, 2006, 195(19-22): 2289-2312.

[87] ACHARJEE S, ZABARAS N. A non-intrusive stochastic Galerkin approach for modeling uncertainty propagation in deformation processes[J]. Computers & Structures, 2007, 85(5-6): 244-254.

[88]GHIOCEL D, GHANEM R. Stochastic finite-element analysis of seismic soil-structure interaction [J]. Journal of Engineering Mechanics,2002, 128(1): 66-77.

[89]LE MAîTRE O P, REAGAN M T, NAJM H N, et al. A stochastic projection method for fluid flow: II. random process[J]. Journal of Computational Physics, 2002, 181(1): 9-44.

[90] KEESE A. Numerical solution of systems with stochastic uncertainties: a general purpose framework for stochastic finite elements [D]. Braunschweig: Technische Universität Braunschweig, 2004.

[91]CHOI S, GRANDHI R V, Canfield R A, et al. Polynomial Chaos Expansion with Latin Hypercube Sampling for Estimating Response Variability[J]. AIAA Journal, 2004, 42(6): 1191-1198.

[92]BERVEILLER M, SUDRET B. Non linear non intrusive stochastic finite element method-Application to a fracture mechanics problem: Proc. 9th Int. Conf. Struct. Safety and Reliability(ICOSSAR' 2005)[Z]. Roma, Italy. Millpress, Rotterdam: 2005.

[93]BERVEILLER M, SUDRET B, LEMAIRE M. Stochastic finite element: a non intrusive approach by regression[J]. Eur. J. Comput. Mech., 2006, 15(1-3): 81-92.

[94]TATANG M A, PAN W, PRINN R G, et al. An efficient method for parametric uncertainty analysis of numerical geophysical models[J]. Journal of Geophysical Research: Atmospheres, 1997, 102(D18): 21925-21932.

[95]PAN W, TATANG M A, MCRAE G J, et al. Uncertainty analysis of direct radiative forcing by anthropogenic sulfate aerosols[J]. Journal of Geophysical Research: Atmospheres, 1997, 102(D18): 21915-21924.

[96]ISUKAPALLI S S. Uncertainty analysis of transport-transformation models[D]. New Brunswick: Rugers, The State University of New Jersey, 1999.

[97] SUDRET B. Global sensitivity analysis using polynomial chaos expansions [J]. Reliability Engineering & System Safety, 2008, 93(7): 964-979.

[98]RAO J S. History of rotating machinery dynamics[M]. New York:Springer, 2011.

[99]GENTA G. Dynamics of rotating systems[M]. New York: Springer, 2005.

[100]NELSON H D, MCVAUGH J M. The dynamics of rotor-bearing systems using finite elements[J]. Journal of Manufacturing Science and Engineering, 1976, 98(2): 593-600.

[101]NELSON H D. A finite rotating shaft element using timoshenko beam theory[J]. Journal of Mechanical Design, 1980, 102(4): 793-803.

[102]GUO D, ZHENG Z, CHU F. Vibration analysis of spinning cylindrical shells by finite element method[J]. International Journal of Solids and Structures, 2002, 39(3): 725-739.

[103]GERADIN M, KILL N. A new approach to finite element modelling of flexible rotors[J]. Engineering Computations,1984, 1(1): 52-64.

[104]YU J, CRAGGS A, MIODUCHOWSKI A. Modelling of shaft orbiting with 3-d solid finite elements[J]. International Journal of Rotating Machinery, 1999, 5(1): 53-65.

[105]RAO J S, SREENIVAS R. Dynamics of asymmetric rotors using solid models: proceedings of the international gas turbine congress 2003 tokyo[Z]. Tokyo: Gas Turbine Society of Japan, 2003,1-6.

[106]张伟忠,焦映厚,陈照波. 滑动轴承非线性油膜力模型的对比分析[J]. 汽轮机技术, 2011, 53(1): 24-26, 70.

[107]史冬岩,张成,任龙龙,等. 滑动轴承压力分布及动特性系数[J]. 哈尔滨工程大学学报, 2011, 32(9): 1134-1139.

[108]张直明. 滑动轴承的流体动力润滑理论[M]. 北京: 高等教育出版社, 1986.

[109]李元生,敖良波,李磊,等. 滑动轴承动力特性系数动态分析方法[J]. 机械工程学报, 2010, 46(21): 48-53.

[110]毛文贵,韩旭,刘桂萍. 基于流固耦合的滑动轴承非线性油膜动特性研究[J]. 中国机械工程, 2014, 25(3): 383-387, 403.

[111]MERUANE V, PASCUAL R. Identification of nonlinear dynamic coefficients in plain journal bearings[J]. Tribology International, 2008, 41(8): 743-754.

[112] LIU H, XU H, ELLISON P, et al. Application of computational fluid dynamics and fluid-structure interaction method to the lubrication study of a rotor-bearing system[J]. Tribology Letters, 2010, 38(3): 325-336.

[113]LI Q, YU G, LIU S, et al. Application of computational fluid dynamics and fluid structure interaction techniques for calculating the 3D transient flow of journal bearings coupled with rotor systems [J]. Chinese Journal of Mechanical Engineering, 2012, 25(5): 926-932.

[114]KANG Y, CHANG Y P, TSAI J W, et al. An investigation in stiffness effects on dynamics of rotor-bearing-foundation systems[J]. Journal of Sound and Vibration, 2000, 231(2): 343-374.

[115]VANCE J M, MURPHY B T, TRIPP H A. Critical speeds of turbomachinery: computer predictions vs. experimental measurements—part ii: effect of tilt-pad bearings and foundation dynamics [J]. Journal of Vibration and Acoustics, 1987, 109(1): 8-14.

[116]VAZQUEZ J A, BARRETT L E, FLACK R D. A flexible rotor on flexible bearing supports: stability and unbalance response[J]. Journal of Vibration and Acoustics, 2000, 123(2): 137-144.

[117]CAVALCA K L, CAVALCANTE P F, OKABE E P. An investigation on the influence of the supporting structure on the dynamics of the rotor system[J]. Mechanical Systems and Signal Processing, 2005, 19(1): 157-174.

[118]NICHOLAS J C, WHALEN J K, FRANKLIN S D. Improving critical speed calculations using flexible bearing support FRF compliance data: proceedings of the 15th turbomachinery symposium [Z]. Texas A&M University, College Station, TX: Turbomachinery Laboratory, 198669-78.

[119]NICHOLAS J C. Utilizing dynamic support stiffness improved rotordynamic calculations: IMAC XⅦ-17th international modal analysis conference[Z]. Kissimmee, FL, February 8-11: 1999, 256-262.

[120]LIN T R, FARAG N H, PAN J. Evaluation of frequency dependent rubber mount stiffness and damping by impact test[J]. Applied Acoustics, 2005, 66(7): 829-844.

[121]OOI L E, RIPIN Z M. Dynamic stiffness and loss factor measurement of engine rubber mount by impact test[J]. Materials & Design, 2011, 32(4): 1880-1887.

[122]李晓彬,杜志鹏,金咸定,等. 某舰尾轴架结构动刚度的实验研究[J]. 船舶工程, 2005, 27(6): 41-44.

[123]石清鑫,袁奇,胡永康. 250 t高速动平衡机摆架的动刚度分析[J]. 机械工程学报, 2011, 47(1): 75-79.

[124]荆建平,夏松波,孙毅,等. 汽轮机转子结构强度理论研究现状与展望[J]. 中国机械工程, 2001, 12(S1): 230-233.

[125]荆建平,孟光. 汽轮机转子疲劳强度理论研究现状与展望[J]. 汽轮机技术, 2003, 45(5): 260-264.

[126]张军辉. 使用有限元方法实现动平衡机轴承摆架的模态分析[J]. 热力透平, 2006, 35(2): 113-115, 119.

[127]张明书. 动平衡机大摆架有限元模态计算[J]. 科技风, 2012, 0(4): 13.

[128]张青雷,沈海鸥,王少波,等. 高速动平衡机摆架振动特性分析与改进[J]. 工程设计学报, 2012, 19(2): 91-95.

[129]白新理. 结构优化设计[M]. 郑州: 黄河水利出版社, 2008.

[130] SAMALI B, KIM K, YANG J. Random vibration of rotating machines under earthquake excitations[J]. Journal of Engineering Mechanics, 1986, 112(6): 550-565.

[131]赵岩,林家浩,曹建华. 转子系统的平稳/非平稳随机地震响应分析[J]. 计算力学学报, 2002, 19(1): 7-11.

[132]祝长生,陈拥军,朱位秋. 不平衡线性转子-轴承系统的非平稳地震激励响应分析[J]. 计算力学学报, 2006, 23(3): 285-289.

[133]陈拥军. 随机转子动力学与控制及旋转柔性圆盘动力学[D]. 杭州: 浙江大学, 2006.

[134]YOUNG T H, SHIAU T N, KUO Z H. Dynamic stability of rotor-bearing systems subjected to random axial forces[J]. Journal of Sound and Vibration, 2007, 305(3): 467-480.

[135]STOCKI R, LASOTA R, TAUZOWSKI P, et al. Scatter assessment of rotating system vibrations due to uncertain residual unbalances and bearing properties[J]. Computer Assisted Methods in Engineering and Science, 2012, 19(2): 95-120.

[136]KOROISHI E H, JR. ALDEMIR AP. CAVALINI, DE LIMA A M G, et al. Stochastic modeling of flexible rotors[J]. J. of the Braz. Soc. of Mech. Sci. & Eng, 2012, XXXIV(S2): 574-583.

[137]DIDIER J, FAVERJON B, SINOU J. Analysing the dynamic response of a rotor system under uncertain parameters by polynomial chaos expansion[J]. Journal of Vibration and Control, 2012, 18(5): 712-732.

[138]SARROUY E, DESSOMBZ O, SINOU J J. Stochastic analysis of the eigenvalue problem for mechanical systems using polynomial chaos expansion—application to a finite element rotor[J]. Journal of Vibration and Acoustics, 2012, 134(5): 51009.

[139]SINOU J, FAVERJON B. The vibration signature of chordal cracks in a rotor system including uncertainties[J]. Journal of Sound and Vibration, 2012, 331(1): 138-154.

[140]DIDIER J, SINOU J, FAVERJON B. Study of the non-linear dynamic response of a rotor system with faults and uncertainties[J]. Journal of Sound and Vibration, 2012, 331(3): 671-703.

[141]LI Z, JIANG J, TIAN Z. Non-linear vibration of an angular-misaligned rotor system with uncertain parameters[J]. Journal of Vibration and Control, 2016, 22(1): 129-144.

[142]周宗和,杨自春,葛仁超,等. 基于摄动响应面法的汽轮机转子随机响应特性及灵敏度分析[J]. 汽轮机技术, 2011, 53(4): 241-244.

[143]周宗和,杨自春. 基于积分随机有限元法的汽轮机转子随机响应特性分析[J]. 中国电机工程学报, 2011, 31(2): 67-72.

[144]白长青,张红艳. 不确定性转子系统的随机有限元建模及响应分析[J]. 动力学与控制学报,2012, 10(3): 283-288.

[145]刘保国,梁国珍,苏林林,等. 基于摄动法的随机参数转子系统动力响应的概率密度分析[J]. 机械强度, 2013, 35(4): 400-405.

[146]MURTHY R, EL-SHAFEI A, MIGNOLET M P. Nonparametric stochastic modeling of uncertainty in rotordynamics—part ii: applications[J]. Journal of Engineering for Gas Turbines and Power, 2010, 132(9): 92502.

[147]MURTHY R, TOMEI J C, WANG X Q, et al. Nonparametric stochastic modeling of structural uncertainty in rotordynamics: unbalance and balancing aspects[C]. San Antonio, Texas, USA: American Society of Mechanical Engineers, 2013.

[148]周玉辉. 旋转机械转子可靠性设计分析[J]. 核标准计量与质量, 2004(z1): 86-92.

[149]莫文辉. 刚性转子平衡的可靠性[J]. 武汉化工学院学报, 2000, 22(1): 56-57.

[150]ZHANG Y M, WEN B C, LIU Q L. Reliability sensitivity for rotor-stator systems with rubbing [J]. Journal of Sound and Vibration, 2003, 259(5): 1095-1107.

[151]张义民,闻邦椿,刘巧伶. 碰摩转子系统的灵敏度分析[J]. 机械设计与研究, 2002, 18(2): 28-29.

[152]SU C Q, ZHANG Y M. Reliability analysis for rubbing in cracked rotor system[J]. Advanced Materials Research, 2008, 44-46: 337-344.

[153]苏长青,张义民,赵群超. 带有支座松动故障的转子-轴承系统碰摩的可靠性分析[J]. 工程设计学报, 2008, 15(5): 347-350.

[154]苏长青,张义民. 质量慢变转子系统碰摩的可靠性分析[J]. 东北大学学报(自然科学版), 2008, 29(11): 1605-1608.

[155]苏长青,张义民,李乐新,等 . 旋转机械碰摩转子系统的可靠性灵敏度设计[J]. 农业机械学报, 2009, 40(6): 194-198.

[156]ZHANG Y M, Liu Q L, Wen B C. Quasi-failure analysis on resonant demolition of random structural systems[J]. AIAA Journal, 2002, 40(3): 585-586.

[157]ZHANG Y M, LÜ C M, ZhOU N, et al. Frequency reliability sensitivity for dynamic structural systems[J]. Mechanics Based Design of Structures and Machines, 2010, 38(1): 74-85.

[158]张义民,苏长青,闻邦椿. 转子系统的频率可靠性分析[J]. 振动工程学报. 2009, 22(2): 218-220.

[159]苏长青,张义民,吕春梅,等. 转子系统振动的频率可靠性灵敏度分析[J]. 振动与冲击,2009, 28(1): 56-59.

[160]苏长青,张义民,勾丽杰,等. 油膜振荡故障转子系统的可靠性灵敏度排序[J]. 兵工学报,2010, 31(6): 759-764.

[161]苏长青,张义民,马辉. 转轴裂纹扩展的可靠性灵敏度分析[J]. 航空动力学报,2009, 24(4): 810-814.

[162]周仁睦. 转子动平衡:原理、方法和标准[M]. 北京：化学工业出版社，1992.

[163]徐锡林. DG—200 型高速动平衡机[J]. 试验机与材料试验，1982(3)：5-9.

[164]STEPHENS R I, FATEMI A, STEPHENS R R, et al. Metal fatigue in engineering[M]. New York: John Wiley & Sons, 2001.

[165]LALANNE M, FERRARIS G. Rotordynamics prediction in engineering[M]. New York: John Wiley & Sons, 1998.

[166]HALDAR A, MAHADEVAN S. Reliability assessment using stochastic finite element analysis [M]. New York: John Wiley & Sons, 2000.

[167]LIU P, DER KIUREGHIAN A. Optimization algorithms for structural reliability analysis [R]. UCB/SEMM-1986/09, Dept. of Civil Engineering, University of California, Berkeley, 1986.

[168]LOW B K, TANG W H. Reliability analysis using object-oriented constrained optimization[J]. Structural Safety, 2004, 26(1): 69-89.

[169]SHI Z J, SHEN J. New inexact line search method for unconstrained optimization[J]. Journal of Optimization Theory and Applications, 2005, 127(2): 425-446.

[170]DENNIS J E, SCHNABEL R D. Numerical methods for unconstrained optimization and nonlinear equations[M]. Philadelphia: Society for Industrial and Applied Mathematics, 1996.

[171] BARZILAI J, BORWEIN J M. Two-point step size gradient methods[J]. IMA Journal of Numerical Analysis, 1988, 8(1): 141-148.

[172]徐龙详. 高速旋转机械轴系动力学设计[M]. 北京：国防工业出版社，1994.

[173]LI D, CHEN Y, LU W, et al. Stochastic response surface method for reliability analysis of rock slopes involving correlated non-normal variables[J]. Computers and Geotechnics, 2011, 38(1): 58-68.

[174]熊芬芬，杨树兴，刘宇，等. 工程概率不确定性分析方法[M]. 北京：科学出版社，2015.

[175] XIU D, KARNIADAKIS G E. The Wiener-Askey polynomial chaos for stochastic differential equations[J]. Journal on Scientific Computing, 2002, 24(2): 619-644.

[176] SINOU J J, JACQUELIN E. Influence of polynomial chaos expansion order on an uncertain asymmetric rotor system response[J]. Mechanical Systems and Signal Processing, 2015, 50-51(0): 718-731.

[177] YAGHOUBI V, MARELLI S, SUDRET B, et al. Sparse polynomial chaos expansions of frequency response functions using stochastic frequency transformation[J]. Probabilistic Engineering Mechanics, 2017, 48: 39-58.

[178] WAN X, KARNIADAKIS G E. An adaptive multi-element generalized polynomial chaos method for stochastic differential equations[J]. Journal of Computational Physics, 2005, 209(2): 617-642.

[179] BLATMAN G, SUDRET B. An adaptive algorithm to build up sparse polynomial chaos expansions for stochastic finite element analysis[J]. Probabilistic Engineering Mechanics, 2010, 25(2): 183-197.

[180] ABRAHAM S, RAISEE M, GHORBANIASL G, et al. A robust and efficient stepwise regression method for building sparse polynomial chaos expansions[J]. Journal of Computational Physics, 2017, 332: 461-474.

[181] BLATMAN G, SUDRET B. Adaptive sparse polynomial chaos expansion based on least angle regression[J]. Journal of Computational Physics, 2011, 230(6): 2345-2367.

[182] DIAZ P, DOOSTAN A, HAMPTON J. Sparse polynomial chaos expansions via compressed sens-

ing and D-optimal design[J]. Computer Methods in Applied Mechanics and Engineering, 2018, 336: 640-666.

[183] CHENG K, LU Z. Adaptive sparse polynomial chaos expansions for global sensitivity analysis based on support vector regression[J]. Computers and Structures, 2018, 194: 86-96.

[184] FRISWELL M I, PENNY J E T, GARVEY S D, et al. Dynamics of rotating machines[M]. New York: Cambridge University Press, 2010.

[185] MARELLI S, SUDRET B. UQLab: a framework for uncertainty quantification in Matlab[A]. Proc. 2nd Int. Conf. on Vulnerability, Risk Analysis and Management (ICVRAM2014)[C]. Liverpool, United Kingdom: 2014, 2554-2563.

[186] SUDRET B. Global sensitivity analysis using polynomial chaos expansions[J]. Reliability Engineering and System Safety, 2008, 93(7): 964-979.

[187]周生通,孙元元. 基于 NORTA 相关随机数的岩质边坡可靠性仿真评估[J]. 防灾减灾工程学报, 2018, 38(01): 56-64.

[188]孙元元,周生通,杜晓鹏. 基于 NORTA-MCS 方法的香港秀茂坪岩坡失稳概率分析[J]. 中国地质灾害与防治学报, 2018, 29(04): 17-22.

[189]陆雯, 周生通, 李鸿光. 基于动态子结构法的转子系统动力学分析及编程实现[J]. 振动与冲击, 2012, 31(S): 120-124.

[190]周生通, 李鸿光,等. 基于 INTESIM 和 ARPACK 的三维实体转子系统的有限元实现[J]. 系统仿真学报, 2014, 26(6): 1-9.

[191]周生通, 朱经纬, 周新建, 等. 动车牵引驱动轴系的扭转振动特性分析[J]. 机械传动, 2017, 41(7): 12-17.

[192]周生通,朱经纬,周新建,等. 组合载荷作用下动车牵引电机转子系统弯扭耦合振动特性[J]. 交通运输工程学报, 2020, 20(1): 159-170.

[193]周生通, 李鸿光,等. 重型动平衡机摆架的动刚度测试与动力特性预测[J]. 机械工程学报, 2014, 50(8): 1-9.

[194] ZHOU S T, SUN Z H,LIU L Y, et al. Dynamics stiffness analysis and modal identification on bearing support of large-scale high-speed dynamic balancing machine[J]. Advances in Vibration Engineering, 2013, 12(6): 587-609.

[195]周生通, 陆雯, 张华,等. 动平衡机摆架主弹性支承的应力疲劳寿命估计[C]. 第 11 届全国转子动力学学术讨论会 ROTDYN2014, 大连, 2014.

[196] ZHOU S, ZHONG Z, LI H, et al. Comprehensive comparisons of random space transformation methods between Rackwitz-Fiessler and Nataf-Pearson in theory and algorithm[C]. ASME 2013 International Mechanical Engineering Congress and Exposition (IMECE2013). San Diego, California, USA: ASME, 2013, 1-10.

[197]周生通, 李鸿光. 考虑相关性的 Rackwitz-Fiessler 随机空间变换方法[J]. 工程力学, 2014, 31(10): 47-55.

[198] ZHOU S T, XIAO Q,ZHOU J M,et al. Improvements of Rackwitz-Fiessler method for correlated structural reliability analysis [J]. International Journal of Computational Methods, 2020, 17(6): 1950077.

[199]周生通, 李鸿光. 基于广义 Rackwitz-Fiessler 方法的广义一次可靠度方法[J]. 机械工程学报, 2014, 50(16): 6-12.

[200]周生通, 李鸿光. 基于自适应步长参数的快速一次可靠度计算方法[J]. 上海交通大学学报, 2014,

48(11)：1574-1579.

[201]ZHOU S T ,WU X, LI H G, et al. Critical speed analysis of flexible rotor system with stochastic uncertain parameters[J]. Journal of Vibration Engineering & Technologies, 2017, 5(4)：319-328.

[202]周生通，李鸿光，张龙，等. 基于嵌入式谱随机有限元法的转子系统随机不平衡响应特性分析[J]. 振动与冲击，2016，35(9)：45-49.

[203]周生通，祁强，周新建，等. 轴弯曲与不平衡柔性转子共振稳态响应随机分析[J]. 计算力学学报，2020，37(1)：20-27.